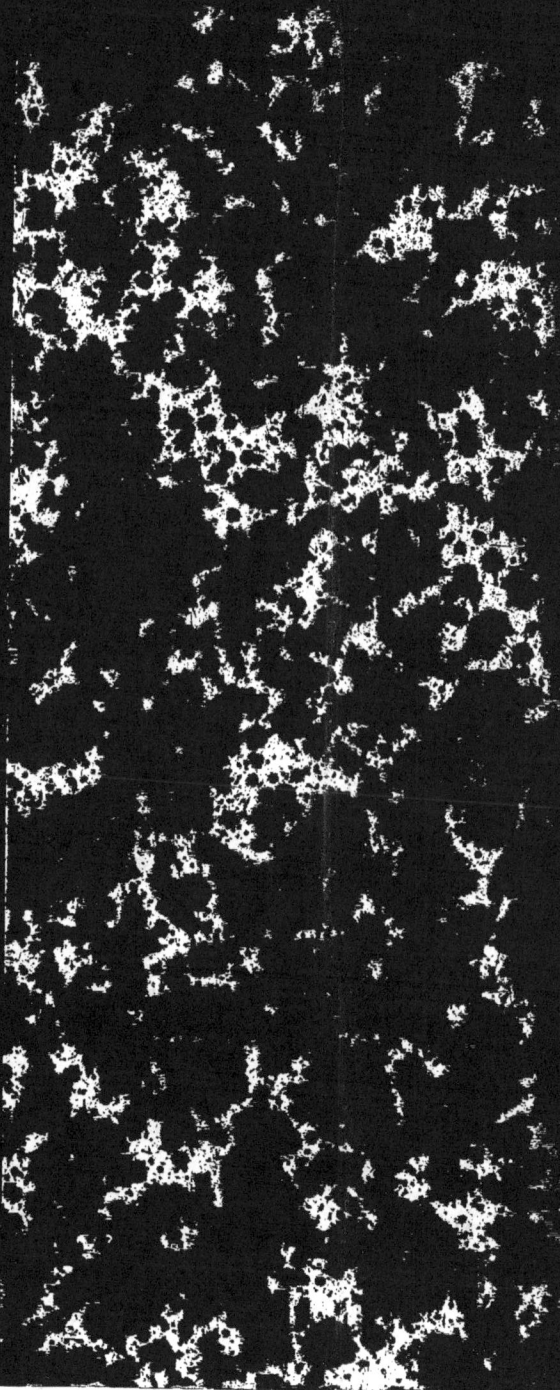

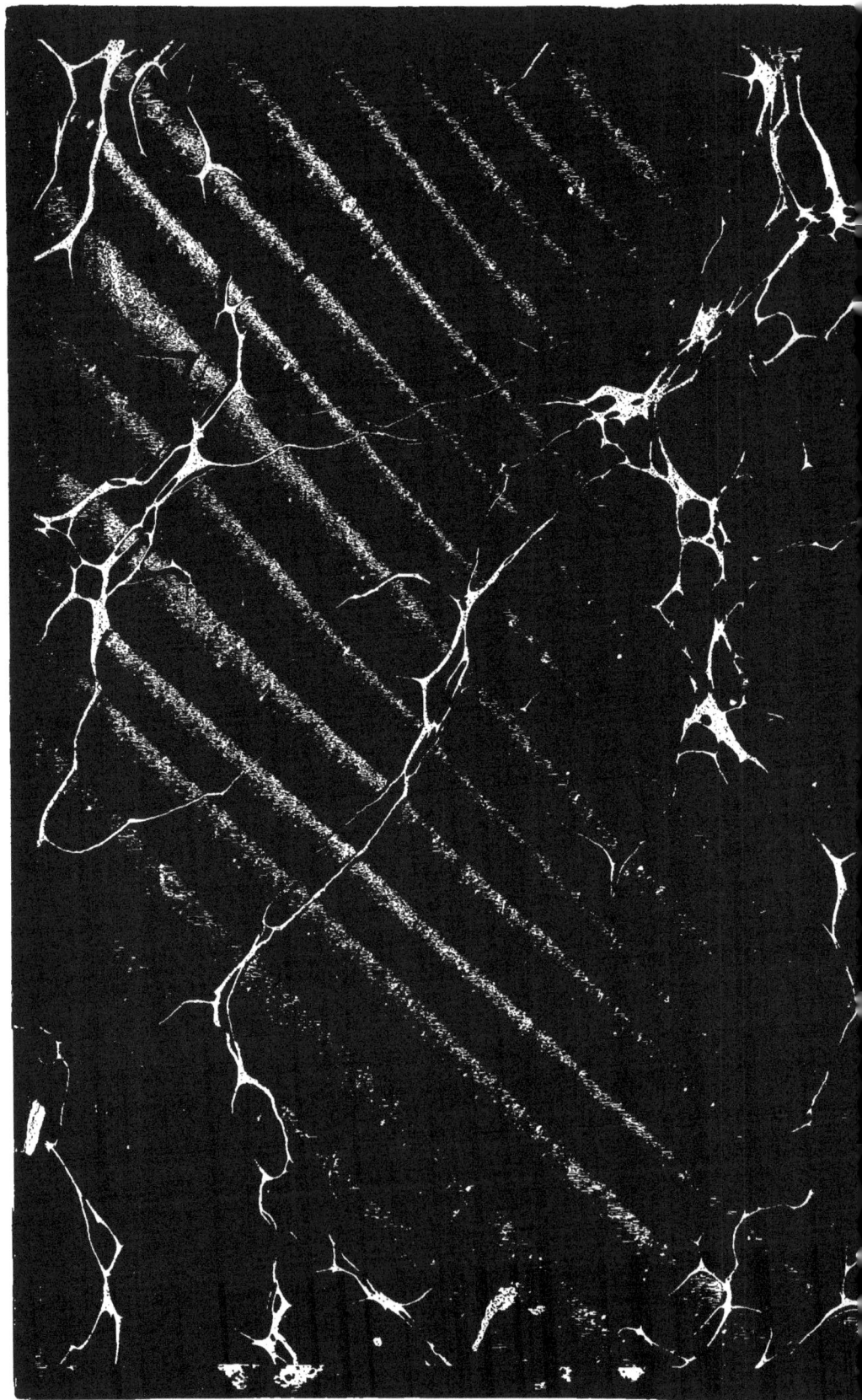

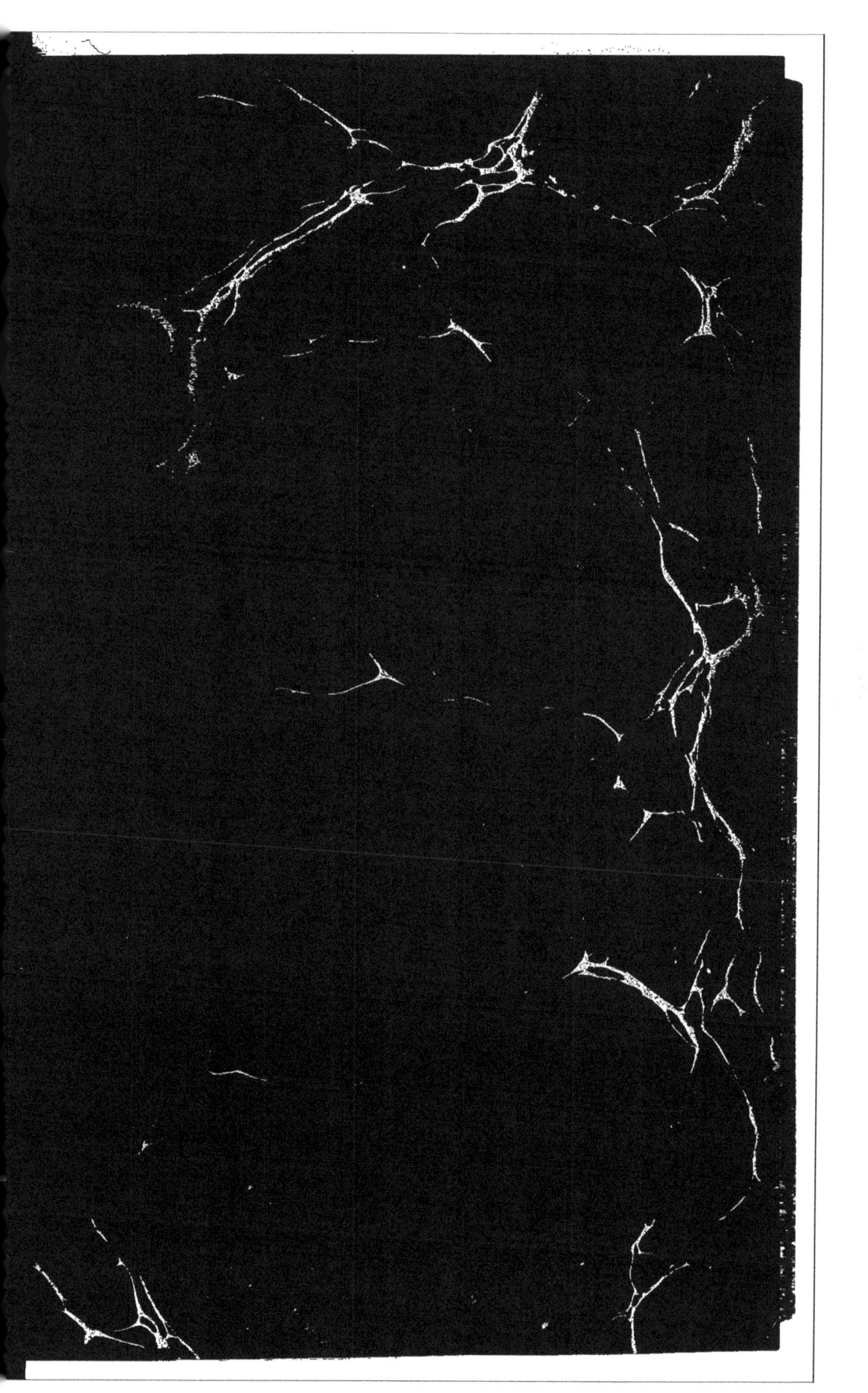

LA PLANTE

BOTANIQUE SIMPLIFIÉE

ORGANOGRAPHIE — CLASSIFICATION
GÉOGRAPHIE BOTANIQUE.

PARIS

TYPOGRAPHIE GEORGES CHAMEROT

19, RUE DES SAINTS-PÈRES, 19.

ED. GRIMARD

LA PLANTE

BOTANIQUE

SIMPLIFIÉE

TROIS CENTS GRAVURES

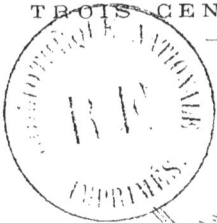

Pour la plante, vivre c'est croître.
et croître c'est agir.
A. BOSCOWITZ.
La séve, c'est du bois liquide.

PARIS

BIBLIOTHÈQUE

D'ÉDUCATION ET DE RÉCRÉATION

J. HETZEL ET Cⁱᵉ, 18, RUE JACOB

PRÉFACE

Il y a deux manières de faire de la botanique pour ceux qui ne sont pas du métier.

Les ambitieux se chargent la mémoire de tout le latin barbare fabriqué par les hommes spéciaux, et arrivent ainsi à une science de vocabulaire qui ne laisse pas de chatouiller l'amour-propre du possesseur. On n'en est pas beaucoup plus avancé; mais on a l'avantage d'étonner les simples, et l'on finit par faire figure de savant, comme ce jardinier trop érudit qui, exposant à un concours de légumes un lot de haricots rouges, avait écrit sur l'étiquette : *phaseolus rouge*. On ne me croira peut-être pas; mais je l'ai lu de mes yeux.

L'autre manière, plus modeste en apparence, est plus féconde en résultats pour l'intelligence, et procure des jouissances de meilleur aloi. Elle consiste à s'occuper moins des nomenclatures que des lois de la vie

végétale, à poursuivre à travers l'infinie variété des plantes l'étude fondamentale de la plante, à laisser là en un mot le masque de la science
pour la science elle-même. Et il ne faut pas que ce mot de science fasse
ici peur à personne. L'étude de la plante est accessible à tous, s'accommode à tous les goûts, donne à chacun ce qu'il veut bien lui demander.
Elle a des émerveillements joyeux pour l'enfant qui a mis une graine en
terre et vient la regarder pousser tous les matins, des enseignements
gros de richesses pour celui qui possède la terre, des abîmes mystérieux
pour le philosophe, des distractions sans cesse renaissantes pour l'oisif
qui voudrait se faire observateur; — le changement serait si facile!

A ceux qui voudraient entrer dans cette voie d'études au grand air,
la bride sur le cou, je ne saurais de livre meilleur à conseiller que celui-ci. Je n'en ai pas rencontré jusqu'à présent qui soit mieux fait pour
inspirer le goût de la botanique, telle que je la comprends. Les merveilles de la vie végétale y sont chantées pour ainsi dire avec une fraîcheur d'enthousiasme qui semblerait presque enfantine, si l'on ne sentait
derrière ce lyrisme une science réelle et un esprit habitué à contempler
en face les grands problèmes de la nature. C'est un poëme, mais un
poëme fait par un savant. La science des poëtes est si maigre d'habi-
tude, et si maigre aussi la poésie des savants, qu'il y a un charme tout
particulier à tenir ainsi l'histoire de la plante d'un homme qui l'a étudiée
aux meilleures sources, et qui la raconte moins en professeur qu'en
amoureux.

Ajoutez à cela que le professeur se retrouve quand il le faut, qu'en
usant de ménagements infinis pour rester toujours clair et amusant, il
s'arrange pour tout dire, et que ce n'est pas une botanique de fantaisie
qu'on apprend avec lui. D'ailleurs, si dans le premier volume, qui appartient à la plante, il donne carrière à toutes les fougues d'une admiration contagieuse pour le lecteur, dans le second, consacré aux plantes,
il devient un guide calme et méthodique que l'on peut emporter de con-
fiance avec soi dans les campagnes d'herborisation.

Le dirai-je ici? En passant en revue dans ce livre cette armée si bien
rangée des familles et des espèces végétales qu'il faut connaître après
tout si l'on veut faire de la botanique sérieuse, je n'ai pu échapper à
une pensée qui me revient chaque fois que j'ouvre les livres de botanique. Il y en a un qui nous manque, qui aurait un grand succès auprès
des enfants, et que les philosophes seraient bien enchantés de pouvoir

mettre dans leur bibliothèque. C'est celui qui, reprenant la série des
espèces végétales, en donnerait des portraits non plus anatomiques, mais
anecdotiques, si je puis m'exprimer ainsi; qui dirait leurs mœurs, leurs
instincts secrets, les habitudes de vie propres à chacune, leurs ruses et
leurs efforts dans la lutte, leurs écarts dans la prospérité; qui ferait en
un mot pour les végétaux, les principaux s'entend, ce qui a été fait tant
de fois pour les animaux les plus connus.

Malheureusement ce livre-là ne saurait être l'œuvre d'un jour ni d'un
seul homme, et ce ne sont pas les savants qui peuvent se charger de le
faire. Que connaît d'une plante le botaniste qui l'arrache pour la coller
dans son herbier? Juste ce que connaît d'un animal l'anatomiste qui le
dissèque. Ce n'est pas sur le mort, c'est sur le vivant qu'on peut étudier
cela, et de même que la majeure partie de ce que nous savons des mœurs
animales nous vient des chasseurs et des coureurs de pays, de même les
historiens futurs des mœurs végétales se rencontreront surtout parmi
ceux qui touchent à la terre, et qui vivent avec les végétaux. Encore
faudrait-il qu'ils fussent avertis et, dans une certaine mesure, dirigés.
Notre jardinier au phaseolus rouge en savait assurément plus long sur
le haricot que ses maîtres en vocabulaire; mais se sera-t-il jamais douté
que ce qu'il voyait tous les jours, c'était de la science, et de la science
inédite, qui plus est?

Il n'est pas du reste besoin d'être jardinier pour se faire l'ouvrier de
cette science-là. La première petite demoiselle venue qui saura regarder
et tenir note de ses observations, peut la commencer pour son compte
sur le pot de fleurs qu'elle met à sa fenêtre. Vous me direz que pour bien
regarder vivre *une* plante, et se rendre suffisamment compte de ce que
l'on voit, il est bon de savoir auparavant comment vit *la* plante. J'en
conviens, et c'est à cause de cela que j'ai eu tant de plaisir à la lecture
du livre de M. Grimard où *la plante vivante* est si éloquemment racontée.
Quel beau succès s'il pouvait contribuer à faire chercher sur le rebord
des fenêtres des matériaux pour le livre des enfants et des philosophes!

JEAN MACÉ.

INTRODUCTION

Aimez-vous la Botanique, chers lecteurs ou plutôt chères lectrices? — car c'est particulièrement à vous que s'adresse cet ouvrage.

Vous n'en savez rien, n'est-ce pas? Ce qu'il y a de certain, tout au moins de probable, c'est que cette science vous fait peur. Vous avez peut-être ouvert, un jour, quelque livre trop scientifique, un de ces gros volumes où de pauvres fleurs, victimes d'une nomenclature barbare, subissent d'inqualifiables épithètes, et vous avez détourné la tête précipitamment.

Vraiment, je n'oserais trop vous en blâmer, puisque j'ai failli faire comme vous. Moi aussi, j'ai fermé ces ouvrages redoutables... et si je les ai rouverts, c'est qu'une heureuse fatalité sans doute m'y poussait à mon insu.

* *

Eh bien, dites-moi, voulez-vous qu'ensemble nous l'affrontions, cette science, charmante, croyez-le bien, mais défigurée, rendue inabordable, comme ces dogmes mystérieux dont les prêtres égyptiens dérobaient la connaissance au vulgaire? Voulez-vous franchir ce seuil défendu par tout ce que l'étymologie et la synonymie réunies ont pu trouver de plus hérissé? Voulez-vous, enfin, que, me faisant votre interprète, — interprète très-honoré, — je tâche de vous traduire, en langage tout simple, ces formules qu'enfantent les Académies dans leurs jours malencontreux?

Je ne saurais vous dire tous les charmes que porte avec elle l'étude de la Botanique, tant ils sont intimes, profonds. C'est moins une science agréable qu'un élément de bonheur ou de consolation apporté dans la vie.

Lorsque revient le printemps, lorsqu'arrive ce moment solennel et radieux de l'année où tout palpite et frissonne, en attendant ce *renouveau* chanté par les poëtes d'autrefois; alors que les plus épaisses natures ne peuvent se défendre d'un sentiment de sourde allégresse en revoyant les hirondelles, en respirant ce parfum des premiers Lilas qui semble vous réveiller au cœur tout un clavier de fibres endormies, le botaniste, lui, est envahi par une joie indéfinissable. Il se sent rempli d'une tendresse presque émue pour les plus insignifiantes fleurettes d'avant-garde, pour le plus pauvre Mouron, pour la plus petite Drave printanière qui, sous une feuille sèche, dresse sa tige lilliputienne.

Ils reviennent, tous ces amis, qui, les années précédentes, lui ont parlé la langue muette, mais expressive, que lui seul comprend. Les voilà, cette éclatante Ficaire qui, la première, parsème de clous d'or la verdure indécise, et la Pulmonaire, plus timide, qui cherche les broussailles, et la douce Violette, et la Primevère multiflore, et la charmante Anémone des bois qui, dans les taillis solitaires, étoile, de ses blanches corolles, la couche terne des feuilles mortes!

Tandis que la foule des promeneurs, ivre d'une joie sauvage, parcourt

les champs et les bosquets, fauchant, fourrageant, arrachant tout pampre vert et toute fleur fraîche éclose, le botaniste erre doucement, les cueille une à une et les salue par leur nom : « Oui, c'est bien toi, chère, avec ta corolle si jolie et ton calyce élégant… »

.·.

Les végétaux jouent dans notre existence un rôle tout autrement important qu'on ne le croit peut-être au premier abord. Qui ne se souvient, avec une sorte de bienveillance amicale, de tel vieil arbre, Orme, Tilleul, Acacia ou Platane, qui, à la campagne, devant la porte de la maison paternelle, a ombragé ses premiers jeux ? C'est là que chantait le rossignol, le soir, à l'heure sombre où l'on contait les histoires, tandis que les chauves-souris passaient et repassaient en poussant leurs petits cris mystérieux. Il est tels de ces arbres de famille qui résument des mondes de souvenirs, et lorsque plus tard on les retrouve un peu plus gros, un peu plus larges, mais toujours les mêmes en apparence, l'on se sent doucement emporté vers un passé qui, joyeux ou amer, émeut profondément ceux qui savent se rappeler.

Indépendamment des souvenirs personnels qui nous rattachent à ces amis silencieux, l'arbre, étant la plus haute expression de la vie végétale, sert comme de transition entre la nature et nous. Il nous en traduit le génie caché, nous en révèle la force, l'harmonie, la beauté. Que serait le paysage sans l'arbre ? Que serait le monde tout entier sans le végétal ? Ce n'est pas seulement le pain de chaque jour que nous lui devons, c'est encore le climat, l'atmosphère, le nuage qui nous rafraîchit, la source qui nous désaltère, le fleuve qui fertilise nos champs, tous les éléments qui constituent notre vie.

Telle végétation tel peuple, et tel peuple telle histoire. Les destinées humaines se rattachent parfois à la culture d'une seule plante, sans laquelle les conditions générales de leur développement eussent été différentes.

Si donc il n'est pas de science plus charmante que la Botanique, prise dans ses détails, il n'en est pas de plus haute ni de plus sérieuse, envisagée dans sa généralité. Il est une Botanique industrielle, chimique et médicale, qui touche aux plus graves questions et aux plus importants problèmes sociaux.

.·.

Toutefois, tranquillisez-vous, nous saurons nous renfermer dans la partie élémentaire de notre aimable science. Nous ferons de la Botanique en oisifs, en promeneurs et aussi en poëtes, qui cherchent moins à s'instruire qu'à se distraire ou à rêver. Nous laisserons de côté tout bagage inutile. Nous n'emprunterons à la technologie, c'est-à-dire à la nomenclature des termes spéciaux, que les expressions les plus indispensables. Nous traduirons les formules barbares en phrases toutes simples ; nous ne prononcerons jamais un mot sans en comprendre exactement la signification ; nous arracherons à la saine et vraie science le masque sous lequel on la déguise trop souvent... et tout doucement, sans en avoir l'air, sans presque nous en douter nous-mêmes, nous ferons de la bonne et sérieuse Botanique, de la Botanique *scientifique*, s'il vous plaît, malgré l'absence de tout appareil.

Nous vous en dirons assez surtout, et que cela vous serve d'encouragement, pour que vous puissiez plus tard, si le cœur vous en dit, poursuivre vos études au moyen des ouvrages spéciaux qui alors ne vous épouvanteront plus.

*
* *

La *Botanique* (du mot grec *botané*, qui signifie plante) est, vous le savez déjà, la science qui s'occupe de la connaissance, de la description et de la classification des végétaux. J'ajouterai que la Botanique, dans son ensemble, se divise en Botanique théorique et en Botanique appliquée.

A la première appartiennent l'*Organographie*, c'est-à-dire la description des organes de la plante, et la *Méthodologie*, qui comprend les diverses classifications qu'on a faites du règne végétal.

A la seconde se rattachent la Botanique agricole ou industrielle, la Botanique médicale et la Botanique géographique.

Nous ne ferons guère ici naturellement que de la Botanique théorique, et voici le plan de cet ouvrage :

Dans une première partie, nous nous occuperons de la plante étudiée au point de vue de ses organes. Un chapitre spécial sera consacré à l'organisation végétale, dans ses rapports avec le microscope. Un dernier groupe de paragraphes résumera les données les plus générales sur la géographie botanique.

Dans la seconde partie, une première section contiendra une clef analytique au moyen de laquelle l'on arrive sans difficulté à la détermination du genre de telle plante dont on désire connaître le nom. Une seconde section comprendra la description minutieuse des diverses espèces auxquelles amène la clef analytique, et enfin un petit vocabulaire des expressions techniques généralement employées, terminera le tout.

J'allais commencer et vous amener sans plus de préambules dans les champs ou dans les bois; mais je m'arrête ici un instant pour vous dire quelques mots de l'histoire de la Botanique [1].

La science qui s'occupe de la connaissance des végétaux est aussi antique que l'humanité, car déjà dans les plus vieux temples indiens se trouvent des noms de plantes et de fantastiques figures végétales amalgamées aux premières notions théogoniques. Ce fut particulièrement au point de vue médical que les peuples anciens s'occupèrent des végétaux; aussi n'en connurent-ils qu'un nombre très-limité qu'ils définissaient fort mal et groupaient au hasard, d'après les propriétés qui leur étaient attribuées. La Bible mentionne, chez les Hébreux, environ 70 espèces végétales, parmi lesquelles sont désignées les plantes usuelles de première nécessité. Les anciens Chinois ont un catalogue à peu près au-

[1] Brisseau-Mirbel, Ch. Jessen, *Histoire de la Botanique*.

blable. Les peuples de l'Hindoustan et les Assyriens firent également de l'agriculture pratique. Quant aux Égyptiens, ils allèrent plus loin : ils décernèrent un culte à certains végétaux, tant fut grande leur vénération agricole.

Les premiers hommes de science dont parlent les poëmes grecs sont Esculape, Orphée et Chiron, le centaure thessalien. Machaon et Podalire recueillirent les premiers préceptes botaniques. Homère décrit assez exactement un certain nombre de plantes. Hésiode, dans son poëme des *Travaux et des jours*, raconte les principales opérations de l'agriculture. Puis vient Empédocle qui, après des observations remarquables, parl déjà du sexe des végétaux, et signale le premier l'analogie de la graine avec l'œuf des animaux. Le médecin Hippocrate mentionne dans ses ouvrages environ 150 espèces de plantes officinales. Aristote a écrit deux livres sur les végétaux, mais ces ouvrages ne nous sont point parvenus : nous avons en revanche ceux de son disciple Théophraste qui, 320 ans avant Jésus-Christ, fit sur les végétaux deux traités, l'un sous le titre d'*Histoire des plantes* et l'autre sous celui de *Causes de la végétation*. Cet auteur qui, par une assimilation un peu forcée, retrouvait dans les tissus végétaux les chairs, les nerfs, les veines et le sang du règne supérieur, divise les végétaux en quatre grandes sections : les arbres, les arbrisseaux, les sous-arbrisseaux et les herbes. Il parle de la fécondation des Dattiers, de la sensibilité des Mimosas et décrit près de 400 espèces. Quelque peu philosophique que fût cette classification, elle fut adoptée jusqu'à la renaissance des lettres. Après Théophraste, nommons Dioscoride, que Georges Cuvier appelle le « botaniste le plus complet de l'antiquité », et Pline le naturaliste, qui, sous le règne de Vespasien, écrivit énormément, accumula volumes sur volumes, et laissa entre autres travaux gigantesques son *Histoire naturelle*, compilation de plus de deux mille ouvrages, mais compilation dépourvue de tout ordre et de tout esprit critique.

Il nous faut maintenant traverser une longue série de siècles, nous dit M. Ed. Lambert dans l'intéressant résumé qu'il a fait de l'histoire de la Botanique, pour retrouver cette science réédifiée sur une base nouvelle et avec des matériaux qui ne fussent pas tous des lambeaux de l'antiquité. Laissons donc les Arabes faire de la Botanique médicale, laissons Avicenne parcourir la Bactriane et la Sogdiane où il découvrit l'Assafœtida, et arrivons à la fin du XVe siècle, où nous trouvons le petit livre d'Émilius Macet (1486) contenant quelques descriptions de plantes accom-

pagnées de figures grossières. Ce premier essai eut bientôt des imita-
teurs, tels que Georges Valla, Th. Gaza, Marcellus Virgilius, Hermolaüs
Barbarus, Leonicenus et Monardes, qui, tous, sans la moindre originalité personnelle, visèrent à ce genre d'érudition.

Le premier botaniste sérieux que nous rencontrions en France est le
médecin Jean Ruelle, né à Soissons en 1479. Son grand ouvrage *De na-
turâ stirpium* se répandit rapidement et fut souvent réimprimé. C'était
une vaste compilation de Théophraste, de Dioscoride, de Pline et de
Galien.

L'Allemagne comptait alors plusieurs botanistes distingués tels que
Brunfels, Tragus, les deux Cordus et Fuchs, qui joignirent à leurs com-
mentaires sur les anciens des observations originales et des descriptions
illustrées de figures soigneusement gravées. Matthiole de Sienne (1550),
célèbre commentateur de Dioscoride, a également publié de nombreuses
figures ombrées d'une exécution satisfaisante. Rambert Dodoens, enfin,
fit un ouvrage original où sont mentionnées plus de 1,300 plantes.

L'exploration des Indes par les Portugais donna naissance à des travaux botaniques d'un grand intérêt, tels que ceux de Garcias, d'Acosta,
d'Oviedo, de Monardes, de Belon et de Clusius enfin, qui découvrit plusieurs plantes d'Amérique et donna le premier une description de la
Pomme de terre.

Ce qui contribua plus que toute autre chose au développement de la
science qui nous occupe, ce fut l'établissement des Jardins botaniques,
qui, au XVIᵉ siècle, se répandirent en Italie, en France et en Allemagne.
Les plantes furent dès lors étudiées d'après nature, et non plus dans les
compilations obscures des ouvrages de l'antiquité.

Parmi les rénovateurs sérieux de la Botanique, citons Conrad Gesner
qui s'occupa des organes de la fructification; Lobel, médecin du prince
d'Orange, puis botaniste de Jacques Iᵉʳ, et qui, en 1581, publia un ouvrage où sont mentionnées pour la première fois quelques familles naturelles et où sont nettement distinguées les Monocotylédonées d'avec les
Dicotylédonées; Cæsalpin qui, en 1583, fit une classification des végétaux, reconnut le sexe des plantes dioïques, étudia la graine, l'embryon,
l'écorce, et composa enfin le premier herbier ou du moins le plus ancien
de ceux que l'on a conservés. Cet herbier existe encore à Florence. Il

contient environ 800 plantes. Nommons encore Zaluziansky, botaniste bohême, Jean Bauhin, Gaspard Bauhin dont l'ouvrage renferme la description de plus de 6,000 espèces, et arrivons à deux savants de premier ordre, Malpighi et Grew qui, armés du microscope récemment découvert, vont faire faire des pas de géant à la science dont nous résumons rapidement l'histoire.

Marcel Malpighi, né près de Bologne en 1628, étudia les tissus végétaux, leur cellulosité, les semences, découvrit le mode d'accroissement du tronc par les formations annuelles du cambium, et fit surtout de véritables découvertes relatives au phénomène encore inobservé de la germination.

Grew, en 1682, publia un véritable traité d'anatomie végétale. Il reconnut la cellule, les vaisseaux, les fibres, les trachées et rétablit l'importance des anthères comme organes fécondateurs, organes dont Malpighi avait méconnu le rôle.

Nommons encore Claude Perrault, génie universel, qui découvrit la marche de la séve; Denis Dodart, Mariotte, Jean Woodward, Morison, Magnol, Ray, Rivin et Tournefort. Ces trois derniers botanistes avaient établi chacun un système, le premier en Angleterre (1680), le second en Allemagne (1690) et le troisième en France (1694). Tournefort, rendu particulièrement célèbre par ses nombreux voyages scientifiques, rapporta de la Grèce et de l'Asie un herbier considérable que l'on conserve au Musée de Paris, plus des notes importantes, et enfin des dessins de plantes rares qui sont devenus la base de la grande collection des vélins du Musée d'histoire naturelle. Hales publia à Londres, en 1727, sa *Statique des végétaux*, ouvrage justement célèbre par toutes les observations remarquables qu'il renferme sur la nutrition des plantes, les phénomènes de la transpiration, de l'exhalation et la puissance ascensionnelle de la séve.

Nous arrivons a une époque décisive dans l'histoire de la Botanique. Nous sommes en 1707 et Charles Linné vient de naître. Après une jeunesse pénible et de longues années de misère, où le pauvre naturaliste fut obligé de recourir à un travail manuel pour gagner sa vie et acheter quelques livres indispensables, nous le retrouvons à Upsal, suppléant le professeur de Botanique Rudbeck. Envoyé en mission scientifique par le gouvernement suédois, il part pour le Nord, parcourt seul et à pied les régions septentrionales, et en revient avec sa belle Flore de la Laponie.

Vers 1730, Linné visita la Hollande où il publia ses plus importants ouvrages (*Systema naturæ, Fundamenta botanicæ, Genera plantarum*, etc.), puis, quelques années plus tard, il vint à Paris, où il vit fréquemment pendant son séjour Antoine et Bernard de Jussieu. Son système, dont il sera question plus tard, et particulièrement sa nomenclature botanique, que l'on a conservée jusqu'à aujourd'hui, firent dans le monde scientifique une sensation européenne.

En 1733, époque du plus grand triomphe de Linné, Adanson établit ses familles naturelles; mais son ouvrage, quelque philosophique qu'il soit, ne put lutter avantageusement contre le système artificiel du botaniste suédois, et c'est à la glorieuse famille des Jussieu qu'il était réservé d'opérer dans la science botanique une révolution à peu près définitive. Antoine de Jussieu, l'aîné, était né à Lyon en 1686. Il fut nommé professeur au Jardin des plantes à la place de Tournefort, et exerça en même temps la médecine avec éclat. Joseph de Jussieu, né à Lyon en 1704, visita le Pérou et en rapporta de nombreux échantillons; mais il mourut à son retour des suites de ses fatigues. Bernard de Jussieu, né à Lyon en 1699, fut celui des trois qui conquit le plus beau nom. Il préluda à ses travaux sur la *méthode* par des observations remarquables sur diverses plantes aquatiques. Il fit le meilleur accueil à Linné, s'éclaira des lumières de tous les botanistes de son temps, et, reliant par une synthèse vaste et philosophique les découvertes faites avant lui, il posa enfin les bases de la méthode qui porte son nom, et que son neveu Antoine-Laurent de Jussieu développa dans son admirable ouvrage *Genera plantarum*, publié en 1789.

Après les Jussieu, citons rapidement quelques noms. Ludwig contribua puissamment à la réforme de la phytologie. J.-J. Rousseau écrivit sur la Botanique quelques pages éloquentes. Lamarck publia, en 1778, un système dichotomique ou clef analytique au moyen duquel l'on arrive tout naturellement à la connaissance du nom de la plante (voir le second volume). Ce système fut modifié et simplifié quelques années plus tard par Lestiboudois. Puis vinrent des Flores remarquables, parmi lesquelles nous citerons celle d'Italie par Pontedera, celle des environs de Leipsig par Gleditsch, celle du Danemark par OEder, celle d'Autriche par Jacquin, celle du Piémont par Allione, celle d'Angleterre par Smith, et enfin celle de France par Lamarck et de Candolle.

Il nous serait maintenant impossible de retracer, même en les résu-

mant beaucoup, les travaux immenses accomplis en Botanique depuis la
fin du dernier siècle jusqu'à nos jours. Ces travaux se sont particulière-
ment portés vers la physiologie végétale, les observations microscopiques, et c'est là, dans ce beau champ de travail et de découvertes, que
nous trouvons des savants de premier ordre, depuis Priestley, Senebier,
Ingenhousz, de Saussure et Mirbel, jusqu'à des noms tels qu'Amici (1818),
Tréviranus, Meyen, Schultz, Raspail, De Candolle (1827), Brongniart,
Agardh, Gaudichaud (1837), de Jussieu, Dutrochet. Richard, Thuret,
Trécul, Decaisne, Pouchet, Schleiden, Schacht, Hofmeister, Chatin,
Lecoq, Fermond, et vingt autres dont les beaux travaux ont placé au pre-
mier rang, parmi les sciences, l'organographie et la physiologie végétales.

Parmi ceux qui se sont plus spécialement occupés de travaux de clas-
sification et qui ont le plus contribué au perfectionnement de la méthode
naturelle, citons les De Candolle, A. Richard, A. de Jussieu, Lindley,
Knigth, Endlicher, Meissner, Duchartre, Baillon, Vaucher, Agardh,
Persoon, Fries, Viviani, Montagne, Léveillé, Payer, Ad. Brongniart, Le
Maout, Decaisne, Cosson, Germain de Saint-Pierre, etc.

La Botanique fossile enfin, science toute nouvelle, se fonde sur les
découvertes d'Ad. Brongniart, Sternberg, Hutton, Lindley, Schlotheim,
Gœppert, Schimper, etc.

⁂

L'on voit quelle somme de travaux se sont accomplis et s'accomplissent chaque jour. Après une foule d'essais et de tâtonnements qui, sans
critique comme sans philosophie, se traînaient dans l'ornière d'une théorie traditionnelle, la Botanique est enfin entrée dans une phase expéri-
mentale dont il serait impossible de préjuger, que dis-je? de prévoir
même les futures découvertes.

VAN DARGENT

LA PLANTE

CHAPITRE PREMIER

UN PEU DE PHYSIQUE ET DE CHIMIE, VOULEZ-VOUS?

Je ne sais s'il vous est jamais arrivé de constater un fait vraiment regrettable, c'est que la science effraie au premier abord certains esprits.

Pourquoi cela?

L'intelligence humaine, qui est si souple pour apprendre et retenir une infinité de choses arides ou insignifiantes, se cabre tout net devant la plus innocente tentative de vulgarisation scientifique. Il est tel lecteur qui, au mot de *carbone*, fronce le sourcil, au mot d'*hydrogène*, se récrie et enfin au mot d'*oxygène* ou d'*azote* ferme résolûment son livre pour ne plus le rouvrir.

Vous allez du reste en juger vous-mêmes et je vais être obligé, en commençant ce chapitre, d'user de certains ménagements, afin de ne point vous effaroucher.

Et cependant quelle injustice! La science n'est-elle pas une collection de merveilleuses histoires dont la qualité première est d'être vraies? Quels contes de fées, quels récits fantastiques, quelles mythologies valurent jamais l'éternel roman qu'elle nous raconte ?

Laissez-moi donc vous en dire quelques chapitres, et si malgré tous mes efforts je ne puis parvenir à vous intéresser, n'en accusez que moi, de grâce, et non point la science.

Il est dans la nature.... Comment vous dirai-je bien cela ?.... Il est dans la nature un élément invisible, un fluide aériforme, un gaz... Mauvais début !

Dites-moi, vous êtes-vous jamais approché d'un réchaud où brûlait du charbon noir ? Évidemment oui. Vous avez alors senti ces émanations désagréables qui s'en échappent, cet air chaud qui vous prend à la gorge et semble vous remplir le nez d'une poussière suffocante. Eh bien, reculez-vous et ne l'aspirez pas davantage, car tout doucettement et sans vous crier gare il vous asphyxierait.

C'est dans ses habitudes. Ce gaz si dangereux s'appelle *gaz carbonique* ou *acide carbonique*. Invisible, incolore, il se cache en toutes sortes d'endroits d'où il s'exhale le plus souvent sans bruit et sans odeur, mais en asphyxiant tout homme ou tout animal que le hasard ou le devoir a amené sur son passage redoutable. Sournoisement il s'échappe des fissures du terrain, dans la Grotte du Chien près de Naples par exemple, ou dans la Vallée de la mort à Java ; il rugit dans le gueulard incandescent des hauts fourneaux, détonne en foudroyante artillerie du cratère des volcans... tout comme il s'exhale des lèvres roses et entr'ouvertes du petit enfant qui sommeille.

Il est partout : du fond des puits, des mines, des égouts et des carrières, du fond des cuves à vendange comme du sein de la montagne de craie ou de marbre, du coquillage, du bois mort, de l'herbe qui se décompose ou du cadavre qui se putréfie, il s'élève éternel, inépuisable. C'est particulièrement par la combustion qu'il se dégage. Brûlez une matière végétale ou animale quelconque et il s'en échappera de l'acide carbonique, exactement comme il s'en dégage d'un fragment de pierre calcaire sur lequel vous aurez versé quelques gouttes d'un acide quelconque.

Les anciens physiciens, voyant qu'il se détachait ainsi de toutes sortes de corps solides, l'appelèrent de divers noms. Ce fut tantôt l'*esprit des bois*, tantôt l'*esprit sauvage*, tantôt enfin l'*air fixe* ou *méphitique*, le *gaz sylvestre* ou le *gaz* tout court. Aujourd'hui, nous l'avons dit, c'est le gaz *acide carbonique*. Pourquoi carbonique ? Parce qu'il se compose d'oxygène et de charbon. Lisez ce nom avec respect : c'est un des éléments les plus féconds de la nature entière, l'une des bases de la substance universelle.

Le *charbon*, dont le nom scientifique est *carbone* (du latin *carbo*), est l'un des quatre personnages dont je me propose de vous faire l'insidieuse présentation, dans les pages de ce premier chapitre[1]. Le carbone, corps simple qui constitue presque en totalité le charbon noir, et qui, à l'état pur, n'est ni plus ni moins que le diamant, est, nous venons de le dire, un des fondements de la création. Il est l'élément essentiel de toutes les matières végétales et animales, en même temps qu'il figure dans bon nombre de corps minéraux. Sans saveur ni odeur, infusible au feu le plus violent, il se déguise de mille façons et se cache à peu près partout dans la nature. Nous le savons déjà, puisque nous avons vu de tant d'objets divers s'exhaler l'acide carbonique qui est l'un de ses innombrables composés.

Eh bien, à ce premier et important personnage, joignez l'*hydrogène* (c'est-à-dire, en grec, qui engendre l'eau), air inflammable

---

[1] Relisez à cette occasion les quatre charmantes lettres, XX, XXI, XXII et XXV, de la célèbre *Histoire d'une bouchée de pain*.

et le plus léger des gaz, l'*oxygène* (créateur des acides) ou air
vital, l'un des plus puissants de la nature entière ; l'*azote*, enfin
(dont le nom signifie suppression de la vie), irrespirable,
négatif, comme tel, modérateur du redoutable oxygène, et vous
aurez les quatre merveilleux acteurs qui, sur la scène de l'univers, jouent le grand drame de la vie.

Les voilà donc, ces quatre mots terribles : carbone, hydrogène, oxygène et azote ! Je les répète pour vous les graver dans
la mémoire. Au surplus, quoi de plus facile que de se rappeler,
sinon ces quatre éléments, du moins les composés généraux
qu'ils constituent et que tout le monde connaît !

Le carbone, c'est le CHARBON.

L'oxygène et l'hydrogène réunis forment l'EAU.

L'oxygène et l'azote mélangés forment l'AIR.

Le charbon, l'air et l'eau, voilà donc le banquet universel
Banquet n'est point trop dire et n'est pas une métaphore. Tout
ce qui se mange, tout ce qui se boit, sans aucune exception,
c'est du charbon, c'est de l'eau, c'est de l'air. De l'infusoire à la
baleine, et du Protococcus à l'Eucalypte gigantesque, monstres
dévorants, hommes insatiables et végétaux inassouvis, allez, mangez et buvez, gorgez-vous de sucs, de sang et de chair.... Suprême ironie, tous vos festins, toutes vos proies ne sont et ne
seront jamais que du carbone, de l'hydrogène, de l'oxygène et
de l'azote !

Revenons à l'acide carbonique, dont nous n'avons dit qu'un
mot. Vous faites-vous une idée quelque peu précise de l'effroya-
ble quantité de ce gaz que déversent incessamment dans l'atmosphère le sol dont nous connaissons les émanations délétères, et
les volcans, et les fourneaux d'usines [1], et la putréfaction de tous
les restes organiques ? La terre n'est-elle pas un vaste charnier,
d'où monte vers le ciel un éternel nuage d'exhalaisons pestilen-
tielles ?

Et ce n'est pas seulement la mort qui nous entoure de ses

---

[1] C'est par centaines de millions de tonnes que le charbon de terre est
annuellement consommé en Europe, et l'on a calculé que l'Angleterre n'a
plus de provisions de combustibles que pour deux cents ans environ.

déjections redoutables, c'est la vie qui, elle aussi, empoisonne sa propre sphère. Savez-vous ce que produisent d'acide carbonique les respirations de tous les hommes de la terre pendant une seule année ? Quelque chose comme 150 milliards de mètres cubes, qui représentent la combustion [1] de plus de 80 millions de kilogrammes de charbon ! Vous voyez d'ici, n'est-ce pas, la colossale pyramide ? Eh bien, c'est elle qui, annuellement mangée par l'espèce humaine, est annuellement rejetée dans l'atmosphère, et cela depuis combien de centaines de siècles ? Autre pyramide, bien plus colossale encore, c'est celle qui, annuellement transformée en acide carbonique par des myriades d'animaux depuis les temps géologiques, empoisonne notre atmosphère de concert avec la nôtre.

Épouvante et dégoût ! Car enfin vous n'ignorez pas que l'acide carbonique est un gaz délétère, que c'est lui qui en tous lieux nous assassine lentement, dans les théâtres, dans les salons et jusque dans notre chambre à coucher, quand il ne nous asphyxie pas tout à coup dans les ateliers, les mines, les carrières ou les cuves de nos usines. L'acide carbonique est notre éternel ennemi. Subtil comme l'air lui-même dont il fait partie, il nous enveloppe d'une atmosphère homicide où l'animal meurt, où la lampe s'éteint, où toute vie s'arrête, parce que toute combustion y devient impossible. Et voilà ce qui nous entoure ; voilà ce qui, depuis des centaines et des milliers de siècles, s'épaissit autour de notre terre en une zone d'émanations odieuses, méphitiques et de plus en plus condensées. Ne sentez-vous pas que cela prend à la gorge et que l'on suffoque dans ces flots de gaz pestilentiels ?

A tout hasard ouvrons la fenêtre !... Surprise charmante ! D'où nous vient donc cette brise si fraîche et si parfumée ? Qui parle

---

[1] On sait que l'acte de la respiration est exactement analogue à celui de la combustion, en ce sens que l'oxygène de l'air mis en présence, dans nos poumons, du charbon qu'y amène le sang veineux se combine avec lui et produit de l'acide carbonique et de la vapeur d'eau qui sont rejetés au dehors.

ici d'exhalaisons délétères ? Je ne sens au contraire que de vivi-
fiantes senteurs qui nous arrivent du parterre, de la prairie, de
la forêt, de la montagne...

Ah ! c'est que là-bas pousse la *plante*, la plante réparatrice
qui, herbe, arbuste ou arbre, travaille incessamment à l'assai-
nissement de notre atmosphère[1]. Sans elle, nous nous trouverions dans un vaste foyer de mort, ou plutôt nous n'aurions
jamais existé, car depuis longtemps les os de la dernière créature vivante auraient blanchi à la surface du grand charnier terrestre.

Mais la plante est là qui fonctionne. Grâce à l'admirable harmonie des choses de la nature, l'organisme végétal tire sa vie de

---

[1] Il est sans doute inutile de prévenir le lecteur contre ce qu'il peut y
avoir d'inexact, au point de vue scientifique, dans le rôle de fonctionnaire
presque raisonnable que nous prêtons à la plante. Il est bien évident qu'elle
nous ignore et nous a de tout temps ignorés ; mais outre que cette simple
forme de langage, résultant chez l'homme d'une tendance irrésistible à la
personnification, ne nous paraît entraîner aucun inconvénient, elle a de plus
l'avantage de rapprocher, d'unir les règnes, et de nous rattacher par une
sorte de reconnaissance a ces créatures bienfaisantes qui, bien qu'elles n'en
aient nullement conscience, nous ont préparé la terre et y entretiennent
notre vie.

ces mêmes éléments qui nous feraient mourir. La plante se nourrit d'acide carbonique ; chacune de ses cellules, ainsi que nous le verrons plus tard, en absorbe incessamment quelque parcelle qu'elle décompose ; le carbone est incorporé à ses tissus, et l'oxygène, ce gaz dont vous connaissez la puissance vivifiante, est rejeté au dehors. Elle a si consciencieusement rempli sa tâche, cette plante utile et bienfaisante, que, malgré les torrents d'acide carbonique qui de jour et de nuit sont lancés dans l'atmosphère, et cela depuis un nombre incalculable de siècles, ce gaz n'y figure que dans la faible proportion de cinq dix-millièmes environ.

. Soyez donc sans inquiétude. Notre magasin d'air respirable est si richement approvisionné, qu'il faudrait des milliers d'années pour que la respiration de tous les hommes et de tous les animaux vivants modifiât d'une façon sensible la composition normale de l'air atmosphérique. Malgré d'insignifiantes variations locales ou temporaires, l'équilibre demeure constant. Ce que les animaux fournissent à l'atmosphère, les plantes le reprennent et l'absorbent. D'éternels emprunts se balancent par des apports incessants. Dans cet admirable engrenage de la physique du globe, on peut dire sans métaphore qu'en ce qui concerne leurs éléments organiques, les plantes et les animaux dérivent de l'air, ne sont en réalité que de l'air condensé, de telle sorte que, pour se faire une juste idée de la constitution de l'atmosphère aux époques qui ont précédé la naissance des premiers êtres organisés, il faudrait rendre à l'air par le calcul tous les éléments que lui ont empruntés les plantes et les animaux.

C'est ainsi que s'accomplit et se ferme le cercle de la vie. Ce n'est pas seulement sur l'échange des éléments atmosphériques que repose la féconde solidarité des deux règnes supérieurs. Les végétaux ne se contentent pas de nous fournir de l'air, ils font bien plus, ils nous nourrissent. Ce sont eux qui, par suite de manipulations dont eux seuls ont le secret, nous préparent, nous accommodent en comestibles innombrables, cet aliment étrange, ce charbon universellement répandu dans la nature et devant lequel, avouez-le, nous serions terriblement embarrassés s'il nous était présenté dans sa simplicité native.

Vous ne l'avez pas oublié, c'est de charbon, d'air et d'eau, que doivent se nourrir tous les êtres qui mangent sur la terre. Seulement tout dépend de la préparation. Peu vous importe, n'est-il pas vrai, de ne manger que du charbon, pourvu qu'il vous soit présenté sous forme de viandes délicates, de bons légumes ou de fruits excellents ?

Or c'est dans cette métamorphose remarquable qu'excelle précisément la plante. Elle, qui n'est point difficile, elle mange son charbon au naturel. Par les canaux de ses racines, par les pores de ses feuilles, — nous verrons tout cela plus tard, — elle pompe, suce, absorbe sa part, puis accommode le tout en herbes ou en fécules. C'est sous ces formes que l'animal mange la sienne. Nous, voraces et raffinés entre les carnivores, nous arrivons par là-dessus et brochons sur le tout, c'est-à-dire que nous mangeons les uns et les autres.

C'est donc dans le règne végétal que réside l'immense laboratoire de toutes les vies organiques. C'est là que se forment aux dépens du sol et de l'atmosphère tous les éléments primordiaux de nutrition. Des végétaux, ces matières passent organisées et vivantes dans les animaux herbivores qui en détruisent une partie et accumulent le reste dans leurs tissus ; des animaux herbivores, elles passent plus vivantes encore dans les animaux carnivores, qui, à leur tour, en détruisent ou en conservent selon leurs besoins, puis qui, dissous eux-mêmes par la mort, rentrent dans la poussière et surtout dans l'atmosphère — mystérieux océan d'où sort toute chose et où toute chose revient, après avoir traversé le tourbillon non moins mystérieux qu'on appelle la vie.

J'ajoute quelques mots, puis je résume. Nous vous avons présenté :

Le *carbone*, ce corps qui de toutes parts se cache et se déguise [1], mais que trahissent les perpétuelles indiscrétions de l'acide carbonique ;

L'*hydrogène*, ce gaz inflammable qui brûle au bec de nos

---

[1] Excepté dans le diamant et le coke où il est à peu près à l'état pur.

appareils d'éclairage et dont on remplit les ballons parce qu'il est quatorze fois plus léger que l'air ;

L'*oxygène,* ce prodigieux créateur qui forme à lui tout seul la bonne moitié de notre globe, depuis le plus haut des airs dont il constitue en volume la cinquième partie, jusqu'au plus profond des océans, dans la composition desquels il entre en poids pour les huit neuvièmes environ ;

L'*azote,* enfin, gaz irrespirable et neutre dont les propriétés négatives semblent n'avoir d'autre but que de tempérer la dévorante énergie de l'oxygène, son trop puissant collaborateur.

Je prends la liberté de vous présenter encore :

Le *soufre,* que vous connaissez tous, jaune, inodore, sans saveur, et le *phosphore,* corps mou, jaunâtre, transparent et très-avide d'oxygène, c'est-à-dire s'enflammant sous le prétexte le plus futile, même sous l'eau, et lumineux dans l'obscurité.

Ne saluez plus, le cortége des grands personnages a défilé ; un léger mouvement de tête suffira pour les quelques noms d'importance secondaire qu'il nous arrivera de rencontrer en route, tels que l'*ammoniaque,* par exemple, qui se compose d'hydrogène et d'azote, la *potasse,* la *chaux,* la *magnésie,* la *soude,* le *fer,* le *cuivre,* le *zinc,* le *chlore,* l'*iode,* l'*alumine,* terre blanche qui forme la base des argiles et qui en se cristallisant constitue, suivant la couleur, le rubis rouge, le saphir bleu, l'émeraude verte ou la topaze jaune, la *silice,* enfin, corps très-dur, universellement répandu dans la nature et désigné selon ses variétés et transformations diverses sous les noms de caillou, silex, grès, sable, quartz, cristal de roche, calcédoine, cornaline, agate, sardoine, onyx, opale, jaspe et quelques autres encore.

Ils sont là devant vous, et vous les connaissez tous maintenant, ces quelques éléments dont les combinaisons infinies vont créer sous vos yeux le monde végétal tout entier.

Le carbone, l'hydrogène, l'oxygène, l'azote, puis au second rang, le soufre et le phosphore ; voilà les six corps simples principaux, c'est là le grand clavier, le grand jeu.

Nous allons maintenant voir la Vie, la grande artiste à l'œuvre, et quand nous aurons ensemble terminé ce volume, vous me

direz si j'ai eu tort de vous affirmer en commençant, que c'est bien véritablement la science qui nous raconte les histoires les plus merveilleuses.

L'ŒIL ET LE MICROSCOPE

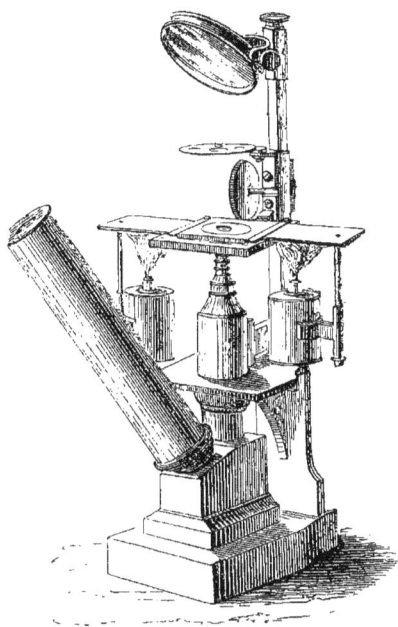

CHAPITRE II

ANATOMIE VÉGÉTALE

LA CELLULE.

Nous voici au début de notre étude. A la rigueur nous pourrions la commencer sans l'aide d'aucun instrument compliqué. Une simple loupe, des pinces, un canif, et quelques aiguilles, nous suffiraient pour l'examen extérieur de notre *plante*, pour la dissection de ses organes visibles à l'œil nu. Mais cette étude superficielle serait insuffisante. Tout un monde nous demeurerait fermé, le monde invisible, le royaume des infiniment petits.

Le premier désir de l'enfant en présence d'un jouet nouveau

c'est de savoir « ce qu'il y a dedans ». Eh bien ! nous, ayons
aussi cette curiosité légitime et féconde. Déchirons cet épiderme,
franchissons ces premières limites où l'œil s'arrête et sachons ce
que sont dans leur intime réalité cette fleur, cette feuille, cette
tige, ce bois, le *dedans* de tous ces organes dont nous ne voyons
que la surface.

Mais nos moyens naturels ont un champ d'action que limite
bientôt l'impuissance. Au-delà du seuil du monde perceptible
s'ouvre là, de tous côtés, sur nous-mêmes, et en nous-mêmes
un véritable abîme dont les premières manifestations saisissent.
Cet abîme dont nul encore n'a pu sonder le fond, c'est le microscope qui nous l'a révélé.

Entre votre œil et l'univers des atomes placez quelques verres
et tout est bouleversé dans la sphère de la vision. Dans le champ
circulaire du microscope — étrange échappée qui semble s'ouvrir
sur l'infini — s'étendent des océans, des ciels et comme des
paysages renversés que l'imagination la plus féconde n'eût
jamais pu rêver si vastes ni si beaux.

C'est là, dans ce royaume qui se dérobe à l'œil par son infinie
petitesse, que se révèle le monde des infiniment grands. C'est là
qu'on se fait une véritable idée de l'espace sans bornes, du nombre sans limites, de la quantité sans mesure. La divisibilité de la
matière échappe à toute conception naturelle, et la réalité devient un rêve. Toute proportion se transforme, toute relation se
renverse. Ce que l'on voit est une conquête perpétuelle dans le
domaine de l'inconnu. Selon les positions diverses du miroir
inférieur de l'instrument, l'on voit s'ouvrir et comme jaillir des
étendues lumineuses dont l'éclat vous aveugle, ou se creuser de
ténébreux abîmes d'une insondable profondeur.

Tout est illusion sans doute, mais ces illusions vous impres-
sionnent comme la réalité. Les notions de grandeur ne sont-elles
pas toutes de convention ? — Un morceau de papier dont la déchirure se trouvait sur la limite de mon rayon visuel, et qui, par
sa courbe concave, me rappelait vaguement le golfe de Naples,
me donna un soir, à la clarté d'une lampe, une tout autre idée
de l'immensité de la mer et de la projection hardie des côtes et
des promontoires que ne le fit jamais la plus exacte reproduction

du paysage réel. Une autre fois, un fragment de pellicule d'eau putride me montra tout un littoral déchiqueté de plus de morbihans et de fiords pittoresques que ne le furent jamais les côtes du Finistère ou celles de la Norwége.

Outre la divisibilité inconcevable de la matière, se révèle le monde indéterminé de la vie qui plonge, recule et semble s'enfoncer jusque dans le néant. On sait de quelles découvertes prodigieuses, en géologie, l'on est redevable au microscope. L'on sait que les calcaires, le schiste à polir et toutes les terres siliceuses sont presque exclusivement composés de coquilles d'animaux microscopiques et que des systèmes entiers de montagnes en sont formés. L'on sait que ce sont les infusoires qui, par leurs accumulations inimaginables, ont formé une grande partie de la Russie, de la Pologne, du Danemark, de la Suède, de l'Angleterre méridionale, de la France septentrionale, de la Grèce, de la Sicile, du nord-ouest de l'Afrique, de l'Arabie, de tous les terrains crayeux du monde en un mot.

Il existe des globules primitifs qui, sous les noms de Protococcacées et de Diatomées, constituent par agglomérations immenses les plus profondes assises du règne végétal. Leur petitesse est telle que l'on pourrait en ranger dix mille sur la longueur d'un pouce, soixante-dix billions dans un pied cube, et que sur une balance il en faudrait environ douze cent millions pour équivaloir au poids d'un seul gramme. Eh bien, l'on sait cependant que ces infiniment petits servent d'élément constitutif à des couches végétales de vingt pieds d'épaisseur dans l'Amérique du Nord, de quarante dans les bruyères de Lunebourg, et que la ville de Berlin entre autres est bâtie sur une couche analogue qui mesure plus de cent pieds, dans les parties les plus profondes.

L'imagination la plus hardie recule, saisie de vertige, devant des amoncellements pareils de vie organique. Songez à ce qu'il a fallu de carapaces d'infusoires pour former une partie considérable de la croûte solide de notre globe terrestre, lorsque vous saurez que la mince pellicule de craie qui recouvre une simple carte de visite représente les dépouilles calcaires de plus de cent mille coquillages.

Le 26 janvier 1843, dit M. Schleiden, une foule immense était rassemblée sur le roc Round-Down, près de Douvres, attendant avec une curiosité mêlée d'anxiété profonde l'issue de l'opération la plus gigantesque que l'esprit humain ait jamais tenté de réaliser. Il s'agissait de se débarrasser d'une montagne et de la jeter dans la mer. L'on avait passé des années entières à faire des préparatifs, à creuser des mines, des tranchées, des galeries. Une batterie galvanique colossale mit le feu à une masse de cent quatre-vingt-cinq quintaux de poudre... Le rocher entier s'ébranla, fut arraché et roula dans les flots. Plus de vingt millions de quintaux de calcaire furent soulevés en bloc et une superficie de quinze acres se trouva couverte d'une couche de débris de vingt pieds d'épaisseur.

— Et contre qui le déploiement de ces énergies formidables ? Qu'était cette montagne déracinée par une somme de forces inconnues jusqu'à ce jour ?

— Cette montagne était un assemblage de fort menus coquillages. C'étaient les débris de créatures microscopiques dont plusieurs milliers seraient anéanties par la simple pression du doigt d'un petit enfant.

Voilà ce que nous a enseigné le microscope.

C'est vers la fin du xvie siècle qu'a été inventé cet admirable auxiliaire des travaux scientifiques de l'humanité. Découvert par un opticien de Middelbourg, Zacharias Jansen, vers l'année 1590, utilisé pour la première fois par Leeuwenhoeck et peu après par Swammerdam, il est devenu, depuis un demi-siècle, entre les mains des Amici, des Ehrenberg, des Brongniart, des Mirbel, des Dutrochet, des Dujardin, des Brown, des Raspail, des Hannover, des Pouchet, des Virchow, des Lebert, des Follin, des Robin, etc... le tout-puissant instrument dont les incessantes découvertes reculent chaque jour la limite des connaissances humaines.

Comme appareil, il débuta fort modestement. L'on sait que l'origine du microscope simple remonte aux premiers siècles, et que, du temps de Pline et de Sénèque, il ne se composait que d'une simple sphère creuse remplie d'eau. Nous sommes loin maintenant de ces humbles essais, et l'on ne saurait trop admirer la merveilleuse puissance de l'homme, lorsque, de ces premiers instruments, et même de ceux du seizième et du dix-soptième siècle, l'on rapproche ces appareils magnifiques qui sortent aujourd'hui des ateliers des Ross, des Hartnack, des Nachet et des Chevalier.

Le *microscope* (des deux mots grecs *micros*, petit, et *skopeuo*, je regarde) est un instrument d'optique destiné, ainsi que l'indique son nom, à grossir les petits objets dont on cherche à étudier la nature.

Il y a deux espèces de microscopes : le simple et le composé.

MICROSCOPE SIMPLE. — Le microscope simple se compose ordinairement d'une lentille unique ou d'une combinaison de lentilles qui grossissent les objets en en donnant une image amplifiée qu'elles transmettent directement à l'œil.

Cette amplification provient de la courbure des verres, de telle sorte que le grossissement des objets se trouve toujours en rapport direct avec la convexité des lentilles.

Bien que toujours construit d'après un même principe, le microscope simple peut subir de nombreuses modifications de formes et de dispositions, suivant qu'il est destiné à un examen général des objets ou bien à des observations suivies. Dans le premier cas on lui applique le nom de *loupe*, et l'instrument se tient ordinairement à la main. Dans le second cas, l'instrument ayant une destination beaucoup plus étendue, se compose d'un support muni d'un miroir et d'accessoires divers. Les lentilles dont il se compose se nomment doublets, et l'instrument ainsi disposé porte le nom de *loupe montée* ou de *microscope simple*.

Les espèces de loupes sont nombreuses. Les plus simples se composent d'une lentille biconvexe enchâssée dans une monture. Mais les instruments les plus commodes et les plus généralement employés en histoire naturelle sont les biloupes ou les triloupes offrant des lentilles qui, par leur nature même ou par leur superposition, peuvent fournir une série de grossissements divers.

L'origine du microscope simple, nous l'avons dit, remonte à une époque fort reculée. Vers le quatorzième siècle, l'on commença à travailler les premières lentilles. Ce furent deux Italiens, Eustachio Divini, à Rome, et Campani, à Bologne, qui excellèrent les premiers dans cet art difficile. Plus tard, en 1665, Hartsocker, s'amusant un jour à passer dans la flamme d'une chandelle une petite baguette de verre, s'aperçut que l'extrémité de cette baguette s'arrondissait.

Ce fut un éclair, — cet éclair inspirateur que l'on trouve à l'origine de toutes les grandes découvertes. Il recommença, fit mille essais et parvint enfin à se faire un assez bon microscope avec ces globules de verre fondu qu'il maintenait entre deux petites plaques de plomb. C'est avec cet instrument si primitif et que l'on tenait encore à la main, que Leeuwenhoeck, Swammerdam et Lyonnet ont fait les belles observations qui les ont immortalisés.

Les lentilles biconvexes furent les premières lentilles travaillées ; ce sont elles qui servirent d'élément au microscope simple de Wilson et de Cuff, lequel, perfectionné de nos jours par Raspail, est aujourd'hui connu sous le nom de ce dernier savant.

MICROSCOPE COMPOSÉ. — Nous avons vu que le microscope simple consiste en une ou plusieurs lentilles qui transmettent directement à l'œil l'image amplifiée. Dans le microscope composé, ce n'est plus directement que s'opère la transmission, car l'image, une première fois grossie par un appareil de lentilles appelé *objectif* (parce qu'il est près de l'objet examiné), n'arrive à la vision qu'après avoir été amplifiée de nouveau par un second appareil appelé *oculaire* (parce qu'il est près de l'œil).

C'est à l'année 1590, nous l'avons dit plus haut, que remonte l'origine du microscope composé, et c'est au Hollandais Zacharias Jansen que revient l'honneur de cette admirable découverte, malgré les tentatives que firent pour se l'approprier un autre Hollandais, l'alchimiste Drebbel, le Napolitain Fontana, puis encore Roger Bacon, Record, Viviani et quelques autres.

Parmi les premiers microscopes composés, l'on en cite encore trois dont se souviennent les opticiens : celui du docteur Hooke (1656), celui d'Eustachio Divini (1668), et enfin celui de Philippe Bonani (1698). Ces instruments remarquables, comme essais, étaient d'un diamètre énorme ; le tube de celui de Divini était de la grosseur de la cuisse.

Des améliorations furent faites par Newton, un peu plus tard par Baker et Smith; puis vinrent celles de Hall, de Hooke et de Custance, d'Adams, de Martin, de Chester More Hall qui découvrit l'achromatisme [1], en 1729, et d'Euler qui, le premier, conçut l'idée de l'appliquer au microscope. Mais là était la grande difficulté, et ce ne fut guère qu'en 1823 que MM. Vincent et Charles Chevalier construisirent les premiers microscopes vraiment achromatiques.

Ces types, universellement adoptés, ont de nouveau subi quelques perfectionnements entre les mains de MM. Amici et Ross. Ce dernier particulièrement est l'inventeur des systèmes dits *à correction*.

En somme, et pour finir par quelques conseils pratiques, voulez-vous faire de la botanique en simple amateur? Il vous faut une biloupe pour les herborisations, plus une loupe un peu plus forte, accompagnée d'un porte-loupe, ou plutôt un doublet de 5 lignes par exemple, qui vous donnera les grossissements 12 et 24 fois. A cela joignez deux ou trois aiguilles montées, autant de scalpels, une ou deux petites pinces, et enfin des ciseaux fins, si vous n'en avez pas déjà.

Voulez-vous pousser plus loin vos études, faire des recherches, des vérifications? Achetez alors, soit un microscope simple muni de quelques doublets, soit un microscope composé que vous choisirez, selon la somme que vous voudrez y consacrer et dont les prix varient entre 70 et 500 francs.

Cela dit, revenons au titre de notre chapitre.

Dans le chaos des formes de la nature et de tous les êtres divers de la création, il est une unité servant de point de repère, une source originelle commune qui relie entre eux les individus, les espèces, les genres, les familles, les races et les règnes : c'est la *cellule* ou *utricule*. C'est là l'origine de toute chose, l'élé-

---

[1] L'achromatisme se dit des perfectionnements par lesquels les opticiens sont arrivés à supprimer dans les images microscopiques, ces franges coloriées qui, dans les appareils incomplets ou mal construits, nuisent à la perception nette des objets.

ment premier, l'organe fondamental, l'œuf mystérieux d'où sortent, par multiplication, le cristal, la plante, l'animal et l'homme.

Cette cellule consiste en une petite vésicule à peu près sphérique. Elle est si petite qu'on ne peut l'apercevoir à la vue simple. Elle n'a parfois que quelques centièmes de millimètre de largeur. C'est cependant là que nous allons voir se révéler des merveilles inattendues, car ce n'est point ailleurs que dans ce globule invisible qu'il faut chercher la plante élémentaire, le végétal premier-né organisé pour vivre et possédant en lui-même toute force de développement et de reproduction.

Disséquez n'importe quel fragment de matière végétale, herbe, bois, feuille, fleur ou fruit; divisez, fendez, écrasez, employez les scalpels les plus fins, les aiguilles les plus pointues, les ciseaux les plus tranchants; quand vous serez arrivé aux dernières limites du possible, que vous aurez fait des miracles de fractionnement, prenez le plus petit de vos atomes, regardez-le au microscope et vous y verrez l'amoncellement de je ne sais combien d'utricules agglutinées qu'il vous faudra diviser encore, si vous le pouvez, pour arriver à la parcelle finale... que dis-je? à la parcelle primitive.

N'est-ce pas elle qui, la première née, se tient à la base de toute création minérale, végétale ou animale? L'animal, la plante et la pierre ont une utricule pour ancêtre.

Humble entre les humbles est la cellule végétale. Elle pourrait être fière cependant; le plus gigantesque des Chênes, le plus énorme des Baobabs ne sont, tout bien considéré, qu'un gros tas d'utricules. Les Algues qui remplissent les océans, les forêts qui recouvrent la terre,

Fig. 1. utricules que tout cela! Utricules que les moissons et que les prairies, et que les troupeaux qui les broutent.... et que les hommes qui mangent troupeaux et moissons!

Les cellules sont de formes très-diverses. Tout d'abord globuleuses (fig. 1), elles se modifient singulièrement par suite de la pression réciproque qu'elles exercent les unes sur les autres. L'on en trouve d'allongées, d'aplaties, d'étalées, d'échancrées, de polygonales (fig. 2) ou de polyédriques (fig. 3); il en est d'autres de formes complétement irrégulières et qui semblent être le résultat de la soudure de plusieurs utricules (fig. 4).

Le microscope nous a révélé la cellule et ses formes diverses ; mais ce n'est pas encore tout : il nous en montre de plus l'inté-

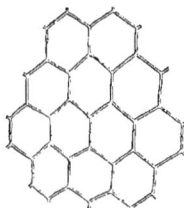

Fig. 2.

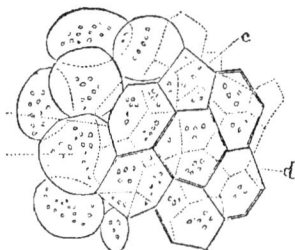

Fig. 3. — Tissu d'une tige d'Angélique.

rieur, il nous fait pénétrer jusqu'au dernier secret de son organisation intime, et nous enseigne que notre petit globule a deux enveloppes superposées et concentriques.

L'une, l'extérieure, appelée *membrane cellulaire*, est mince,

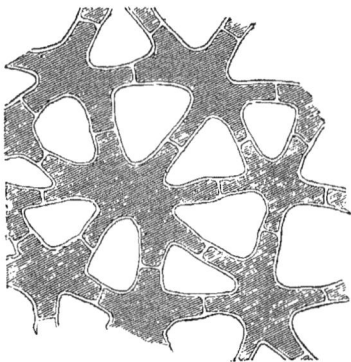

Fig. 4. — Tissu étoilé du Sparganium.

parfaitement incolore et transparente ; la seconde, l'intérieure, est une membrane créatrice, si bien qu'en raison de son importance l'on appelle *utricule primordiale* la cellule qu'elle constitue. La membrane cellulaire est un composé de carbone, d'hydrogène et d'oxygène, simple composé *ternaire*, ainsi que s'exprime la chimie. L'utricule primordiale joint à ces trois éléments l'azote, et se trouve ainsi être une substance *quaternaire* à laquelle seule se rattachent tous les phénomènes de la vie et de la reproduction, l'azote étant pour ainsi dire le moyen terme qui associe l'un à l'autre le végétal et l'animal. (Payen.)

Voilà donc notre cellule constituée. Organisme indépendant, ne relevant que d'elle-même, possédant en soi la double force qui fait vivre et qui reproduit, elle puise des aliments liquides dans les corps qui l'entourent, les absorbe par ses pores invisibles et crée, à l'aide de procédés chimiques qui lui sont propres, de nouveaux corps entièrement différents d'elle-même.

L'une des premières créations qu'elle opère dans son intérieur, c'est l'épaississement de sa propre enveloppe (fig. 5). Une couche nouvelle s'épanche entre l'utricule primordiale et la membrane cellulaire. A cette couche en succède une seconde, puis une troisième, et puis d'autres encore, jusqu'à ce que la cellule en soit à peu près remplie. Mais, chose fort bizarre, ces couches ne sont quelquefois ni homogènes, ni

Fig. 5. — Utricules de Sureau à parois très-épaisses.

entières. Criblées de petits trous, fendues, découpées en spirales ou en anneaux parallèles, elles laissent à découvert, suivant les figures qu'elles représentent, des espaces vides qui, vus du dehors, semblent être dans la cellule de véritables solutions de continuité (fig. 6). Il n'en est rien cependant, car les lacunes intérieures sont toujours fermées au dehors par la membrane cellulaire.

Indépendamment de l'épaississement des parois, la cellule renferme dans son imperceptible cavité des substances diverses. Bien que hermétiquement close de toute part, elle est toujours remplie de quelque matière, soit d'air, soit d'eau, soit d'huile, soit de sucre, ou de fécule, ou de minces filaments de cristaux, soit enfin d'une substance colorée, qui le plus souvent se trouve être verte.

Or savez-vous ce que c'est que cette substance verte ? Ce sont d'autres petites utricules remplies de granulations qui apparaissent au travers de l'enveloppe transparente de la première, et si nos microscopes, déjà si puissants, pouvaient le devenir encore davantage, ils nous montreraient probablement de nouvelles utricules dans ces utricules intérieures, et cela jusqu'à des limites où l'imagination s'arrête confondue devant de tels miracles de division et d'emboîtement.

Ces granulations vertes, qui constituent la couleur essentielle des végétaux, ont été l'objet de longues et patientes

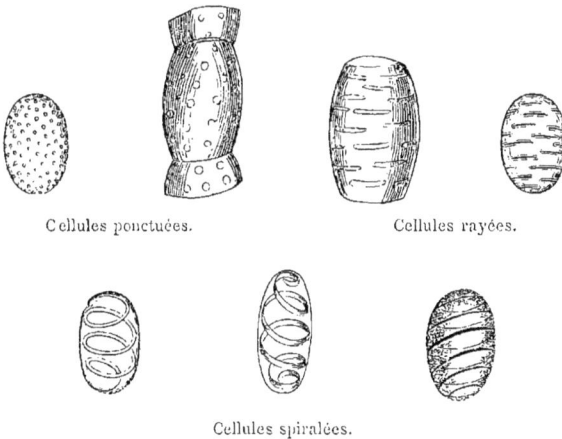

Cellules ponctuées.   Cellules rayées.

Cellules spiralées.

Fig. 6.

observations ; mais l'on conserve encore des doutes sur leur véritable nature. Un savant physiologiste, M. Dutrochet, a émis à ce sujet une hypothèse hardie. Il suppose que cette matière verte, cette *viridine* ou *chlorophylle*, pour l'appeler par son nom, n'est pas autre chose qu'une sorte de système nerveux végétal, c'est-à-dire une matière où commencerait peut-être à éclore une vague sensibilité, de telle sorte que la plante serait comme un animal embryonnaire, qui ne peut se mouvoir encore, mais qui vit déjà, sent à coup sûr, devient parfois triste, malade, et se trouve ainsi être sur la limite des êtres organisés.

Selon d'autres botanistes, la chlorophylle, qui est un composé

de matières diverses, de cire, de résine, et surtout de fer, aurait
plutôt quelque analogie avec le sang des animaux qui, lui aussi,
on le sait, contient toujours du fer. Quand une plante s'est étio-
lée dans un lieu privé de lumière, elle devient pâle et en quelque
sorte chlorotique. Eh bien, si on l'arrose avec un sel de fer, on
lui voit reprendre en peu de temps sa couleur verte et son aspect
ordinaire, de même qu'un individu affecté de chlorose reprend,
sous l'influence d'un médicament ferrugineux, la coloration normale de la santé.

La chlorophylle ou viridine, nous le savons maintenant, c'est
le vert des feuilles, c'est la livrée magnifique du règne végétal.

Fécule de pomme de terre.

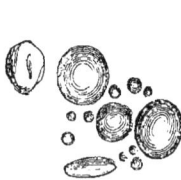

Fécule de céréales.   Fécule de Tapioca.
Fig. 7.

Il est des cas où les granules de cette chlorophylle ne paraissent pas s'être encore condensés. La viridine forme alors une
sorte de gelée verte qui tantôt en petits nuages gélatineux, tantôt
en filaments, en rubans ou en lames, forme dans l'intérieur de
chaque cellule des anneaux, des festons ou des spirales, dont il
serait difficile de décrire l'élégance et la délicatesse infinies.

Ne croyez pas toutefois que cette chlorophylle, si répandue
dans la nature, abonde beaucoup comme matière. Elle est si
ténue, si prodigieusement divisée, qu'on estime à moins de dix

grammes la quantité suffisante pour donner à tout un grand arbre son opulente verdure!

Il est bien d'autres couleurs que la verte dans ce règne aux teintes éclatantes. Celles-ci proviennent de causes différentes. Les nuances variées des pétales sont dues, non plus à des granules, comme ceux de la chlorophylle, mais à des liquides colorés répandus dans le tissu cellulaire. Quant à la coloration blanche, elle dépend tout simplement de l'air contenu dans les utricules. Ainsi des pétales, d'une éclatante blancheur, placés sur de l'eau et soumis à l'action de la machine pneumatique, perdent leur opacité lactée et deviennent transparents, incolores, par suite de la substitution de l'eau, dans leurs cellules, à l'air dont elles étaient remplies.

Nous avons nommé la fécule au nombre des matières que la cellule élabore dans son microscopique laboratoire. Ajoutons ici quelques mots sur ce remarquable produit. La *fécule* ou *amidon* (fig. 7) se trouve en quantité notable dans diverses parties de la plante. Il est des tubercules souterrains, des tiges, des feuilles, des fruits, des graines qui en sont abondamment fournis. Elle se montre au microscope sous la forme de granules incolores et transparents, d'une grosseur fort variable, puisqu'il en est qui mesurent un dixième de millimètre, tandis que certains autres n'excèdent pas en largeur deux centièmes de millimètre (fig. 8).

Chaque grain de fécule est un corps solide, souvent aplati, de forme plus ou moins ovalaire et composé de couches concentriques. A la surface de la plupart de ces grains l'on aperçoit deux ou trois petites cicatrices nommées *ostioles*. L'os-

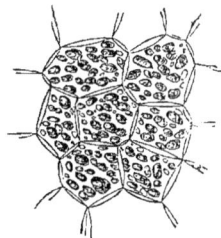

Fig. 8. — Cellules remplies de grains de fécule.

tiole est l'ouverture d'un petit canal en forme d'entonnoir qui pénètre jusqu'au centre du globule. Quelquefois, autour de cette ouverture, rayonnent, sous forme d'étoile, des fentes qui pénètrent plus ou moins profondément la substance du grain de fécule.

Or voici ce qu'ont été à l'origine et ce grain et cette ostiole.

— Tout jeune globule d'amidon commence par n'être qu'une simple vésicule percée d'un petit trou. Par cette ouverture pénètrent successivement des alluvions de matière liquide, qui, par couches superposées, viennent se déposer dans l'intérieur. A chaque dépôt, la vésicule primitive se dilate, se gonfle, se remplit, se solidifie, et si bien que, finissant par perdre toute élasticité, elle cesse de croître... L'univers alors compte un grain de fécule de plus.

Notre petite cellule ne se contente pas de faire des gommes, des huiles, du sucre, des acides, du gluten, de la chlorophylle et des fécules ; dans ses moments perdus, elle fait encore des cristaux, des cristaux qui, tantôt isolés, tantôt réunis, mamelonnés ou hérissés de pointes pyramidales et le plus souvent fagotés en petits paquets d'aiguilles, sont connus en botanique sous le nom de *raphides*.

Ce qu'il y a peut-être de plus remarquable parmi les objets divers confectionnés par notre utricule, c'est son noyau ou *nucléus* (fig. 9). L'on a vivement et longuement discuté sur ce mystérieux nucléus. Le nucléus est un petit corps de forme lenticulaire ou à peu près globuleuse, qu'on trouve appliqué contre la paroi intérieure d'une foule de cellules. Ce qu'il est, d'où il vient, et à quoi il est bon ? Ce sont là autant de questions auxquelles il est difficile de répondre.

Fig. 9.
Utricule contenant un nucléus.

Certains physiologistes lui font jouer un rôle des plus importants dans la reproduction des utricules. L'un d'eux, pour se venger sans doute des pénibles recherches que lui a fait faire ce nucléus malencontreux, l'a appelé *cytoblaste*. C'est bien fait, et cela lui apprendra.

L'on ne sait donc pas au juste comment se reproduit le tissu cellulaire, et les avis sont fort partagés. Les uns pensent que la production se fait par voie interne ou *segmentation ;* les autres croient, au contraire, que c'est au dehors que s'opère la multiplication, c'est-à-dire par *gemmation*. Il est un autre mode de reproduction suivant lequel les éléments anatomiques naîtraient de toutes pièces au sein d'un liquide mucilagineux et créateur, appelé *cambium*, lequel progressivement s'épaissirait, se mamelonnerait en cambium globuleux et finirait par s'organiser en cellules nouvelles.

Il y a tout lieu de croire que les trois modes sont employés par la nature.

Quoi qu'il en soit des difficultés qui compliquent la question, la cellule ne paraît pas s'en inquiéter le moins du monde, et son isolement est de courte durée. Avec une rapidité sans égale, elle se multiplie et remplit l'espace autour d'elle.

L'on comprend son activité brûlante. N'a-t-elle pas le monde à parer et à nourrir? Aussi fait-elle d'inconcevables prodiges. Il y a des feuilles qui, par heure, augmentent de deux mille cel-

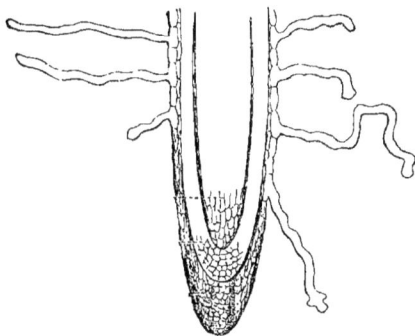

Fig. 10. — Coupe longitudinale de l'extrémité
d'une racine de Hêtre.

lules, des Courges ou Potirons dont le poids augmente d'un kilogramme par jour, des Champignons enfin qui, dans une heure, procréent soixante-six millions de cellules, ce qui fait quarante-sept milliards dans une seule nuit! Faut-il s'étonner désormais que la moitié du monde soit l'ouvrage de cette cellule incomparable?

De l'unité passant bien vite à la pluralité, elles s'agglomèrent, se solidifient, s'allongent en racines (fig. 10), s'élèvent en tiges, s'étalent en feuillage et en corolles, se groupent en fruits, puis se durcissent en grains, en noyaux, en écailles, créent au dehors, créent au dedans et se remplissent enfin de matières plus ou moins azotées qui, changées en chair par les animaux herbivores, subissent une dernière transformation dans les animaux carnassiers.

La cellule s'allonge au sortir de la forme globuleuse et constitue par ses diverses modifications les trois tissus principaux dont se compose toute plante : le *tissu cellulaire* que nous connaissons (fig. 10, 15, 16 et 17), le *tissu fibreux* qui est sa transformation immédiate (fig. 11), et le *tissu vasculaire* qui est sa seconde métamorphose (fig. 18 à 22).

Le tissu fibreux, qui se compose de vaisseaux courts, obli-

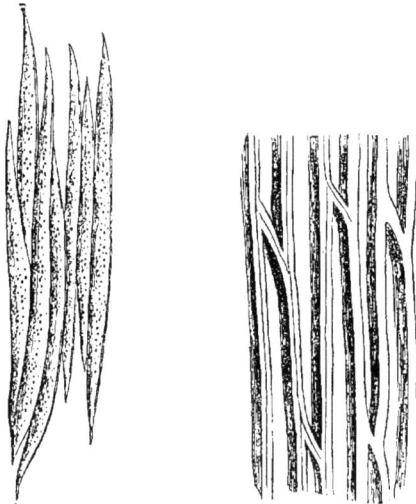

Fig. 11. — Tissu fibreux.

ques, fermés à leurs deux extrémités, forme la masse du bois (fig. 12, 13 et 14) et les faisceaux de la partie intérieure de l'écorce, où il constitue une sorte de réseau à mailles plus ou moins larges. C'est également à ce tissu qu'appartiennent les fibres textiles qui servent à la fabrication des cordes et des toiles (Chanvre, Lin, Ortie, Phormium tenax, Agave, etc.), et qui, dans quelques-unes des plantes que nous venons d'énumérer, offrent une force de résistance extrêmement considérable.

Une dernière métamorphose enfin du tissu cellulaire, c'est le tissu vasculaire ou tissu formé de vaisseaux. Ces vaisseaux, qui ne sont que des fibres plus longues, comme les fibres ne sont que des cellules allongées, se composent de tubes continus, sim-

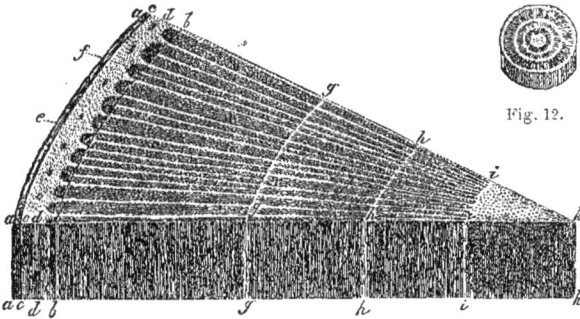

Fig. 12.

Fig. 13.

Fig. 12. — Coupe transversale d'une petite branche de Platane.

Fig. 13. — Petite portion de la même branche grossie au microscope; *a, b*, écorce; *a, c*, épiderme desséché; *b, c*, partie vivante de l'écorce; *c, d*, partie de l'écorce successivement rejetée à la circonférence; *b. d*, liber ou jeune écorce; *e*, origine des rayons médullaires; *f*, extrémité des fibres qui forment les mailles du liber; *b, i*, corps ligneux composé de trois couches; *i, k*, moelle interne.

ples ou ramifiés, et destinés à contenir des liquides ou des fluides gazeux. Nous avons des vaisseaux simples, des vaisseaux rayés, ponctués, annelés, réticulés, et enfin des vaisseaux

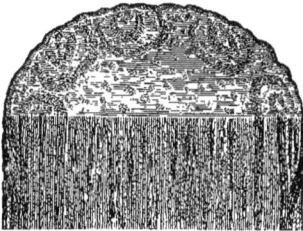

Fig. 11. — Tronc d'un Acotylédoné.

spiraires. Les vaisseaux simples contenant un liquide particulier appelé *latex* sont appelés *laticifères*. Les vaisseaux spiraires, dans l'intérieur desquels se trouve une longue et mince spi-

ricule roulée en hélice, s'appellent *trachées*, et sont considérés
par certains physiologistes comme analogues aux organes respi-
ratoires des insectes (fig. 18 à 22).

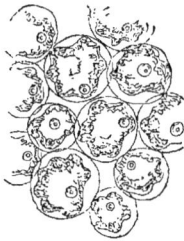

Tissu cellulaire de la hampe   Épiderme avec stomates
d'une Jacinthe.   et aiguillons.

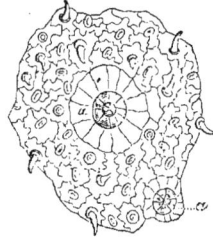

Fig. 15. — Tissus cellulaires fortement grossis.

Si de l'intérieur de la tige nous passons à l'extérieur, nous y
rencontrons encore notre cellule. Tout organe végétal exposé à

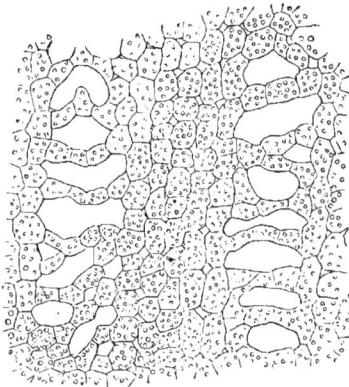

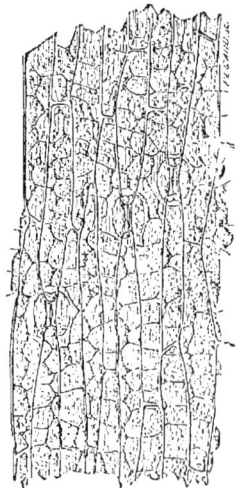

Fig. 16. — Tissu avec lacunes.   Fig. 17. — Épiderme d'une feuille d'Iris :
                                     Tissu cellulaire fortement grossi.

l'action de l'air atmosphérique est recouvert d'une membrane
transparente appelée *épiderme*, qui se compose de deux parties :

d'une mince pellicule externe appelée *cuticule*, exactement mou-
lée sur la couche inférieure (et même sur ses poils qui s'y engai-
nent comme des doigts dans un gant), et d'un tissu également

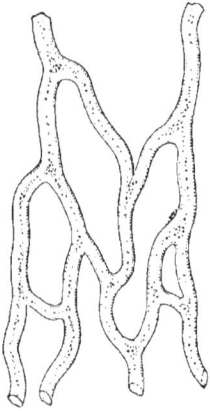

Fig. 18. — Vaisseaux laticifères.   Fig. 19. — Vaisseaux ponctués.

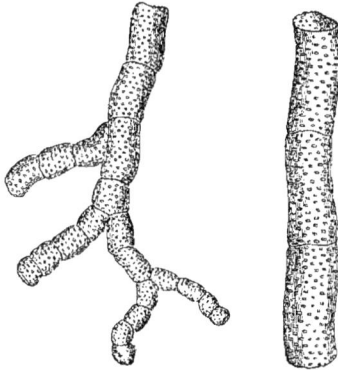

transparent et fort mince qui est l'épiderme proprement dit. L'é-
piderme est habituellement composé d'une couche unique, sauf
certains cas assez rares où une seconde et même une troisième
série de cellules plus petites viennent épaissir la membrane pri-

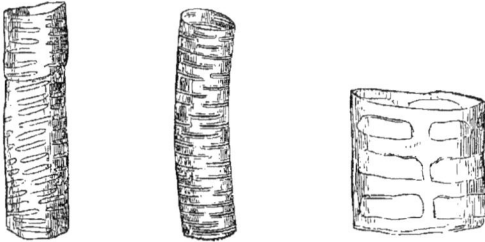

Fig. 20. — Vaisseaux rayés.

mitive. Au-dessous de l'épiderme commence l'écorce dans les tiges
et le parenchyme dans les feuilles.

Les cellules de l'épiderme ne sont pas toutes contiguës les
unes aux autres, et le tissu qu'elles forment présente assez fré-

quemment des solutions de continuité. De petites ouvertures d'une forme particulière, et que l'on ne peut confondre avec aucune autre pour peu que l'on en ait vu quelques-unes sous un grossisse-

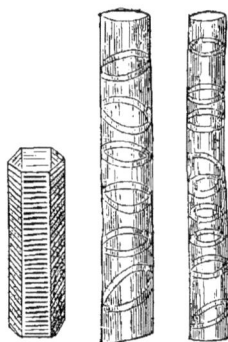

Fig. 21. — Vaisseaux annelés.   Fig. 22. — Spiricules de trachées.

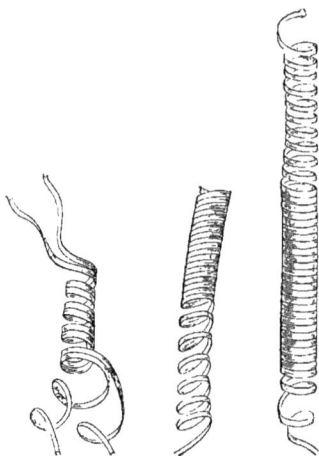

ment suffisant, parsèment la membrane transparente de certains épidermes. Ces ouvertures ou pores appelés *stomates* sont de

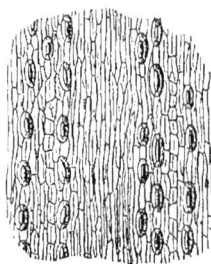

Stomates allongées.

Épiderme ponctué de stomates au travers duquel on voit le tissu cellulaire.

Fig. 23.

petites bouches (le nom de stomates ne signifie pas autre chose) qui, placées dans l'épaisseur de l'épiderme, s'ouvrent à l'extérieur par une fente ovalaire bordée d'une sorte de bourrelet. Ce bourrelet, ou si vous préférez ce double ourlet, habituellement formé par deux cellules en croissant qui se touchent par leurs extrémités, n'est pas sans analogie avec une boutonnière (fig. 23). Par leur fond, ces pores correspondent toujours à des espaces vides remplis d'air qui, communiquant le plus souvent les uns avec les autres, servent de moyen de diffusion aux fluides aériformes qui se trouvent dans l'intérieur des végétaux.

Les stomates sont d'une excessive petitesse et souvent tellement rapprochées les unes des autres, que leur nombre s'élève à des chiffres prodigieux. L'on a calculé, par exemple, d'une manière approximative, qu'une lame d'épiderme d'un pouce carré, prise sur la face supérieure d'une feuille d'Œillet, contient environ quarante mille de ces singulières petites lucarnes. L'Iris en présente douze mille et le Lilas cent soixante mille sur le même espace pris sur la face inférieure. C'est, du reste, sur ces dernières surfaces que les stomates se rencontrent avec le plus d'abondance.

La cellule, est-il besoin de le dire? joue, dans l'économie végétale, un rôle capital. Elle pourvoit à tout. Elle crée la moelle centrale, les fibres, les vaisseaux, l'écorce, l'épiderme, attire les sucs nutritifs qu'elle transforme, donne passage à l'air dont elle extrait les gaz essentiels; fait circuler par endosmose les divers liquides qu'elle modifie; distille des essences, des fécules, des gommes, des sucres, des huiles; crée la séve, crée le cambium reproducteur des couches végétales, et finit par se dessécher quand son rôle est terminé, s'immobilisant sous forme de bois, de moelle, de liége, d'herbe sèche, de fruits, de semences ou de tissus végétaux.

Après la tige et les fibres plus ou moins ligneuses, viennent la feuille et son parenchyme, les pétales avec leur fin tissu, les étamines avec leur pollen, le style enfin avec son stigmate, et ses carpelles et ses ovaires.

Tout sort de la cellule, tout se constitue par la cellule. Elle seule forme le point de départ et comme la base organique de chacun des trois règnes.

Cellule minérale, cellule végétale, cellule animale, trois mots qui résument la création visible..... Que dis-je? Il n'y en a pas trois, il n'y en a qu'une — la cellule primordiale d'où émane toute vie.

LA PLANTE VIVANTE

CHAPITRE III

COUP D'ŒIL GÉNÉRAL.

Les plantes, les animaux, a dit un poëte allemand, sont les rêves de la nature dont l'homme est le réveil. Le poëte paraît avoir dit vrai. Il a surtout eu raison de comprendre dans sa définition fantaisiste mais profonde les deux règnes supérieurs, appelés *organiques*. Ils se tiennent et se confondent presque par leur origine qui parfois semble commune. L'on ignore où le premier finit; l'on ne saura jamais peut-être où le second commence.

Au début de toute existence, alors que l'étincelle de vie a jailli, elle hésite entre deux voies qui s'ouvrent devant elle et au seuil se bifurquent. Ici c'est l'animal, à côté c'est la plante.

Il est des êtres mystérieux qui alternent, allant de l'un à l'autre. Le Protococcus, petite Algue microscopique qui colore en rouge ou en vert la neige ou l'eau qu'elle remplit, semble être tour à tour plante et animalcule. La plupart des végétaux cryptogames, à l'époque de la reproduction, sont remplis de germes bizarres qui, jusqu'à l'heure de la transformation végétale, nagent et s'agitent avec une inconcevable vivacité; les Conferves ont été appelées d'un nom (Zoosporées) qui signifie « graines vivantes », et dans le liquide qui s'échappe du pollen des fleurs s'opère un fourmillement de petits êtres inexpliqués, d'atomes inconnus.

Le végétal semble s'exalter jusqu'à l'animalité, vit un instant d'une vie supérieure, puis retombe, s'affaisse après l'idéal entrevu; il redevient plante, mais pour recommencer le beau rêve, et la vie qu'il lègue à ses descendants ne sera, comme la sienne, qu'une étrange fluctuation, que l'alternative d'une double existence.

Regardez au microscope une gouttelette d'eau en putréfaction, tout un monde s'y agite. Voici un infiniment petit qui vient d'entrer dans la vie. C'est une cellule transparente, globuleuse, sans organes, n'ayant qu'un centre... pas même, qu'une simple circonférence indécise...

— C'est une monade, n'a-t-elle pas roulé?

— Non, ce n'est qu'une Cryptogame de l'ordre le plus inférieur, une Diatomée sans doute qui s'agrandit, se partage et produit un bourgeon.

— Mais ce bourgeon contient des spores et ces spores se sont agitées.

— Non, ce sont des vibrions linéaires.... à moins toutefois que la spore ne perde ses cils, ne s'arrondisse et ne devienne verte, car dans ce cas elle germerait, puis s'allongerait et deviendrait un tube végétal.... comme sa mère qui est une plante.

Il n'est pas de plus merveilleux spectacle que ces oscillations de la vie. Allez à l'Aquarium du Jardin zoologique, contemplez dans leur cage de verre, dans leur eau bleuâtre et vaporeuse comme une fumée endormie, les Actinies ou Anémones de mer, les Coraux, les Madrépores, tous ces polypes qui y rêvent sur le seuil de l'existence, et dites ce qu'ils sont.

— Des plantes ?

— Oui, puisqu'ils végètent et semblent fleurir.

— Des animaux aussi ?

— Sans aucun doute, puisqu'ils mangent, s'agitent, et soudain tendent un bras ou plutôt une bouche quand tout près d'eux quelque proie s'aventure.

Plus la plante est incomplète, plus bas elle est sur l'échelle végétale, et plus aussi elle confine au mystérieux royaume où s'éveillent les premières vibrations, où tressaillent les premiers candidats à l'animalité.

Presque toute la famille des Hydrophytes ou Protophytes, la première au bas de la série, se compose de ces êtres merveilleusement équivoques qui embarrassent le physiologiste et ne satisfont que le philosophe.

Tous les grands naturalistes se sont inclinés sur ce mystère, hésitant, opinant pour la plante, opinant pour l'animal. Girod, Roth, Vaucher, De Candolle, Agardh, Müller, Monbret, Bory de Saint-Vincent, Unger, Pouchet, de Flotow, Thuret, Vulpian, l'éminent physiologiste, s'accordent à dire qu'il est impossible de classer d'une manière définitive, dans l'un ou l'autre règne, telle plante qui par moments s'agite, tel animal qui abdique pour végéter.

Quittons ces merveilles inexpliquées. Franchissons ce carrefour étrange d'où s'élancent les trois règnes après s'y être un instant confondus. Laissons à gauche se cristalliser le minéral silencieux, laissons à droite l'animal tressaillir aux premiers souffles de la vie ; marchons droit devant nous : là-bas germe, pousse et fleurit la *plante*, le gracieux objet de notre étude.

La plante, que certains physiologistes ont été tentés d'appeler
un animal inférieur, a pour caractère distinctif son immobilité
relative et sa dépendance absolue du sol où elle a germé. Elle y
plonge par ses racines, ne peut fuir le danger, se trouvera
demain là où l'ennemi l'a remarquée ce soir. Elle n'a qu'un
horizon, qu'un spectacle, qu'une atmosphère; aussi la plante
n'a-t-elle pas d'histoire.

Rien d'autre pour elle que le cycle annuel des saisons. La séve
monte, redescend, puis s'arrête; remonte pour s'arrêter de nouveau..... et les siècles coulent ainsi sur les grands arbres de nos
forêts dont toutes les sensations pourraient se résumer par ces
deux mots : l'été, l'hiver.

Je me trompe, la plante a une histoire: histoire obscure, silencieuse autobiographie qu'elle écrit lentement dans le tissu même
dont se compose sa tige.

Pour qui sait les comprendre, elles sont exprimées là, les
impressions de toute sorte qu'a éprouvées le végétal. Sur la
coupe horizontale d'un vieux tronc, véritable cadavre de la
plante qui n'est plus, sont tracés des cercles concentriques,
frangés, festonnés, empiétant parfois les uns sur les autres.

C'est la trace des années écoulées. Chacune d'elles s'est inscrite au répertoire. Ici la zone est large et presque régulière, c'est la marque d'une année heureuse, un témoignage de vie, de force et de santé. A côté, une frange plus étroite nous raconte des souffrances, tout au moins une saison de langueurs. Plus loin, s'ouvre un cercle carié, noirâtre, sillonné de cicatrices rugueuses... souvenir de douleur, presque de mort. C'est une longue sécheresse ou bien un hiver exceptionnel qui a tordu cette enveloppe et désorganisé ces tissus.

Toutefois, n'insistons pas trop sur l'unité apparente de ce tronc, dont nous étudions les débris. Un arbre n'est pas un individu, c'est un groupement d'êtres isolés, un assemblage de vies distinctes, une république, une sorte de polypier végétal, si l'on veut. Le rameau qui, tous les printemps, pousse et fleurit, n'est qu'une plante isolée, puisant, dans l'arbre où elle croît comme sur un véritable terrain, les sucs dont elle a besoin pour l'année, et de même qu'elle a végété sur ses devanciers, il en viendra d'autres qui à leur tour végéteront sur elle.

Sur chaque tige, au printemps, entre l'écorce et le bois, se forme une nouvelle couche organique, sorte d'alluvion vivante dans laquelle viennent s'alimenter toutes les jeunes pousses de l'année, en même temps qu'elles concourent à sa formation, et c'est le résultat de ces emboîtements successifs, c'est le produit total de ces diverses vies superposées que l'on appelle un arbre parmi les grands végétaux.

La durée de l'un de ces derniers est donc bientôt plutôt apparente que réelle, surtout si l'on entend par là la longévité d'une existence isolée. Prise dans ce sens, elle n'existe même pas et l'on vient de voir par quel artifice de la nature il faut expliquer la persistance de ces plantes dont l'association se perpétue pendant des siècles.

Il n'y a pas longtemps que l'on sait se rendre un compte exact du végétal et de son organisation complexe. On ne le sait même pas complétement aujourd'hui. L'on hésite entre tel et tel système.

Depuis les recherches de Hales sur la nutrition et la respiration

des végétaux — recherches qui ne remontent pas au-delà du
siècle dernier — se sont formées deux écoles dont l'une prétend
expliquer tous les phénomènes de la plante par la simple hypothèse d'une force mécanique, tandis que l'autre n'hésite pas à
voir en elle une créature animée.

Ce qu'il y a d'incontestable, en dehors même de toute doctrine,
c'est l'analogie qui existe entre certaines manifestations de la vie
végétale, et les instincts les plus primesautiers, les plus obscurs
de l'animalité. Tout en elle est vague, sans doute, inconscient,
incertain. Outre la lenteur avec laquelle elle réalise ses aspirations, il y a dans la plante une passivité rêveuse qui semble
exclure toute autre faculté... Mais ne nous laissons pas égarer
par les apparences.

La plante a un instinct qui s'élève aux proportions d'une passion véritable, c'est le désir de son bien-être, le besoin impérieux
de prospérer, la soif de la vie, en un mot, dans toute son invincible opiniâtreté. Elle se détourne des obstacles qui peuvent
l'arrêter dans son développement et des voisinages qui peuvent
lui nuire. Elle recherche avec avidité l'air, la lumière, les terrains
fertiles, l'eau, qu'elle devine même à distance, et vers laquelle
elle dirige ses racines aveugles avec une incompréhensible sagacité.

La plante respire et mange, c'est Hales qui nous l'enseigne.
Elle se meut, souffre, prospère, travaille, s'individualise parfois
par des phénomènes spéciaux, se passionne, s'exalte, languit et
meurt.

Qui dit cela ? Les plus savants, les plus autorisés parmi les
philosophes et les naturalistes des temps modernes : Goëthe, De
Candolle, Vrolik, Hedwig, Bonnet, Ludwig, Vaucher, Unger,
Agardh, Pouchet et vingt autres.

Ed. Smith, le célèbre botaniste anglais, croit même que les végétaux éprouvent quelques sensations de bien-être. Percival consi-
dère comme volontaire l'acte de diriger ses racines dans telle
direction choisie. De Martius et Fechner, enfin, physiologistes
de premier ordre, ont prononcé le mot d'*âme de la plante*.

Qu'est-ce à dire ? Que la plante aime, haïsse, se souvienne,

pense, ait conscience d'elle-même ? Non, à coup sûr. Qui veut
trop prouver dépasse le but et nuit à sa propre cause.

Admettre la vie de la plante, c'est tout simplement rétablir
dans son enchaînement nécessaire la série organique ; c'est
reconnaître, au bas de l'échelle et dans les limbes eux-mêmes de
l'existence, le premier degré de cette vie progressive dont nous
ne connaissons ni la base ni le sommet, mais qui, à coup sûr,
s'étend de l'un à l'autre sans interruption, sans lacune.

Les formes des végétaux et des animaux, dit expressément le
docteur Ch. Müller dans sa Botanique cosmique, dépendent des
mêmes conditions qui président à la formation des cristaux. Les
végétaux cellulaires ne sont que des formations cristallines d'un
ordre supérieur, et la cellule végétale, à quelque famille qu'elle
appartienne, conserve dans toute sa rigueur la progressive tran·
sition du règne minéral aux règnes organisés.

Oui, Michelet l'a dit avec justice et profondeur, restituons aux
petits, aux humbles premiers-nés de la création leur « droit d'aî-
nesse », leur antique préexistence et leur importance méconnue.
C'est parmi eux qu'il faut chercher les vraies origines, jusqu'à
eux qu'il faut remonter pour faire dans sa plénitude la grande
histoire de la *Vie*.

Minéral, végétal, animal, trois mystères enlacés. Où commen-
cent-ils ? Où finissent-ils ? Soyons sincères et sachons dire que
nous l'ignorons.

Il y a des pierres qui se couronnent de rameaux et de fleurs.
Il y a des plantes qui remuent et palpitent. Les trois règnes, merveilleusement confondus à leur source, s'empruntent leurs formes,
leurs couleurs, leur intime nature. Le Corail a vécu, l'Éponge a
respiré, et la Méduse que la vague balance fait flotter dans les
eaux ses tentacules comme des racines.

Les manifestations de la vie de la plante sont multiples.
L'énergie, je dirais presque la passion qu'elle révèle à de certaines heures de son existence, est quelquefois incompréhensible. La puissance et l'obstination de la racine, qui cherche sa
nourriture et malgré tout veut vivre, tiennent véritablement du
prodige.

Dès longtemps l'on a constaté que les Châtaigniers de l'Etna trouvent les sources au travers des couches de laves et des assises de rochers. Mais il y a mieux encore, écoutez cette histoire :

Sur les ruines de New-Abbey, dans le comté de Galloway, en Irlande, croissait un Érable au milieu d'un vieux·mur. Là, loin du sol au-dessus duquel le monceau de pierres s'élevait encore de quelques pieds, notre pauvre Érable mourait de faim, faim de Tantale, puisqu'au pied même du mur aride s'étendait la bonne et nourrissante terre.

Qui dira les sourds tressaillements de la plante qui lutte contre la mort, ses tortures silencieuses et ses muettes convoitises ? Qui saura raconter, ici en particulier, ce qui se passa dans l'organisme de notre pauvre martyr ; quelles attractions s'établirent, quelles impérieuses lois se révélèrent, quelles vertus enfin furent créées ?... Toujours est-il que notre Érable, Érable énergique et aventureux s'il en fut, voulant vivre à tout prix, et ne pouvant attirer la terre à lui, marcha, lui l'immobile, l'enchaîné, vers cette terre lointaine, objet de ses ardents désirs.

Il marcha, non, mais il s'étira, s'allongea, tendit un bras désespéré. Une racine improvisée pour la circonstance fut émise, poussée au grand air, dirigée vers le sol, qu'elle atteignit... Avec quelle ivresse elle s'y enfonça ! L'arbre était sauvé désormais. Nourri par cette racine nouvelle, il se déplaça, laissa mourir celles qui vainement plongeaient dans les décombres, puis, se redressant peu à peu, il quitta les pierres du vieux mur et vécut sur l'organe libérateur qui bientôt se transforma en un tronc véritable.

Ce n'est pas seulement de sucs nourriciers que la plante est impérieusement affamée, c'est encore d'air et de lumière. Elle les recherche avec une ardeur infatigable.

Qui n'a été témoin quelquefois des efforts tentés par de pauvres plantes, des pommes de terre, par exemple, enfermées dans une cave sombre ? On les voit blanches, languissantes, mourantes presque, et cependant opiniâtres, se traîner, s'allonger sans relâche en une seule tige où toutes les énergies se concentrent :

puis, chose merveilleuse, trouver la force, au pied d'un mur, de se dresser pour atteindre à ce qui là-haut brille dans l'ombre, à cette petite lucarne par où filtrent quelques rayons.

Un Jasmin héroïque traversa huit fois une planche trouée qui le séparait de la lumière, et qu'un observateur malicieux retournait vers l'obscurité après chaque victoire.

Que l'on ne se méprenne point sur la nature de cette énergie. Pour la plante, croître, c'est agir, ainsi que le dit avec raison M. A. Boscowitz, auquel nous empruntons ici des détails pleins d'intérêt [1]. C'est là son grand œuvre, son véritable mode d'activité.

La furie de la croissance, d'une croissance spontanée, parfois soudaine et sans cause apparente, s'élève à des proportions inouïes. La Victoria regia produit en quelques mois des feuilles qui ont jusqu'à sept pieds de diamètre, et dans les grands fleuves du Brésil et de la Guyane une seule de ces plantes gigantesques couvre plusieurs milliers de mètres de surface. Les tiges de certains Fucus atteignent, dans un temps relativement court, la longueur énorme de quinze cents pieds. Lindley a calculé

[1] *L'Ame de la plante.*

que certaines feuilles, celles du Lupin entre autres, augmentent
d'environ deux mille cellules par heure. Les Algues, simples
végétaux composés d'une seule sorte de cellules juxtaposées,
se reproduisent avec une si incroyable rapidité, que, d'après
le calcul d'Ehrenberg, l'une de ces plantes, placée dans des
circonstances favorables, pourrait, en vingt-quatre heures, produire un million de cellules, et en quatre jours environ cent
quarante billions, c'est-à-dire à peu près deux pieds cubes. Il y a
des Cucurbitacées dont le poids augmente de plus d'un kilogramme par jour ; enfin Jungius, cité par M. Lecoq, parle
d'un Champignon (le Lycoperdon giganteum) qui, en une seule
nuit, parvint de la grosseur d'une noisette à celle d'une gourde
volumineuse. Le calcul de la dimension des cellules appliquée
à la grosseur acquise, et divisée par le nombre d'heures de
végétation, lui donna le chiffre énorme de soixante-six millions
de cellules par heure, et un total de quarante-sept milliards pour
une seule nuit. Un autre Champignon (un Cranium) fabriqua
une fois quatre milliards de cellules par heure, c'est-à-dire
environ quatre-vingt-seize millions par minute.

Et que l'on se garde de croire à la généralité de semblables
lois. Ce qui fait ici ressortir la richesse du principe, ce sont les
innombrables exceptions. Il n'y a rien de mécanique, rien de nécessaire dans la prodigieuse puissance de cette croissance végétale qui, bien loin d'obéir à une énergie continue, révèle, par ses
divers modes d'activité, ce que l'on pourrait appeler, ce semble,
de singulières fantaisies.

De Candolle nous raconte l'histoire d'un Agave fétide au Jardin des Plantes qui, pendant plus d'un siècle, se développa avec
une lenteur extraordinaire, puis qui, tout à coup, en 1793, s'éleva
avec une telle rapidité qu'il croissait d'un pied par jour. M. Pouchet affirme, d'autre part, que la hampe de ces mêmes Agaves,
que surmonte une magnifique girandole de fleurs, n'emploie
quelquefois que huit jours pour parvenir à dix-huit ou vingt pieds
d'élévation.

C'est dans les forêts vierges du nouveau monde, dans les vallées luxuriantes de l'Inde équatoriale ou les inextricables fouillis

au milieu desquels coulent le Nil blanc et le Nil bleu, que l'on peut le mieux se faire une idée de l'incomparable puissance de la vie végétale. Il n'est vraiment pas de langage, pas de couleurs qui puissent rendre l'effet de ce spectacle, le plus émouvant, à coup sûr, qu'il soit donné à l'homme de contempler sur la terre.

Troncs gigantesques, lianes échevelées, parasites redoutables, frondaisons insensées dont rien ne saurait exprimer les formes insolites, floraisons d'une opulence inimaginable, couleurs, parfums, prodigieux entassements de tous les produits qu'une nature inépuisable crée depuis des milliers de siècles : — c'est là la forêt vierge, forêt qu'anime d'autre part, qu'électrise, que rend fourmillante à toute heure, un développement de vitalité animale n'ayant de comparable que la furie d'évolution de cet autre règne au milieu duquel elle se déploie.

Tout est démesuré dans ce monde phénoménal où chaque force se décuple par le magnétisme des forces voisines, où les transformations tiennent du prodige, et où, des putréfactions de tout un monde de débris, jaillit sans relâche une vie fiévreuse, indomptable. Depuis le brûlant colibri qui, de corolle en corolle, va puisant dans chacune de ces coupes de vertige quelque nouveau poison capiteux, jusqu'aux grands quadrupèdes et aux énormes reptiles ; depuis la dernière des Mousses jusqu'au palmier gigantesque qu'enlacent les Orchidées, les Vignes sauvages, les Figuiers parasites, la Bertholletia serpentine et la Cipo meurtrière..... tout est ivre de force et de trépidation vivante.

Ils sont là, les trois éléments de la forêt : l'herbe, la liane et l'arbre ; l'herbe haute à cacher les rhinocéros et les buffles, la liane incommensurable qui, d'une cime à l'autre, jette ses cordages de géants, l'arbre énorme dont le tronc rugueux use les siècles.

Puis ces éléments se groupent. Les couleurs s'assimilent. Les formes se font équivoques. Les règnes se rapprochent et se copient. La nature prise de folie mêle ses types, confond ses moules, les prend l'un pour l'autre. Les Rotangs des forêts javanaises rampent et s'entortillent comme d'effroyables reptiles de quatre ou cinq cents pieds de longueur ; certaines plantes ont leurs feuilles tachetées comme une salamandre ; telle fleur a la tête d'un alligator, telle autre les lèvres visqueuses d'un batra-

cien ; celle-ci vous pique comme un hérisson, celle-là s'attache
à vous comme une sangsue.

Les formes extravagantes des faunes éteintes, tous les monstres antédiluviens semblent s'être immobilisés dans un monde
inférieur, en attendant le jour de je ne sais quelle résurrection
mystérieuse. L'on croit assister à l'incarnation de quelque rêve
panthéiste, rêve d'un Mithras en délire ou d'un Typhon insensé,
et tandis qu'ici, au soleil, sur l'eau dormante d'un beau fleuve,
s'étale la royale Victoria avec ses pétales blancs et roses sur des
feuilles d'émeraude doublées de velours carminé, là-bas, dans
l'ombre humide, presque aussi grande qu'elle et parodie de la
fleur splendide, s'ouvre la Rafflésia, fleur sinistre de deux ou
trois pieds de diamètre, dont les pétales épais et de couleur
livide exhalent l'horrible odeur d'une chair en putréfaction.

C'est particulièrement dans l'Afrique centrale qu'il faut voir
une forêt vierge, si l'on veut s'en faire une idée qui réponde à la
réalité. C'est là qu'il faut assister à cette lutte d'exubérance que
se livrent les deux règnes organiques, si souvent confondus, rapprochés tout au moins par cette exubérance elle-même.

A mesure que le fourré se fait plus impénétrable, l'on voit
s'augmenter l'activité des races animales. Tout ici s'agite,
saute, rampe, glisse, bourdonne, creuse, ronge, dévore, détruit. L'écorce crie, la feuille tombe, le fruit éclate ; à partir
de la profonde racine jusqu'au dernier panache que balance
la brise, s'étend l'âpre curée, le festin qui ne finit pas. Sur les
Figuiers aux fruits verts, les Gommiers, les Baobabs, les Ébé-
niers, les Ricins, les Sycomores, les Tamariniers, les Mimosées
colossales, les Orangers, surtout, courent d'innombrables légions
de pucerons, de fourmis, et ces termites redoutables qui partout règnent sans rivales et d'une ville feraient un désert, si
l'homme essayait de s'établir dans ces régions où s'étale la nature avec une si indomptable sauvagerie.

N'approchez pas... Ce qui vous paraît une verte prairie n'est
autre chose qu'un perfide et profond marécage. Sous des tapis
de Roses bleues aquatiques, sous le blanc Nénuphar et le Lotus
sacré, glissent des crocodiles énormes, nagent de monstrueux
hippopotames. Des lézards de toutes formes, des serpents de

toutes couleurs, des scorpions venimeux, remplissent ces massifs d'Eschek presque aussi dangereux que les hôtes qu'ils abritent. Au-dessous des lianes sarmenteuses qui, d'un arbre à l'autre, enchevêtrent leurs guirlandes chargées de colibris éclatants et de perroquets jaseurs, rôde dans les broussailles quelque chasseur sinistre et solitaire : ici un lion, là-bas une hyène ou un léopard.

Des milliers de singes sautent de branche en branche élastique qui les chasse, les fait bondir comme s'ils avaient des ailes. Là-bas s'avance une redoutable cohorte d'éléphants. Ils passent et brisent comme des brins de chaume sec les Bambous et les jeunes Palmiers.

Mais pourquoi chercher à décrire ? Qui dira ce qu'elle est au matin cette forêt merveilleuse, alors que le soleil, pénétrant de lueurs empourprées la plume de feu de l'oiseau-mouche, l'élytre du scarabée d'or et la poussière diamantée de la corolle, réveille, réchauffe, électrise cet océan de vies murmurantes ?

Acres parfums, chants d'amour, cris de rage, tout se mêle, se condense en un concert étrange, en une vapeur complexe où les fortes émanations du crocodile et de la bête fauve viennent se combiner avec les senteurs délicates du Baumier de la Mecque, de la Vanille aromatique et du Caféier d'Abyssinie.

L'œil est ébloui, l'oreille pleine de bruits innommés. L'homme qui erre dans ces solitudes terribles sait qu'il foule le sol d'un pays qui ne lui appartient pas, et malgré ses enchantements, malgré ses ivresses, il éprouve une sorte de malaise ou de frisson indescriptible : il se sent dans le temple d'un dieu inconnu.

Quittons ce monde prodigieux. Laissons les vautours et les aigles se disputer quelque proie nauséabonde, les pintades courir dans les champs de Cotonniers, les faucons rouges poursuivre les grands vols de sauterelles, et les hérons argentés qui de loin semblent couvrir d'un manteau de neige les massifs de Mimosées où s'abattent leurs légions. Laissons là-bas sur la berge du fleuve les blancs ibis, les flamants roses, les cigognes rêveuses, les gracieux chiqueras et les graves ardéinées ; partons, éloignons-nous : mais avant de quitter cette terre de merveilles, retournons-nous et regardons la forêt une dernière fois. Nous l'avons vue de près, contemplons-la de loin. Tout entière elle frissonne sous la brise, ondule comme une mer, chatoyante, moirée, confondant ses nuances, harmonisant à l'œil ses teintes innombrables.

L'on trouve je ne sais quel air mystérieux à cette immense agglomération végétale qui contient tant de germes et engendre tant d'existences. Outre le rôle capital que joue la forêt dans l'économie terrestre, rôle auquel nous reviendrons plus tard, elle a le privilége, comme l'océan avec lequel elle a tant de rapports, de toujours étonner par la multiplicité de ses aspects et le déploiement de ses richesses. L'on se sent involontairement porté à réunir en faisceau les diverses énergies qu'elle recèle, à lui prêter une vie commune et à voir en elle comme un organe spécial de notre terre dont elle serait l'un des centres de création les plus puissants.

Un dernier coup d'œil.... Mais au-dessus des mamelons arrondis, qu'est-ce qui s'élève là-bas et domine les vagues vertes? C'est le roi de la forêt, c'est le Doum, Palmier magnifique, tout à la fois svelte et majestueux. Plus haut que le Baobab, plus élégant que le Deleb, il s'élève et l'emporte sur tout rival. Par groupes de six à douze il couronne la forêt, se couronne lui-même de lianes sarmenteuses, et forme au-dessus des massifs d'émeraude de hautes coupoles isolées qu'enguirlandent, que surmontent d'ondoyants panaches de fleurs.

Les végétaux n'obéissent pas, comme l'ont affirmé certains physiologistes, à une loi fatale de développement. L'on remarque chez eux de curieuses modifications d'allures, de formes, de moyens employés, une certaine faculté d'improvisation qu'ils adaptent aux circonstances imprévues, et comme une sorte de choix instinctif, mais nullement aveugle.

Qu'une plante éprouve, par exemple, le besoin de s'accrocher à un appui pour se fortifier contre une influence extérieure, eh bien, elle transformera l'une de ses feuilles en vrille, sorte de petite main nerveuse, tenace, qui ne cède qu'à la violence et se rompt, s'il le faut, mais jamais ne lâche prise.

Au moment où j'écris ces lignes, j'ai sur ma table un Liseron vivace qui, avec l'insouciance hardie et caractéristique des végétaux, s'est élancé à l'escalade d'une petite ficelle verticale que j'ai tendue à côté de lui. A peine avait-il fait quelques tours, que je l'ai déroulé et enroulé dans un sens opposé [1]. Le pauvret m'a laissé faire, mais il n'en protestait pas moins pour cela, — et il l'a bien montré.

Ne pouvant, en effet, défaire tout ce que j'avais si malencontreusement emmanché, il s'est arrêté quelques heures, puis a pris son parti. D'une feuille crispée autour de la ficelle il s'est fait un point d'appui, — expédient de circonstance, pure improvisation, remarquez-le bien, car les autres feuilles s'étalent de tous côtés libres et divergentes, — puis, plus heureux qu'Archimède qui le chercha vainement son point d'appui, il s'est tordu sur lui-même, contournant ses fibres comme un athlète qui fait un effet de torse, et a repris sa marche normale, avec la satisfaction de conscience d'un Liseron qui a résisté à la tyrannie, repoussé l'arbitraire et accompli son devoir sans concession ni sans faiblesse.

Les plantes font plus que de se retourner sur elles-mêmes, elles vont jusqu'à changer de direction quand un obstacle quelconque s'oppose à leur développement habituel. Couvrez, par exemple, la face supérieure d'une feuille, face qui toujours est tournée vers le ciel, et vous verrez la feuille s'incliner à droite, s'incliner à gauche, et se tordre enfin, s'il le faut, pour arriver à s'étaler de nouveau sous cette lumière qui la fait vivre et qu'elle semble contempler avec bonheur.

Les fonctions vivantes du végétal sont nombreuses et aujourd'hui manifestement constatées. Il respire, mange, croît, prospère ou languit, et dans ce dernier cas paraît souffrir. Qui n'a vu souvent une pauvre plante privée d'eau incliner ses feuilles alanguies vers la terre, pencher la tête avec un accablement doulou-

---

[1] L'on sait que chaque plante grimpante obéit à une loi d'ascension d'une rigueur absolue, s'enroulant toujours suivant la même direction : les unes de gauche à droite et les autres de droite à gauche. Nous y reviendrons plus tard.

reux et demeurer là, dans la plus muette, mais la plus navrante
résignation, jusqu'à la mort.... ou la résurrection?

Les végétaux font plus encore, ils dorment et se réveillent.
Ce phénomène, que nul n'a su encore expliquer, est l'un des plus
remarquables dans la vie de notre plante. Les unes, relevant
leurs folioles deux à deux, recouvrent et enferment leurs jeunes
bourgeons; les autres ne les font se rejoindre que par leurs
extrémités supérieures et forment comme une tente, comme un
berceau gracieux sous lequel les fleurs s'abritent du froid de la
nuit et des fortes rosées.

Il en est d'autres, baromètres charmants, qui ne subissent pas
seulement, mais encore annoncent, prophétisent le beau temps
ou la pluie par leur réveil hâtif ou leur sommeil prolongé. La
gentille Stellaire (Mouron des oiseaux) se réveille habituellement
vers 8 ou 9 heures du matin, presque comme une grande dame.
L'on dirait, à la voir à cette première heure, qu'elle écarquille
les yeux et s'étire les rameaux et les feuilles, la jolie paresseuse.
Ses fleurs étalées, elle demeure ainsi jusqu'à midi environ ; mais
s'il doit pleuvoir dans la journée, notre délicate boude et ne se
réveillera point ce jour-là. Le Souci des pluies en agit à peu près
de la sorte. Le Lotus du Nil et le Nénuphar blanc s'élèvent le
matin, montent leurs fleurs à la surface des eaux, puis le soir
venu les ramènent, contractent leurs tiges et les replongent dans
les profondeurs [1].

---

[1] Voici un spécimen de ce qu'on appelle en Botanique une *horloge de
Flore*. Chaque fleur s'épanouit à son heure de la nuit ou du jour.

MATIN.		SOIR	
1 heure.	Laitron de Laponie.	1 heure.	Œillet prolifère.
2 —	Salsifis des prés.	2 —	Crépide rouge.
3 —	Grande Picride.	3 —	Barckhausie à feuilles de l'is-
4 —	Liseron des haies.		senlit.
5 —	Crépide des toits.	4 —	Alysson.
6 —	Laitue cultivée.	5 —	Belle de nuit.
7 —	Nénuphar.	6 —	Géranium livide.
8 —	Mouron des champs.	7 —	Hémérocalle fauve.
9 —	Souci des champs.	8 —	Ficoïde nocturne.
10 —	Ficoïde napolitaine.	9 —	Nyctage du Mexique.
11 —	Ornithogale (Dame d'onze heu-	10 —	Liseron à fleurs pourpres.
	res).	11 —	Siléné nocturne.
Midi....	Ficoïde cristalline.	Minuit...	Cactus à grandes fleurs.

C'est à l'époque fiévreuse de la floraison que les végétaux manifestent leurs énergies les plus étonnantes. Lorsque l'heure solennelle a sonné, la plante paraît se recueillir. Elle s'arrête dans sa croissance, concentre ses forces, s'absorbe, semble-t-il, dans la méditation du grand œuvre qui va surgir, puis éclate tout à coup, travaille sans relâche, modifie ses plus hautes feuilles et transforme en boutons, puis en fleurs, l'extrémité de ses branches.

L'instinct est pour un moment dépassé, et la passion commence. Les vertus cachées se multiplient, les conditions chimiques sont elles-mêmes transformées. Une fièvre tout animale vient enflammer cette créature jusque-là si calme et si froide, et un bizarre dégagement de calorique s'opère dans ces tissus où nulle circulation anormale cependant, nulle inflammation interne ne peut rendre explicable le phénomène qui, à chaque renouvellement de saison, se reproduit dans certaines plantes.

L'Arum d'Italie, qu'entoure une spathe ou feuille enroulée en forme de cornet, et observé dès 1791 par Lamarck, acquiert à l'époque de la floraison un développement de chaleur considérable.

La mère de M. Hubert, le naturaliste, était aveugle. Elle voulut un jour se rendre compte de la forme de cette fleur singulière dont lui avait parlé son fils. Elle se rend dans son jardin, à l'endroit qui lui a été désigné, va tâtonnant, arrive à la plante, croit la reconnaître et la saisit ; mais elle pousse un cri.... la fleur était brûlante. M. Hubert, bien vite averti du prodige, fit de nombreuses expériences, et il constata que cet Arum s'élève jusqu'à 44 degrés centigrades, tandis que l'air environnant n'en révèle qu'une vingtaine. Le Colocasia, Arum d'Amérique, manifeste le même phénomène, et la Victoria regia dégage aussi une somme de chaleur étonnante, bien qu'elle soit nue au grand air, c'est-à-dire privée de toute enveloppe fermée.

A cette heure de la floraison, heure de surexcitation singulière, la mobilité des organes devient un fait presque général chez les végétaux. Il n'est pas jusqu'aux plantes les plus élémentaires, où le mouvement des germes embryonnaires ne pose dans toute sa complexité le problème éternel des origines. Que dis-je? C'est surtout là qu'il se présente et se multiplie. Les spores, les anthérozoïdes et les zoospores se retrouvent dans la plupart des Cryptogames. Partout et toujours se montrent ces incompréhensibles petites créatures qui, commençant par vivre d'une vie incontestablement animale, finissent par s'allonger comme une racine ou par germer comme une véritable graine.

Dans une foule de plantes, les étamines se redressent pour atteindre jusqu'au pistil[1]; dans d'autres, c'est le pistil lui-même qui s'incline vers les étamines trop courtes ou situées trop bas[2]. Le Sablier d'Amérique, arbre monoïque, c'est-à-dire à fleurs distinctes dont les unes sont à pistils et les autres à étamines, rapproche ses branches pour rapprocher ses fleurs. Les Utriculaires, plantes qui vivent sous l'eau, sont munies de petites vessies habituellement submergées. Au moment de la floraison, ces outres se remplissent d'air, se font légères, viennent flotter à la surface où elles soutiennent les fleurs, puis de nouveau s'enfoncent et nagent entre deux eaux.

Puis vient enfin, parmi les merveilles, la merveilleuse Vallisnérie, qui croît dans la plupart des eaux stagnantes du Midi de la France. Elle aussi vit au fond de l'eau, et elle est dioïque, c'est-à-dire que ses fleurs à pistils ne sont pas portées par le même pied que ses fleurs à étamines. Or ces dernières, courtement pédonculées et de plus étroitement enfermées dans une spathe, sont retenues sous l'eau à de grandes profondeurs, tandis que les fleurs à pistils sont portées par de longues tiges tordues en spirale élastique qui, selon le niveau de la nappe liquide, se déroulent ou se resserrent.

Ici, la nature use de véritables raffinements pour se faire coquette et charmante. Quand reviennent les mois d'été, quand les fleurs pistillées de notre Vallisnérie, solitaires et alanguies, flottent à la surface de la rivière, et que dans les spathes submergées sont retenues captives les pauvres fleurs à étamines qui y pâlissent sans doute d'ennui, — voici qu'un miracle se fait. La prison s'ouvre, les fleurs frémissantes, brisant toute chaîne, se dé-

---

[1] Lis de Saint-Jacques, Renouée, Fritillaire, Urticées, etc.
[2] Nigelle, Passiflores, etc.

tachent de leur tige, s'échappent, montent comme un vol de papillons qui émergerait des eaux, viennent nager autour des hampes
florifères qu'elles entourent de leurs blanches corolles, brillent
au soleil quelques heures, s'enivrent de lumière, de chaleur, de
vie fugitive.... puis s'en vont entraînées par le courant du fleuve,
tandis que les hampes élastiques se contractent et ramènent
leurs fleurs fécondées pour les mûrir au fond des eaux.

Que l'on ne parle donc plus de l'immobilité du végétal. La
plante se meut, s'agite parfois d'une façon brusque et rapide.
Voici les folioles du Porliera hygrométrique, arbuste de la famille des Rutacées, qui se rapprochent et s'accolent l'une à l'autre
aussitôt que le soleil disparaît derrière un nuage. La Dionée
attrape-mouche prend les insectes qui viennent se poser sur elle
et les étouffe dans les lobes velus de ses pinces à charnières. La
Rossolis recouvre du réseau de ses poils et emprisonne également tout visiteur imprudent qui passe sur la surface supérieure
de ses feuilles. Le Népenthès de Madagascar ouvre et ferme alternativement l'opercule de l'urne étrange qui se balance à l'extrémité de ses feuilles, et où s'accumule une quantité relativement
considérable d'eau limpide et potable. L'Oxalis, les Mimosées
et généralement toutes les Légumineuses manifestent par des
mouvements bizarres des facultés encore inexpliquées. Parmi
elles se distingue l'Hedysarum ou Desmodie oscillante, qui perpétuellement bat de l'aile, agite par saccades successives les
deux plus petites folioles de ses feuilles trilobées, et cela avec
d'autant plus de rapidité que la lumière et la chaleur de l'atmosphère qui l'entoure augmentent d'intensité.

Est-il enfin besoin d'ajouter à cette série un nom de plus,
nom célèbre entre tous, celui de la Sensitive, la reine des Mimosées? L'on sait qu'il suffit du moindre attouchement pour
déterminer dans ses feuilles délicates des mouvements d'irritabilité..... nerveuse, oserai-je employer ce qualificatif? Une vapeur
l'inquiète; l'ombre d'un nuage, un souffle, une odeur l'impres-
sionnent. Et il n'y a rien de périodique dans ces influences: c'est
par des mouvements spontanés, accidentels, qu'elle révèle les
sensations de malaise ou de souffrance qu'elle semble éprouver.

M. de Martius, au Brésil, a vu des Sensitives fermer leurs
feuilles quand un cheval passait à une certaine distance d'elles.
M. Boscowitz, dans diverses contrées de l'Amérique tropicale,
où ces plantes vivent en société, les a vues se replier précipitamment à l'approche d'un homme, comme un troupeau effarou-
ché, et M. Müller enfin cite les observations d'un voyageur qui,
dans les bois de Surinam, a maintes fois constaté que le plus
léger attouchement se propageait immédiatement dans de grands
champs de Sensitives jusqu'aux individus les plus éloignés de
l'observateur. Toutes, incertaines et comme inquiètes, tressail-
laient et repliaient leurs folioles à la première transmission du
signal d'alarme.

Les végétaux recouvrent la terre entière depuis la cime de ses
montagnes jusqu'aux plus sombres profondeurs de ses mers ;
depuis le Mont-Blanc haut de 4,810 mètres, et les dernières
cimes de l'Himalaya hautes de 8,840 mètres, où pousse encore
le Lichen géographique, jusqu'à 4,000 mètres de profondeur
océanique où végètent certaines Algues, sous une pression de
375 atmosphères. Cette masse innombrable de plantes qui revêtent
la surface terrestre s'appelle le tapis végétal.

Ce tapis se subdivise en trois groupes :

Les *espèces*, comprenant les individus semblables ;

Les *genres*, formés par l'assemblage des espèces ;

Les *familles*, que compose la réunion des genres [1].

Pour aussi loin que s'étende un paysage, il se montre toujours paré des trois éléments de cette gradation constante.

Les diverses parties du globe ont chacune leurs végétaux particuliers. Rochers, plaines, marais, plages désertes, fonds des
océans, régions souterraines où vivent des familles entières, tout
sert de patrie à ces créatures innombrables qui, depuis la goutte
limoneuse que fait évaporer la brise, jusqu'aux savanes gigan-

[1] Ainsi le Rosier blanc, le Rosier jaune, le Rosier mousseux, sont des
espèces ; toutes ces espèces forment le *genre* Rosier, et tous les genres voisins du Rosier, tels que le Fraisier, la Potentille, la Spirée, etc., constituent avec lui la *famille* des Rosacées.

tesques dont se couvrent des moitiés de continent, se répandent avec une invincible vitalité.

Les stations sont multiples, les niveaux différents. Elles s'échelonnent sur les flancs des hautes montagnes où se succèdent des températures graduées, de telle sorte que des bas-fonds aux neiges éternelles se juxtaposent aussi par superposition diverses flores successives.

Après l'Olivier viennent le Maïs et la Vigne, ensuite le Noyer, le Cerisier, les Céréales. Là où s'arrêtent celles-ci commencent les Sapins, qui couronnent les derniers contre-forts ou sommets secondaires ; puis, plus rien que des pâturages, un court gazon qu'arrosent au sortir des glaciers des filets de neige à peine fondue.

Il y aurait, dans la vie des végétaux, leur mode de croissance et leur dissémination à la surface du globe, de curieuses observations à faire. Les uns se réunissent en foule et comme en peuplades conquérantes ; les autres n'apparaissent qu'en nombre très-limité.

Il en est de vagabonds, sortes de bohémiens audacieux qui partout s'aventurent, s'accrochent aux vieux murs, s'improvisent des terrains de fantaisie ou bien suivent les grands chemins, se livrent à tous les vents, s'embarquent sur les navires, s'abandonnent aux flots, traversent les mers à la nage et s'en vont d'un hémisphère à l'autre conquérir des plages nouvelles.

Il en est d'autres, timides, qui se cachent, qu'un rien détruit, qu'un orage emporte, qu'un oiseau déracine, qu'un insecte ronge et anéantit. Telle est cette pauvre Wulfénie carinthienne, sorte de Gueule de lion qui n'a encore été trouvée que dans le Gailthal près de la chapelle de Hermagor, dans la haute Carinthie.

Il y a des plantes sociales, il en est d'autres solitaires, véritables anachorètes qui aiment l'isolement, le silence, l'oubli. Tandis, par exemple, que, dans tous les champs de Seigle ou de Froment, s'assemblent en joyeuses compagnies le Bluet azuré, la Nielle violette et l'éclatant Coquelicot, au milieu des décombres, près des ruines isolées ou des roches éparses, fleurit, en février, avant toute autre fleur, la sinistre Rose de serpent.

l'Hellébore fétide dont les feuilles crochues ressemblent à des serres d'oiseau de proie.

Il est enfin une dernière classe de plantes auxquelles nous reviendrons et qu'il faut mettre à part : ce sont les parasites, affreuses égoïstes qui vivent aux dépens des autres végétaux. Parmi elles, faisons grâce à celles qui, ne réclamant qu'appui et protection, sont appelées fausses parasites ; mais anathème aux autres, à celles qui sucent, étranglent, assassinent, plongent comme autant de poignards leurs racines et leurs ventouses, et, vampires silencieux, boivent le sang de leurs victimes, c'est-à-dire leur séve.

Passe encore s'il ne s'agissait que de séve : mais il est toute une classe de Cryptogames parasites, Algues et Champignons, qui vivent sur le corps et jusque dans les tissus de certains insectes, vers, mollusques, reptiles et poissons, dans le corps de certains ruminants, jusque chez l'homme enfin, dans ses yeux, sur sa langue, dans ses poumons et dans ses intestins. (Robin, Gruby.)

L'on doit comprendre quel rôle important jouent les plantes dans l'histoire de la terre. Le tapis végétal n'est pas un simple tissu mécanique fait pour récréer les yeux. C'est un ensemble complexe, harmonique, dont la texture, en se modifiant, peut modifier les empires, et duquel dépendent les progrès et la civilisation des peuples.

Le règne végétal n'est pas seulement un décor sur la scène du monde : c'est une république fédérale dont les communautés ou associations donnent la vie ou la tarissent, créent ou dépeuplent, et transformeraient bien vite la terre en désert, si l'homme négligeait, pendant quelques années seulement, de diriger et d'utiliser à son profit leur puissance redoutable.

Parmi ces associations, les forêts, par leur importance, occupent le premier rang. Ce sont elles qui, au plus haut degré, interviennent dans l'aspect des diverses contrées de la terre et dans l'économie statique de la nature. A leur ombre, le sol conserve une éternelle humidité que favorise, qu'augmente sans cesse le refroidissement de l'atmosphère entretenu par l'évaporation même qu'occasionne la forêt. Par suite d'un admirable enchaînement d'actions réciproques, l'effet reproduit la cause en devenant cause à son tour. Le nuage donne l'eau à la forêt; la forêt crée le nuage, et du suintement général des terres humides naissent les sources, les ruisseaux et les fleuves dont on connaît l'importance capitale dans l'histoire de l'humanité.

Au cap de Bonne-Espérance, par exemple, toute source devient le berceau d'une colonie. C'est l'absence des sources fixes, en revanche, qui fait les peuples nomades, et l'on comprend que les anciens rendissent un culte aux dryades et aux nymphes.

Que sont devenues, que sont demeurées les terres manquant de sources, ou dont les eaux se sont taries? L'Espagne, l'Afrique, la Grèce et la Judée sont là pour répondre avec leurs rochers calcinés et leurs plaines torrides. Autant en peuvent dire sur une plus petite échelle toute la chaîne des Apennins depuis Gênes jusqu'aux États de l'Église, les plaines arides du midi de la France et les stériles gorges de la Provence.

Que manque-t-il à tous ces déserts? Des forêts! — Oui, désert ou marécage, telles sont les suites immédiates d'un déboisement excessif, sans parler des inondations, des éboulements, des ensablements et des sécheresses périodiques. L'on connaît l'importance capitale des plantations de Conifères pour la fixation des dunes, et par contre quels dangers redoutables peuvent résulter d'un déboisement inconsidéré sur les rivages des mers sablonneuses.

Toutefois les excès sont pernicieux en tout genre. Autant sont fâcheux les déboisements imprudents, autant ils sont parfois nécessaires lorsque de trop vastes forêts nuisent à la température d'une contrée.

Les forêts ont un pouvoir réfrigérant considérable. Utiles, indispensables même sous un ciel brûlant, elles deviennent nuisibles dans les zones trop froides ou même tempérées. Lorsque autrefois, dit M. Alf. Maury, la forêt Hercynienne dont parle César s'étendait sur soixante journées de marche, depuis les bouches du Rhin jusqu'en Suisse, la vieille Germanie avait le climat actuel de la Suède. Le coq de bruyère, l'élan, le renne, l'ours et le loup y vivaient comme ils vivent aujourd'hui en Finlande et en Scandinavie. Il eût été difficile alors de pressentir quels délicieux vignobles devaient plus tard s'étendre sur les rives du Rhin brumeux.

D'après Fuster, il y avait bien, à l'époque de César, des Vignes et des Figuiers; mais leur culture ne s'étendait pas au-delà du 47e degré de latitude, c'est-à-dire qu'elle ne dépassait pas en France le lieu qu'occupe aujourd'hui la ville de Bourges et en Suisse la pointe septentrionale du lac de Neufchâtel. A la fin du troisième siècle de notre ère, la culture atteignit les bords de la Loire ; elle s'étendit bientôt jusqu'à Paris et à Trèves. Au sixième siècle, on la vit s'avancer dans la Bretagne et la Normandie. Vers le huitième siècle, enfin, elle pénétra jusque dans l'Alsace et la Lorraine. Tels sont les faits qui coïncident avec la marche du déboisement et qui prouvent de quelle importance est, pour l'histoire de la terre habitable, le premier groupe végétal, la forêt.

Une seconde grande association végétale sont les Graminées, qui, depuis les petites plantes herbacées que l'on foule en marchant, jusqu'aux forêts de Bambous hauts de soixante pieds, couvrent les prairies, les savanes, les steppes et diverses régions tropicales.

Parlerai-je d'une troisième communauté, celle des Bruyères qui, en arrêtant les eaux, favorisent la production des tourbières et décorent si magnifiquement nos landes stériles?

M'arrêterai-je à la quatrième, celle des Mousses, dont se compose uniquement le tapis végétal des pays septentrionaux et qui forme l'élément constitutif de ces tourbières merveilleuses d'où l'industrie contemporaine sait tirer de l'huile, du coke, de l'ammoniaque, toutes sortes de sels et d'engrais? Non, mais un mot sur la cinquième association, composée d'herbes marines, celle des Algues.

Les Algues, les premiers-nés d'entre les végétaux, servent d'introduction au monde que nous étudions. Elles forment le premier chapitre de la flore terrestre. C'est là que se trouvent ces Protococcacées ou globules primitifs, ces Desmidiacées aux filaments mous et ces Diatomées aux filaments siliceux, toutes d'une si incroyable petitesse qu'on peut en aligner dix mille sur la longueur d'un pouce, et qui cependant arrivent à produire des résultats incalculables, tant est prodigieuse leur puissance de multiplication.

Et, encore parmi ces Algues, à côté de ces infiniment petits, se trouvent des géants, des Fucus longs de quinze cents pieds, ces Sargasses dont s'épouvantèrent les compagnons de Christophe Colomb, et qui, dans certaines parties de l'Océan, forment des prairies, de véritables forêts vierges qui entravent la marche des navires. Il y a, dans les mers navigables, trois amas célèbres de ces redoutables Sargasses : un champ immense entre le 16e et le 38e degré de latitude boréale, entre les Açores et les Bermudes ; un autre au sud-est de l'Afrique, entre le 40e et le 60e degré de latitude australe, et enfin un troisième banc en face de la côte californienne. Toutes ces surfaces équivalent au moins à dix fois la superficie de la France.

D'après les approximations les plus récentes, l'on peut évaluer à plus de deux cent mille le nombre des espèces végétales qui couvrent la terre ; à huit mille, environ, le nombre des genres, et à près de trois cents le nombre des familles.

Ces chiffres, qui vont toujours croissant, s'augmenteront à mesure que l'homme connaîtra mieux le globe qu'il habite et qu'il ne connaît que bien imparfaitement encore, malgré l'essor nouveau donné aux voyages et aux explorations.

Les deux cent mille espèces, dont se compose dans sa totalité le règne végétal, se divisent en trois grandes classes ou tribus fondées sur le nombre ou l'absence des *cotylédons*.

Ne vous effrayez pas de ce mot inusité.

Vous avez souvent vu naître une plante, n'est-ce pas? Vous avez remarqué ces deux petites folioles délicates qui, à droite et à gauche, écartent la terre, montent ensemble et émettent du milieu même de leur bifurcation le premier bourgeon de la plantule d'où sortiront plus tard les feuilles à mesure que s'élèvera la tige? Eh bien, ces deux premières folioles primordiales sont les *cotylédons*, d'un mot grec qui signifie écuelle.

— Écuelle?

— Je dis écuelle, et vous avez bien lu. Ces premières feuilles, habituellement charnues, pulpeuses, gorgées de sucs, et de forme plus ou moins convexe[1], sont de véritables mamelles végétales, deux cavités pleines de matière nutritive, deux vases, deux *écuelles* enfin, dont le contenu nourrit le premier bourgeon de la plantule, jusqu'à ce qu'il puisse se suffire à lui-même.

Mais ces deux feuilles n'existent pas toujours. Voyez pousser une herbe de la prairie, ou un pied de Froment; à la place des deux folioles, il n'y a plus ici qu'une fine aiguille verte qui jaillit de la terre, droite et ferme comme l'extrémité d'une épée lilliputienne.

Cette pointe unique enfin n'existe pas toujours non plus. Voyez naître une Mousse, se former une Moisissure, ou surgir un Champignon; ils apparaissent sans préambule et se soucient fort peu des cotylédons.

De là, vous le voyez, les trois grandes classes de végétaux dont je parlais tout à l'heure :

Les *Acotylédonés*, de deux mots grecs qui signifient sans cotylédon (Champignons, Mousses, Lichens, Algues, etc.);

Les *Monocotylédonés*, qui n'ont qu'un seul cotylédon (Graminées, Liliacées, Palmiers, etc.);

Les *Dicotylédonés*, enfin, qui ont deux cotylédons, c'est-à-dire la plupart des plantes ordinaires appartenant à diverses familles : Renoncule, Rosier, Chêne, etc., etc.

---

[1] Voir les deux moitiés d'un pois ou d'un haricot, qui ne sont pas autre chose que les cotylédons au milieu desquels s'allonge la gemmule.

LE

MONDE SOUTERRAIN

CHAPITRE IV

LA RACINE. — LA GUERRE.

Creusons. Plus bas que l'herbe courte de la prairie, plus bas que la Mousse ou que le Lichen, plus bas que la feuille morte qui devient poussière, là-dessous, dans l'ombre, sous la plaine et sous la montagne s'étend un monde mystérieux. Laissons la fleur, laissons la tige ; allons jusqu'à l'extrémité inférieure de cet axe végétal que certains naturalistes ont appelé avec raison la colonne vertébrale de la plante ; sous la forêt, supposons des catacombes, et contemplons l'étrange spectacle.

Des milliers de racines de toute grosseur s'allongent, se rami-fient, s'entre-croisent en lacis inextricables. Chacune d'elles, d'abord simple, va se bifurquant sans cesse et s'étale en ré-seaux parallèles suivant la nature de la plante et les couches de terrain, ou bien s'en va, plongeant dans les profondeurs humides, vers les filons riches en sucs nourrissants.

Quel silence se fait dans ce ténébreux royaume! Plus de lumière ici, plus de vents, plus d'orages; une immobilité éternelle, le calme du sommeil ou la paix des tombeaux.

La paix! Trompeuse apparence. C'est la guerre qui règne ici, comme elle règne là-haut sur la terre, guerre silencieuse mais obstinée, sans trêve ni relâche, sans pitié.

Parmi ces racines entrelacées comme des lutteurs, c'est à qui s'étendra plus loin, à qui trouvera au plus tôt une couche de bonne terre humide, à qui se gorgera le plus possible, et au détriment de toutes les voisines, des meilleurs sucs qu'elle renferme. C'est donc une lutte de vitesse dans ce prétendu monde immobile. C'est un combat d'appétits assassins dans ce prétendu peuple d'innocents.

Là, point de repos, point de nuit qui délasse du jour, point de diversion, nulle halte. Une activité éternelle dans d'éternelles ténèbres. Une avidité absorbante que rien n'assouvit. Une obstination d'empiétement que rien ne fléchit ni n'arrête.

Rien ne peut donner une idée de l'insatiable voracité d'une racine ni de son égoïsme féroce. Chacune va devant elle, allongeant ses avides fibrilles qui, abusant de l'attraction moléculaire, attirent, pompent les eaux souterraines avec une inconcevable puissance.

Ce n'est pas, comme on le croyait tout récemment encore, au moyen de spongioles terminales qu'elle absorbe, c'est par tout son être, par toutes ses surfaces. Comprend-on un monstre semblable? Se fait-on une idée d'un serpent ou d'un crocodile qui, non content de sa gueule, mangerait et boirait avec tout son corps?

Eh bien, c'est ainsi qu'est la racine; elle n'est qu'un vaste suçoir[1], un suçoir qui se multiplie avec la nourriture, qui grandit d'autant plus qu'il absorbe, et qui, en face d'un filet d'eau, s'improvise toute une chevelure de fibrilles dévorantes. Voyez un Saule pleureur sur le bord d'un ruisseau, un simple pied d'herbe

---

[1] MM. Ohlert et Link l'ont prouvé par des expériences décisives.

poussant près d'un tuyau de conduite ; tous deux s'exaltent, se ramifient d'une façon incroyable. Chaque bout de racine se fait légion, s'épaissit au point d'encombrer le tuyau, se penche sur le ruisselet, le dessèche ou le déplace tout au moins, si le courant n'est pas assez rapide pour ronger en fuyant ces forcenés envahisseurs.

Ces envahissements sont poursuivis par la racine avec une sombre ténacité. Elle semble animée d'une vie spéciale, tant elle y met de passion. Manger et boire malgré tout, à travers tout obstacle et toute souffrance, telle est sa loi. Là-bas filtre une source, allons-y et buvons-la. Tant pis pour ceux qu'elle alimente ! Et la racine alors de s'allonger et de se tordre avec des ondulations de serpent, ici autour d'une pierre qu'elle n'a pas le temps de percer, là au travers d'une couche de tuf, de schiste ou même de calcaire qu'elle finit par disloquer et par disjoindre. Elle va, multipliant et dirigeant avec un instinct incompréhensible l'aveugle mais redoutable légion. Chacune de ses fibrilles repousse, affame une rivale ; la plus vigoureuse l'emporte... Qui donc réclame ici ? Le droit, c'est la force, et les faibles ont tort !

Bizarre et triste spectacle que cette insouciance superbe de la nature élémentaire. La pitié ne commence à poindre que chez l'homme et quelques animaux supérieurs, et encore que d'infractions à ses timides lois !

Je regardais un jour deux oisillons dans une cage. Tous deux, insouciants et joyeux, chantaient et sautillaient par-dessus leurs barreaux avec une ardeur infatigable. Tout à coup l'un d'eux s'accroche la patte, se débat, se brise les membres et se renverse juste à l'endroit où les faisait toujours retomber leur course désordonnée. Il jette des cris perçants, appelle manifestement son frère à son secours ; mais celui-ci, aveugle et féroce dans sa légèreté, poursuit sa danse et ses bonds insensés. A chaque tour, il retombe lourdement sur le corps du malheureux qu'il étourdit, puis qu'il assomme lentement avec une horrible obstination.

Le pauvre petit martyr longtemps agita ses ailes, fit des efforts désespérés, se tordit avec angoisse, criant d'abord, puis soupi-

rant ensuite à mesure que venaient les défaillances et que la vie
s'en allait...

La cage était loin de moi, de l'autre côté de la rue ; je ne
pouvais rien pour la misérable créature, et je vis l'autre, odieux,
stupide, qui, toujours piaulant et joyeux, continua sa gymnas-
tique brutale sur le pauvre petit cadavre de son frère.

Cette même insouciance égoïste, on la retrouve chez les plantes. Les empiétements et les meurtres que commettent les
racines sous la terre sont renouvelés au-dessus par la tige et
par les rameaux. Une prairie, une forêt, sont des champs de
bataille. La victime, affamée par le bas, est en même temps asphyxiée par le haut. Tandis que la racine est privée de sucs et
d'humidité, la tige et la tête, comprimées, surchargées, s'affais-
sent dans l'ombre sous une oppression mortelle.

Il y a parfois lutte et résistance. C'est corps à corps que les
plantes s'attaquent, s'ensevelissent, se privent d'air et de lumière
et finissent souvent par s'étouffer l'une l'autre dans leurs con
tractions lentes, mais continues.

Oh ! si elles pouvaient se plaindre, toutes celles que des rivales
étouffent tout doucement, en les embrassant, en les couronnant
de festons élégants et de grappes splendides ! Que d'enlacements
sinistres, que de silencieux étranglements sous les belles lianes
des tropiques ! Avec quelle grâce perfide elles enguirlandent
celles qui vont mourir ! Quelles étreintes implacables voilent
leurs flottantes arabesques où murmure la brise, où se balancent les colibris, et combien saisissants, si l'on pouvait les comprendre, seraient les combats de ces ennemis impassibles qui,
sans cris, sans fuite possible, s'assassinent à longue échéance
et agonisent pendant des années !

Ces lianes serrent avec une telle violence le tronc des arbres
envahis qu'elles finissent par pénétrer dans l'intérieur même du
bois, à travers les plus dures écorces. Il en est une, surtout,
appelée meurtrière, *la Cipo matador*, qui, parmi les plus dangereuses, se distingue par ses redoutables embrassements. L'on
voit réunis deux troncs d'arbres également robustes, nous ra-

conte Burmeister ; l'un, droit, indépendant et reposant sur de
solides racines, s'élève du sol à une hauteur de quatre-vingts ou
cent pieds, tandis que l'autre, élargi, aplati et comme moulé sur
celui qui le porte ne tient à la terre que par de minces et frêles
radicelles. Aussi comme il semble avoir peur de tomber! Il se
suspend à son voisin, s'y fixe par de nombreux anneaux, anneaux terribles, cercles mortels qui vont toujours serrant, à
mesure que grossit la victime, jusqu'à ce que ces deux troncs
fatalement soudés l'un à l'autre n'aient plus désormais qu'une
destinée commune.

Longtemps ils se maintiennent ainsi, côte à côte, avec une
luxuriante vigueur, entremêlant leurs rameaux et leurs feuil-
lages diversement colorés. L'un soutient, l'autre s'appuie. Il n'y
a jusque-là qu'alliance. Le protecteur semble fier de secourir, le
protégé reconnaissant d'être soutenu ; mais, tout en se retenant,
il étrangle, le perfide, et un jour vient où l'étreinte devient si
formidable que toute séve s'engorge et s'arrête dans la tige du
malheureux asphyxié. Il languit, se dessèche, meurt... Et maintenant ils sont là, demeurant encore debout, le vivant appuyé sur
le mort, jusqu'à ce que celui-ci, rongé par une rapide décomposition, tombe, se brise et entraîne le meurtrier dans sa ruine. —
Il s'est bien vengé, le vaincu, car voici l'assassin, spectre extra-
vagant qui, enchaîné au cadavre, cherche en vain d'autres victimes, et dans la boue noire de la forêt rampe et se tord comme
un serpent blessé.

Ce n'est pas seulement d'individu à individu, mais encore d'espèce à espèce que se livrent ces luttes meurtrières. Ce sont
parfois de véritables armées qui s'en vont à la conquête d'un
pays. Les vents, les fleuves, les courants de la mer eux-mêmes,
se font complices de ces envahisseurs. Les intempéries des saisons, les étés trop chauds, les hivers trop froids, se liguent avec
les forts contre les faibles. Telle pluie, qui noie par milliers des
germes qui allaient éclore, fait pousser par millions d'autres
graines assez robustes pour attendre quelques jours encore les
rayons du soleil.

Dans nos landes et sur nos montagnes, les Genêts, les Bruyè-

res, les Ajoncs, les Euphorbes et les Chrysanthèmes envahissent
des régions considérables, des départements entiers.

Dans les steppes de la Russie méridionale, M. Hommaire de
Hell a vu, pendant cinq années consécutives, une Graminée, la
Stipe, couvrir toutes les plaines et y prendre un si dangereux
développement qu'il fallut pour la détruire employer les moyens
les plus énergiques.

Qui ne connaît la rapidité avec laquelle le Chiendent se développe dans les terres cultivées, avec quelle exubérance s'allongent et se ramifient ses tiges traçantes? Dans le midi de la
France, il n'est pas rare de voir des fossés ou des chemins creux
littéralement comblés par des monceaux de cette plante que l'on
y verse par tombereaux, et d'où elle s'échappe encore invincible,
ressuscitée, avec cette ténacité qui caractérise les Graminées à
racines vivaces. La Carotte sauvage couvre des prairies entières
et s'y perpétue avec une obstination qui triomphe de tous les défrichements et parfois de l'incendie lui-même. Il y a une espèce
de Carex qu'on ne peut déloger des bas-fonds humides. Le Rai-
fort Ravenelle infeste les cultures en telles proportions que l'on
croirait, à voir les espaces qu'il recouvre, qu'on l'a ensemencé
artificiellement. Cette plante, dont la graine est vénéneuse, selon
Linné, cause de temps à autre, en Suède, de redoutables épidé-
mies, lorsqu'elle parvient à s'emparer des champs de blé. Enfin,
l'Érigéron du Canada, apporté d'Amérique dans des caisses d'em-
ballage, s'est propagé en Europe avec tant de rapidité, que quelques années lui ont suffi pour envahir tout le centre de la France.
L'abbé Delarbre écrivait, en 1800, qu'il n'en avait encore observé
qu'un seul pied dans l'Auvergne; en 1805, MM. de Salvert et
Auguste de Saint-Hilaire retrouvaient cette plante à chaque pas
dans ces mêmes régions d'où elle a rayonné depuis sur les trois
quarts de notre hémisphère.

Gœppert raconte que la ville de Schweidnitz, en Silésie, fut
frappée d'une véritable calamité par la multiplication de la Lep-
tomite laiteuse, petite plante aquatique qui obstrua le canal
d'un moulin, ferma les conduits hydrauliques, putréfia l'eau et
s'étendit sur une superficie de plus de dix mille pieds carrés.
Récemment encore, une Hydrocharidée d'Amérique, échappée

du Jardin botanique de Cambridge, s'est multipliée en Angleterre
d'une si étrange façon qu'elle encombre les canaux, ferme les
écluses, entrave le halage, comble les aqueducs, entraîne les
filets de pêche et noie les nageurs qui s'aventurent au milieu de
ses filaments redoutables.

Mais, en fait d'envahissement irrésistible, rien n'égale la puissance des végétaux Carduacés. Les Chardons détruisent tout dès
que la main de l'homme se ralentit un instant : le Chardon est le
sceau des terres mortes ou de celles qui n'ont encore jamais
vécu. C'est l'allié des conquérants, le complice des ravageurs,
l'éternel et infatigable ennemi de toute prospérité sociale.

Depuis que les rives du Jourdain sont abandonnées, il s'y est
fait une immense solitude de Roseaux et de Chardons. Les Chardons ont également envahi la Grèce. Landerer affirme que, depuis mars jusqu'en octobre, certaines régions de ce pays ne
présentent à l'œil qu'un tapis lamentable de Chardons mêlés
d'Orties. C'est surtout dans l'Amérique méridionale que le Chardon s'impose avec une souveraine sauvagerie. Il y forme çà et là,
d'après le témoignage de Darwin, des fourrés effroyables,
hauts de six pieds et également impénétrables pour les hommes
et pour les animaux. Des bandes de brigands s'y creusaient
autrefois des tanières auxquelles ils arrivaient par des labyrin-
thes où nul n'osait s'aventurer.

Voilà comment se propagent les plantes envahissantes. L'on a
calculé que, si, pendant un très-petit nombre d'années, toute culture s'arrêtait en Europe, l'on en verrait disparaître, jusqu'à
leurs dernières traces, les Céréales et les Légumineuses dont on
la couvre périodiquement, et que notre hémisphère deviendrait
la proie de huit ou dix espèces vivaces, pour l'extirpation desquelles il faudrait une somme d'années et d'efforts incalculables.

Une lutte non moins dramatique que celles dont il vient d'être
question se livre continuellement, dans nos forêts, entre les arbres à feuilles étroites, tels que les Pins, les Sapins et les Mélèzes,
et les arbres à feuilles larges, tels que les Chênes, les Hêtres,
les Charmes et les Érables. De toutes parts ces derniers reculent.

Faut-il chercher, dans ce curieux chapitre de l'histoire végé-

tale, l'indice d'un refroidissement progressif[1], ou bien plutôt ne
faut-il y voir, avec MM. H. Lecoq et Ch. Müller, que l'un des
résultats de cette grande loi d'alternance dont les oscillations
aujourd'hui incontestables s'effectuent de siècle en siècle, à longues périodes, n'accomplissant que deux fois en mille ans, à peu
près, le cycle de ses lentes évolutions?

Quoi qu'il en soit, le duel se poursuit de tous côtés et parfois
avec une rapidité singulière. M. Edmond de Berg, inspecteur
des forêts du Hanovre, nous apprend que le paysage d'une contrée peut souvent se transformer en une vingtaine d'années.
Dans la principauté de Lunebourg, les forêts à feuilles acérées et
les forêts à feuilles larges se sont disputé la suprématie pendant
cent ans environ. Dans le Solling, ce combat n'est pas encore
terminé. Dans la Forêt-Noire, la victoire est restée aux Sapins.
Le Harz lui-même eut autrefois des Chênes d'une tout autre
nature que ceux qui y croissent aujourd'hui. Sur le sommet du
Schindeln, et enfin dans le Brocken, on rencontre souvent au
fond de vieilles tourbières des accumulations considérables de
Bouleaux, d'Érables, de Hêtres et de Chênes qui mesurent jusqu'à
trente pieds de circonférence.

Ils gisent encore là, les débris de cette immense forêt Hercynienne dont César nous a laissé la description, et qui depuis les
Alpes s'étendait jusqu'à la mer Baltique, couvrant toute la
vieille Germanie de son ombre impénétrable.

Cette loi d'alternance est désormais un fait acquis pour la
science. Des observations nombreuses faites dans les deux hé-

---

[1] La théorie du refroidissement séculaire y gagnerait un argument de
plus. S'il est vrai, comme le pensent quelques astronomes et physiciens
modernes, MM. J. Reynaud et Zurcher entre autres, que notre hémisphère
soit en voie de refroidissement; s'il est vrai que, tous les douze mille ans
environ, s'opèrent des phénomènes astronomiques dont les résultats soient
de donner alternativement aux saisons un maximum et un minimum d'intensité; s'il est vrai enfin qu'en l'année 1122 de notre ère, c'est-à-dire sous
le règne de Louis VI, se soit manifesté le minimum d'intensité relative
dans les températures de l'hiver et de l'été, nous serions dans la voie ascendante. A mesure que s'écouleront les siècles, les hivers seraient de plus en
plus rigoureux, jusqu'à ce qu'ils arrivent à leur apogée en l'année 14000 de
notre ère. Il va sans dire que nous ne mentionnons cette opinion qu'à titre
de simple hypothèse.

misphères établissent que partout les Pins, les Sapins et les
Mélèzes alternent avec les Hêtres, les Aunes et les Chênes.

Il y a parmi les arbres des espèces qui s'en vont, il en est
d'autres qui renaissent. Tandis que le Sapin prospère et s'étend
chaque jour, le Bouleau, race atteinte par je ne sais quelle loi
fatale, meurt de toutes parts, en Suède, en Islande, en Laponie.
Aussi semble-t-il porter sur tout son être la marque de malédic-
tion. Sa blancheur paraît maladive, et l'on ne peut se défendre
d'un vague sentiment de pitié, lorsque au travers des massifs
sombres l'on voit resplendir sa tige presque toujours grêle et
blanche, — pâle comme la face d'un condamné.

Pursh raconte qu'à la suite des défrichements faits au moyen
du feu dans l'Amérique du Nord, l'on voit régulièrement apparaître une quantité considérable de Seneçons, de Trèfles et de
Molènes. Le célèbre Auguste de Saint-Hilaire rapporte qu'au
Brésil, après l'incendie des forêts vierges, apparaît un reboise-
ment nouveau qui, brûlé à son tour, donne naissance à toute une
flore de Ptérides (sortes de Fougères) auxquelles succède infailliblement une herbe laide et visqueuse, la Méline minutiflore. Aux
Canaries, dit M. Lecoq, lorsque les bois de Châtaigniers plantés par les Européens sont détruits ou abandonnés à eux-
mêmes, les Ronces et les Fougères les ont bien vite envahis.
Après elles viennent les Millepertuis, les Cinéraires, puis apparaissent les Bruyères, et après celles-ci enfin se montrent les
Lauriers et les Faya, premiers indices de la renaissance des
forêts indigènes. Le botaniste Morison nous raconte que trois
mois après le grand incendie de Londres, en 1666, il apparut
tout à coup sur le lieu même du désastre une telle quantité de
Sisymbres à larges feuilles, qu'en réunissant tous ceux du continent européen, l'on eût difficilement pu reconstituer une agglomération semblable. Citons un dernier fait. Après le bombarde-
ment de Copenhague, en 1807, le Seneçon visqueux qui croît
toujours isolément couvrit avec une profusion incroyable les
ruines de la capitale danoise.

Ces faits sont positivement étranges, et l'on est contraint, —
bien qu'elle ne paraisse pas absolument satisfaisante, — d'accepter
pour les comprendre l'explication basée sur l'enfouissement des

semences et la longue durée de leur puissance germinative,
phénomène auquel nous reviendrons plus loin.

Revenons à notre racine.

A vrai dire, nous ne l'avons point quittée. N'est-ce point elle
qui joue toujours le principal rôle dans la dissémination de ces
végétaux dont nous venons de raconter à la hâte les envahissements, les voyages et les merveilleuses réapparitions?

L'on remarque chez la racine plus encore qu'une force inexplicable dans sa marche souterraine, c'est une sorte d'instinct
passionné avec lequel elle recherche et finit par atteindre, à travers des obstacles insurmontables en apparence, la nourriture
et l'humidité dont elle a besoin.

A une profondeur parfois considérable, l'on trouve de minces
filets presque microscopiques qu'une mouche en passant ferait
ployer avec ses ailes. Eh bien, ces filaments flexibles, ces cheveux frémissants, ils ont percé des couches de terre durcie,
des lames de schiste, de calcaire ou de laves, ou bien se sont
insidieusement introduits dans les joints de pierres qu'ils ont fait
éclater. L'on a vu de fortes murailles se lézarder, s'écrouler
même à la longue, par suite du voisinage de quelques arbres
dont les racines avaient glissé sous la masse énorme, l'avaient
soulevée, disloquée, puis en avaient rompu l'équilibre.

Et qu'on ne croie pas que tout ce travail soit vain. Si ces racines ont percé ces pierres, si elles ont renversé ces murailles,
ce n'est point poussées par un aveugle besoin de destruction
qu'elles l'ont fait, c'est pour obéir à l'impulsion de leur voracité
toujours inassouvie. Elles renversent, fendent, brisent... Pourquoi? Pour aller boire quelques gouttes, là, dans le filet d'eau
voisin dont elles ont deviné la présence avec cette incompréhensible divination qui les distingue.

L'on dirait vraiment parfois que la ruse s'en mêle. Duhamel
raconte que, voulant garantir un champ de bonne terre des racines voraces d'une rangée d'Ormes qui l'épuisaient, il fit faire
le long de ces arbres une tranchée profonde qui coupa toutes
les racines inculpées. Précaution superflue! une armée de racines nouvelles s'élança, se mit en marche, arriva à la tranchée,

descendit, ne pouvant traverser le vide, passa sous le fossé, remonta de l'autre côté de l'obstacle et envahit de nouveau ce champ qu'on avait espéré mettre pour toujours à l'abri de ces indestructibles maraudeuses.

Ce n'est pas seulement à la recherche de sa nourriture que la racine consacre toutes les remarquables facultés dont elle paraît douée. Elle a aussi pour tendance de se diriger vers le centre de la terre; tendance qui se manifeste particulièrement dans les jeunes racines. Vague et indistincte chez les plantes dont le développement est avancé, cette faculté est d'une singulière énergie dans la radicule, première manifestation de la vie végétale. Tout obstacle est surmonté, toute ruse déjouée. Il n'est pas d'expérience que l'on n'ait faite dans le but de faire violer, ne fût-ce qu'une fois, cette loi essentielle de germination, et personne n'a jamais pu y parvenir.

Semez une graine quelconque, un haricot, une fève, dans les conditions ordinaires. Lorque la germination aura eu lieu, quand la jeune racine, obéissant à sa tendance impérieuse, se sera dirigée vers le centre de la terre, retournez le vase où pousse le sujet de l'expérience, et bientôt vous verrez se recourber cette radicule qu'on ne saurait ni tromper ni soumettre.

L'on n'a pu trouver encore d'explication satisfaisante à cette curieuse propriété végétale. Ce n'est point comme source d'humidité que la terre attire la racine vers elle. Les expériences de Duhamel l'ont constaté d'une manière irréfutable. Il a fait germer des graines entre deux éponges humides, suspendues à l'air libre, et l'on a vu les radicules s'allonger, descendre entre les éponges et mourir de soif, de désir, dans les vains efforts qu'elles faisaient pour atteindre cette terre qui les attirait mystérieusement.

Aux éponges, Dutrochet substitua de la terre. Dans une caisse suspendue et percée de trous à la partie inférieure furent semées diverses graines. Elles n'avaient qu'à pousser de quelques centimètres la tête en bas pour trouver sous la caisse de l'air et de la lumière, tandis qu'au-dessus s'étendait pour les racines une couche d'excellent terrain. Vaine supercherie! Les radicules

sortirent de la caisse par les ouvertures, s'allongèrent, se tordi-
rent lentement dans l'espace inhospitalier pour elles et ne tar-
dèrent pas à s'y dessécher, tandis que dans la caisse les malheureuses tiges enterrées vivantes se consumaient en suprêmes
efforts, pour soulever ou percer le lourd couvercle de leur sépulcre. Elles aussi moururent à la peine.

On a essayé plus encore. Knight, célèbre physicien anglais,
sema un jour des graines dans les auges d'une roue verticale
faisant cent cinquante révolutions par minute. L'invention dut
paraître diabolique à ces malheureuses semences. Quel bouleversement incompréhensible et comment s'y reconnaître? Elles
s'y reconnurent cependant. L'horrible vertige ne les troubla
point. Chacune d'elles germa, poussa pendant quelques jours,
dirigeant imperturbablement sa tige vers le centre de la roue et
sa radicule vers la circonférence, comme si elle eût voulu, chaque fois que le mouvement de rotation les rapprochait de la terre,
y plonger, y accrocher, ne fût-ce qu'un instant, cette racine désespérée.

La lumière, les ténèbres, voilà donc les deux mondes opposés
qui se partagent le végétal. Autant la tige aérienne s'élève avec
passion vers la lumière, autant la tige souterraine plonge avec
obstination vers l'obscurité.

Placez, par exemple, dit M. Payer, dans un appartement
éclairé d'un seul côté un verre rempli d'eau sur laquelle flotte
une légère couche de coton. Semez sur ce coton imbibé des
graines de Moutarde blanche ou de telle autre plante vivace,
et au bout de quelques jours vous verrez, d'une part, la radicule s'enfoncer dans le coton, atteindre l'eau, puis s'infléchir,
pour fuir le jour, du côté sombre de l'appartement; d'autre
part, la tigelle s'incliner vers la fenêtre, comme pour s'enivrer
de la belle lumière qui en provient.

Mais voici un fait plus remarquable encore. L'on sait que la
lumière est composée d'un certain nombre de rayons colorés
que l'on peut, au moyen d'un prisme, isoler et séparer les uns
des autres. Eh bien! tous ces rayons n'exercent pas une égale
influence sur la partie aérienne de la tige. La lumière bleue seule
(et ses composés) attire la plante vers elle, tandis que les rayons

jaunes et rouges la laissent indifférente ; de telle sorte qu'une plante située dans un appartement exclusivement rempli de rayons rouges ou jaunes s'y comporte exactement comme dans l'obscurité la plus complète, sans infléchissement ni de la tige, ni de la racine.

Pas de règle toutefois sans quelques exceptions. Si toutes les plantes, obéissant à la loi centripète, dirigent invariablement leurs radicelles vers le centre de la terre, il est une classe de végétaux, les parasites, classe bizarre entre toutes, qui habituellement échappent à la loi commune. Ces plantes, en effet, poussent leurs radicules, dans quelque situation que le hasard les place, vers le corps (tronc, branche ou racine) que convoitent leurs redoutables suçoirs. Dutrochet, que nous retrouvons chaque fois qu'il s'agit d'expériences curieuses et décisives, a fait germer divers parasites et du Gui en particulier sur toutes sortes de corps, sur du bois, de la pierre, du verre, voire même sur un boulet de canon, et en toutes circonstances les radicules se sont toujours dirigées vers le centre des objets sur lesquels les graines avaient été fixées.

La racine est un organe éminemment capricieux, poussant partout, s'accrochant à tout, ici s'allongeant dans l'eau où elle flotte et ondule comme une couleuvre, là se crispant autour d'une pierre, sur un mur ou une roche qu'elle a fait éclater, ailleurs s'enfonçant dans l'écorce des autres plantes et jusque dans les profondeurs mêmes de leurs tissus. Il n'est pas d'allure qu'elle ne prenne, pas de station qu'elle ne choisisse, pas de forme qu'elle n'affecte, depuis la mince et tremblante fibrille qu'on appelle capillaire, jusqu'à ces exostoses monstrueuses du Cyprès chauve d'Amérique, par exemple, qui, de distance en distance, sortent de terre et s'élèvent nues et arrondies au sommet comme des bornes végétales.

Nous venons de la voir chez les parasites échapper à une loi générale, celle de la gravitation ; nous la retrouvons ici, dans d'autres végétaux, dans tous les végétaux même au besoin et selon les circonstances, rebelle à cette autre tendance essen-

tielle qu'ont les tiges souterraines de rechercher toujours les ténèbres.

Le Lierre.

Certaines racines, en effet, vivent dehors, au grand air et en pleine lumière, avant de rencontrer la nourriture qu'il leur faut et qu'elles recherchent, on le sait, à travers tout obstacle. Pour cette raison, on les a appelées *racines aériennes*, expression peu justifiée sur laquelle nous reviendrons tout à l'heure.

Mais citons des exemples. La Cuscute germe, naît, sort de terre, cherche autour d'elle quelque victime, l'enlace dès qu'elle l'a trouvée, s'y accroche au moyen de ses suçoirs qui ne sont que des racines supplémentaires, et laisse alors mourir ses premières racines souterraines dont elle n'a plus que faire désormais. Le Lierre, lui, il cumule. A la vérité, il tire de ses racines souterraines la meilleure partie des sucs dont il se nourrit; mais il émet de plus, tout le long de sa tige fragile, une foule de petites pattes équivoques, demi-crampons, demi-suçoirs dont l'innocence absolue n'a pas encore été suffisamment reconnue pour qu'on puisse les déclarer entièrement inoffensives. La Liane meurtrière du Brésil entoure le tronc des arbres au moyen de ses racines aériennes et les serre avec une telle puissance qu'elle défie jusqu'à ces ouragans formidables qui brisent quelquefois des arbres centenaires. La Cipo d'Imbé, autre plante des forêts vierges, croît à une hauteur prodigieuse sur le tronc des plus grands arbres. La souche de cette étrange parasite embrasse leur circonférence et forme autour d'eux une sorte de couronne d'où s'élancent des rameaux tortueux. Ces rameaux, ponctués de cicatrices par la chute des anciennes feuilles dont chacune a laissé sa trace, offrent l'aspect de je ne sais quels reptiles tachetés. Une touffe de grandes feuilles nouvelles les surmonte comme un panache de chef caraïbe, et de la partie inférieure de la plante pendent d'immenses fibres radicales qui plongent verticalement vers la terre.

Parmi les racines aériennes se rangent encore celles du Manglier ou du Palétuvier, arbre bizarre d'Amérique qui croît à l'embouchure des grands fleuves et sur les plages vaseuses de l'Océan. Ici point de souche. Le végétal manque de base immédiate. De part et d'autre de ce tronc suspendu, qui parfois ne commence qu'à huit ou dix pieds de terre, s'abaissent vers le sol, où elles plongent profondément, de longues et fortes racines obliques semblables à des contre-forts. M. de Saint-Hilaire pense que la partie inférieure du tronc s'est graduellement pourrie, ainsi que les racines normales auxquelles il avait donné naissance, et que le tronc porté par les racines aériennes n'est alors que la partie supérieure d'une tige accidentellement détruite.

Certaines racines aériennes font plus encore que celles que je viens d'énumérer. Plus que ces dernières, elles s'éloignent des saines traditions que doit suivre toute racine orthodoxe, modeste et souterraine. Des hautes branches d'où elles s'élancent elles n'arrivent pas jusqu'à la terre; elles demeurent suspendues, flottantes à l'air libre dont elles absorbent l'humidité. C'est ainsi que la Vanille laisse pendre de ses tiges sarmenteuses de longues racines qui se balancent. Plusieurs arbres des forêts tropicales, tels que des Fougères arborescentes, des Pandanées, des Lauriers géants, couvrent également leurs troncs et leurs branches de longs appendices flottants qui poussent pendant la saison des pluies, boivent l'humidité par tous leurs pores, se baignent dans la fraîche atmosphère, puis se dessèchent et meurent au retour des chaleurs et sont périodiquement remplacés chaque année comme les feuilles de nos forêts.

C'est généralement aux élégantes Orchidées qu'appartiennent ces racines aériennes, ainsi qu'aux Aroïdées parasites qui, les unes et les autres, vivent sur l'écorce des arbres. Il n'en faut pas davantage à ces originales et sobres créatures. On a beau être sobre, toutefois, il faut boire, et c'est pour boire qu'elles ont imaginé d'aller puiser jusque dans l'espace un supplément d'eau à leurs maigres provisions. Si maigres, qu'elles ont imaginé mieux encore : de leurs innombrables racines, elles se font comme un filet traînant où s'arrête la poussière, c'est-à-dire tous les corpuscules organiques et inorganiques flottant dans l'atmosphère, et de ces éléments disparates se composent, le croirait-on? un terrain de fantaisie qui leur convient à tel point qu'elles meurent d'indigestion ou d'inanition, — on ne sait trop lequel des deux, — lorsqu'on les transplante dans le sol où vivent les autres végétaux.

La racine aérienne, on le voit, diffère complètement des racines terrestres; si bien même que certains botanistes rigoureux

protestent avec énergie contre l'assimilation que l'on a faite de
ces deux agents de nutrition. Selon ces derniers savants, tout
organe qui pousse au-dessus du collet de la racine, sorte de surface idéale, d'où s'élancent de part et d'autre la racine et la tige,
n'est pas du tout une racine, mais un produit adventif qui aurait
parfaitement pu ne pas exister, et sur le caractère conditionnel
et relatif duquel il ne faut donc pas se faire la moindre illusion.

Nous pourrions vous raconter les choses les plus curieuses
sur les bizarreries de ces racines adventives; c'est peut-être à
elles que sont dus les plus remarquables phénomènes de la vie
végétale, et nous ne pouvons résister au désir de vous en citer
quelques-uns.

Fig. 24. — Figuier des pagodes.

Voici le Figuier des pagodes (fig. 24), ou le Figuier religieux, ou
le Figuier des Banyans, ou le Figuier du Bengale; c'est toujours
le même arbre, — et c'est toujours ainsi avec les botanistes, dix
noms pour chaque plante, car je vous fais grâce des noms latins.
— Voici donc le Figuier du Bengale; ses longues branches
s'étendent horizontalement et si loin que bientôt elles s'incline-
raient jusqu'à terre, où elles ramperaient misérablement, si n'arrivaient à leur secours les racines adventives. Mais les voilà qui
poussent; de chaque branche horizontale s'échappent, tombent

pour ainsi dire des racines verticales qui descendent, plongent dans le sol, s'y ramifient, puis grossissent et forment de véritables troncs, si bien qu'autour du Figuier primitif s'arrondit une première circonférence de colonnes qui émettent à leur tour de nouvelles branches, lesquelles, s'appuyant sur d'autres racines encore, élargissent le cercle, et, de proche en proche, sans limite, étendent ainsi la forêt; une véritable forêt composée d'un seul arbre qui, d'arcade en arcade, couvre des espaces immenses et accumule par milliers ses colonnes, c'est-à-dire ses racines adventives.

Ils font mieux encore, ces organes singuliers. Il arrive parfois que les graines de ce même Figuier vénéré des Indous, transportées par les vents ou par les oiseaux, tombent sur un beau Palmier, par exemple, où elles germent sans plus de façon. A peine le petit Figuier parasite s'est-il implanté sur cet arbre dont il fait désormais sa victime, son terrain, sa chose à lui, qu'il émet en toute hâte des racines aériennes. Ces racines descendent nombreuses, flottantes, contiguës, souvent entremêlées par les vents, et si bien qu'elles se soudent les unes aux autres, se font tube, fourreau mortel, au milieu duquel s'étouffe le malheureux Palmier, qui n'ayant plus de libre que sa tête, redresse ses feuilles, comme les bras d'un homme qui se noie et semble appeler à son secours.

La racine adventive ou accidentelle se retrouve à peu près partout. C'est elle qui joue le premier rôle dans les phénomènes curieux bien connus sous le nom de *bouturage* et de *marcottage*[1]; elle enfin qui, des feuilles de certaines plantes, bien plus, de certaines fleurs et même de certains fruits, s'échappe vivace, invincible, multipliant la vie sans limite et rendant incompréhensible toute notion précise de l'individualité végétale[2].

---

[1] Le *bouturage* et le *marcottage* sont deux modes de multiplication journellement employés dans la grande et la petite culture. La bouture est une portion quelconque d'un végétal qu'on détache de la plante mère, pour l'isoler dans un milieu où des racines adventives puissent se produire. La marcotte est un rameau non détaché de la plante mère, mais placé dans des conditions telles que l'humidité du sol y développe encore des racines adventives, c'est-à-dire le moyen de conquérir une vie indépendante.

[2] Un jardinier allemand ayant haché une feuille de Bégonia en plusieurs

Il est des racines qui poussent au grand air et en plein soleil et qui n'en sont pas moins racines pour cela. Le lecteur se souvient-il de l'histoire de notre pauvre petit Érable de New-Abbey qui, mourant de faim sur son mur, envoya une racine aux provisions vers la bonne terre? Voici des faits analogues. Sur les bords du lac de Côme, près de la villa Pliniana, l'on peut voir des racines que les arbres du sommet de la montagne font descendre le long des roches nues, et qui, finissant par trouver un sol plus propice, y pénètrent, grossissent et déplacent le végétal que ne pouvaient nourrir les terrains supérieurs.

Voilà donc des organes qui croissent à l'air libre, mais qui naissent au-dessous du collet, descendent dans la terre, et se comportent en vraies racines. — Comment les appellerons-nous? Racines à coup sûr…. Pas trop longtemps toutefois, car voici que nos racines deviennent peu à peu de véritables tiges. Un renversement de forces s'y accomplit. La partie qui de la terre s'étend jusqu'à l'ancien collet devient ascendante. La nouvelle racine commence au niveau du sol. Le tronc s'est augmenté, en déviant de sa direction première, de tout l'organe qui, d'abord simple renfort d'approvisionnement, a bientôt acquis une importance capitale, et l'on voit s'entourer d'incertitudes la définition de cette tige où la racine et le tronc, s'avançant l'un vers l'autre, se sont fondus dans une équivoque singulière.

La racine n'est pas seulement aérienne, elle est encore aquatique, comme celle des Lentilles d'eau ou Lemna qui, sur nos mares et nos ruisseaux, s'étendent en nappes dont tout le monde connaît les magnifiques teintes vertes. Prenez quelques-unes de ces curieuses plantes, mettez-les dans un verre d'eau, et vous verrez leurs blanches petites racines s'allonger dans le liquide et y demeurer flottantes, sans s'inquiéter le moins du monde de la nature du fond du vase. Que leur importe le sol? Elles n'y plongent jamais, pas plus que les racines de certains végétaux parasites, comme le Gui, par exemple, les Loranthées ou la Cuscute, qui, accrochés à l'écorce de leurs victimes, s'y implantent pour en boire la sève.

centaines de morceaux, les planta, et obtint de ceux-ci autant de pieds distincts.

Nous avons dit, à propos des envahissements de la racine, de ses fonctions et de ses stations diverses, quelques mots des plantes parasites. Revenons-y un instant.

Le parasitisme est une des monstruosités de la nature. Vivre aux dépens de tous par un travail individuel, puiser dans les réservoirs communs les liquides et les gaz dont se nourrissent tous les autres, diminuer la part d'autrui par sa consommation personnelle et quotidienne, c'est là le fait, hélas! de toute plante et aussi de tout être vivant. La vie ne s'alimente qu'au détriment de la vie, et l'égoïsme, volontaire ou non, est, il faut bien le reconnaître, l'une des lois essentielles de conservation pour la race comme pour l'individu. Mais au moins, dans ce rôle obligatoire, y a-t-il la chose morale par excellence, le travail personnel. Le végétal qui, au moyen de ses racines, de sa tige, de ses canaux, de ses feuilles et de ses fruits, vit, grandit, élabore des sucs, des essences, des gommes, des huiles, des fécules, en un mot des éléments divers de nutrition et de vie nouvelle, est un travailleur qui échange avec le dehors, qui rend après avoir pris et modifié en les multipliant les choses qu'il a reçues.

Le parasite ne fait rien de tout cela. Le parasite est un oisif; plus qu'un oisif, un voleur; plus qu'un voleur, un assassin. Non content de prendre les autres pour appui de sa faiblesse perfide, il vit à leurs dépens, pompant, aspirant sans fatigue les sucs déjà élaborés par eux.

Ces végétaux, pour la plupart, n'ont ni force, ni grandeur, ni beauté, bien que certains d'entre eux arrivent, par suite d'une vie de seconde main, pour ainsi dire, et deux fois épurée, à un degré de perfection que n'atteignent pas leurs victimes. Leurs tissus sont d'ordinaire mous et décolorés; beaucoup d'entre eux exhalent une odeur nauséabonde, et presque tous offrent l'aspect désagréable d'une vie anormale et malsaine.

Les parasites les plus redoutables, — qu'il ne faut pas confondre, on le sait, avec les fausses parasites telles que le Lierre, le Célastre, certains Figuiers, diverses lianes et particulièrement les brillantes Orchidées des tropiques, — sont celles qui, simplement munies d'écailles, et conséquemment privées de vraies feuilles, ne peuvent puiser dans l'atmosphère un complément de

nourriture à celle qu'elles empruntent le poignard sur la gorge.
Celles-là ont des étreintes mortelles. Les Orobanches, les La-
thrées et les Cuscutes sont de ce nombre.

Cette dernière, en particulier, est d'une férocité sans égale.
Blanche, menue, semblable à un fil, elle sort de terre faible et
tremblante. — Rien qu'un appui, s'il vous plaît!.... Une tige se
présente. La Cuscute ne fait d'abord que s'y enrouler, puis de
plus en plus elle l'enlace et la serre avec ses
petits anneaux de serpent. Désormais sûre de
vivre, elle rompt avec les apparences. Vous la
croyiez semblable aux autres plantes, tout au
plus une fausse parasite. Erreur! Elle-même
se scinde, se coupe en deux, abandonne avec
impudeur ses racines terrestres, honnêtes et
conséquemment superflues, renie son passé,
son enfance innocente, se fait vampire, s'arme
de ventouses, suce, affame, étrangle, en quelques semaines; et lorsque, le meurtre accompli, vous la détachez de force du cadavre de sa
victime, vous voyez sur l'écorce de celle-ci
d'innombrables blessures, un trou sous chaque
suçoir comme autant de morsures de sangsue!
(fig. 25.)

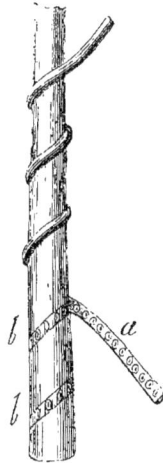

Fig. 25.— Cuscute en-
roulée autour d'une
tige. — *a*, Suçoirs.
— *b, b,* Traces sur
la tige.

Je pourrais citer encore les Balanophores
qui croissent sur les racines des plages marines, les Monotropes, les Cytinels qui élèvent
sur les racines des Cistes ligneux, leurs tiges molles et squa-
meuses, et enfin cette bizarre et sinistre Rafflésia dont j'ai
déjà parlé, gigantesque fleur de huit ou dix pieds de circonférence dont les tissus spongieux ressemblent à ceux d'un Champignon, et dont la corolle charnue, qui parfois pèse de six à huit
kilogrammes, exhale une odeur cadavéreuse.

Les parasites feuillées sont moins redoutables, bien que fort
dangereuses encore. Ce sont les Guis, les Loranthées, les Ar-
ceuthobies, les Célastres vulgairement appelés *Bourreaux des
arbres*, et tant d'autres parasites vraies ou fausses, telles que le
Lierre par exemple, qui, pour ne pas assassiner directement

leurs victimes, ne les en étouffent pas moins, à la longue, au moyen de toutes les lourdes guirlandes dont elles les surchargent.

Nous avons fait l'histoire de la racine. Nous avons dit ses méfaits, son égoïsme, ses voracités dangereuses, ses caprices et les formes diverses qu'elle peut revêtir; mais nous ne l'avons pas suffisamment caractérisée au point de vue purement botanique ; disons, en terminant, comment elle nourrit la plante dont elle est le prolongement souterrain; justifions ses déprédations par le résumé rapide de son œuvre alimentaire.

La racine, outre qu'elle sert de point d'appui aux plantes en les fixant solidement dans le sol, est encore et surtout l'organe principal de nutrition chez les végétaux[1].

Qu'est-ce donc que la racine? C'est la tête d'en bas.

Vous avez à coup sûr bien des fois remarqué, en vous promenant sur les bords d'un étang bien uni, bien limpide, le soir particulièrement, alors que le vent se tait, que le soleil s'incline et que le bleu du ciel fait au lac un fond de pâle azur, — que tout le paysage se renverse avec le ciel et crée sous les eaux un spectacle vraiment fantastique. Chaque herbe qui se penche, se reflète dans le miroir liquide, après l'herbe vient l'arbuste, après l'arbuste, l'arbre lui-même : Aune, Saule ou Peuplier. Tous, la tête en bas, mais frais et verts comme ceux de là-haut, frémissent à la brise, étalent leurs branches, et sans le moindre vertige, sans la moindre congestion cérébrale, paraissent croître et fleurir dans un monde à l'envers, où la terre est en haut, où le ciel est en bas.

Mirage, apparence trompeuse, allez-vous dire. Pas si trompeuse que vous croyez, en ce sens que cette image peut vous donner une idée d'une réalité voisine. A quelque distance de l'endroit, en effet, où plonge dans l'eau cette tête verte chimérique, s'étale une autre tête, non plus verte, il est vrai, mais ra-

---

[1] Il est cependant des cas où les racines ne servent aux plantes que de simples points d'appui. D'énormes plantes grasses poussent avec vigueur dans de petites caisses dont la terre n'est jamais arrosée.

mifiée et analogue par ses dispositions générales à la tête d'en
haut, c'est la racine. Cette racine, ou plutôt ce groupe de racines, répète sous le sol la configuration approximative de la
couronne aérienne. A chaque grosse branche correspond une
forte racine. Les forces vitales sont symétriques, et l'on peut,
sans exagération comme sans erreur botanique, appeler tête
inférieure tout l'appareil radiculaire de la plante. Tirez une
ligne au niveau du sol, au *collet de la racine*, et de part et
d'autre vous avez l'une des parties de l'axe végétal, portions
correspondantes, qui, semblables à l'image du lac, plongent
l'une dans le sol, tandis que l'autre monte vers la lumière.

Douteriez-vous encore de l'unité organique de ces deux parties du végétal? Écoutez cette histoire. Le célèbre botaniste Duhamel, doutant, lui aussi, sans doute, et voulant en avoir le
cœur net, choisit un jeune Saule très-long, flexible et vivace; il
le courba avec précaution de telle sorte que la tête fût inclinée
jusqu'à terre, plus bas même, car dans le sol creusé cette tête
fut enterrée toute vive. Voyez-vous ce malheureux arbre formant
un arc et plongeant dans la terre ses deux extrémités? Quel
renversement de toute chose et quelle horrible confusion! Met-
tez-vous à sa place et dites un peu ce que vous auriez fait. Voici
des branches garnies de feuilles et de bourgeons auxquels il faut
de l'air, de la lumière; — horreur! elles s'étouffent dans un terreau infect!

Et encore, si l'on s'était borné à cette première expérience;
mais ces botanistes sont sans pitié. Quelques semaines s'étaient
à peine écoulées, notre Saule infortuné à peine avait eu le
temps de revenir de son émotion, que l'autre extrémité, légiti-
mement enterrée, fut à son tour détournée de sa destination première, de telle sorte que l'arbre, peu à peu redressé, se trouva
complétement à l'envers, la tête dans la terre et les racines au
grand air, à la chaleur, en plein soleil; elles, si amoureuses de
fraîcheur et d'obscurité! Se fait-on l'idée d'un bouleversement
semblable, et un arbre ainsi martyrisé, fût-ce le plus vivace des
Saules, a-t-il, je vous le demande, autre chose à faire qu'à mourir?
Le nôtre ne mourut point cependant. La vie, la vie élémen-

taire surtout, qui paraît d'autant plus énergique et tenace qu'elle est moins élevée sur l'échelle, tient en réserve pour les graves circonstances des ressources tout à fait inattendues. Notre Saule le prouva bien. Après quelques jours d'une stupeur certes bien compréhensible, il reprit l'équilibre, renversa ses forces, changea la direction de tous ses sucs, et mit à profit la faculté précieuse qu'ont les végétaux d'improviser des organes en rapport avec les milieux qui leur sont imposés. Il y a dans toutes les parties de la plante comme une provision de bourgeons endormis, *latents*, qui, avec une singulière élasticité de vie, deviennent ce qu'ils peuvent et se conforment aux circonstances. Mettez une racine en l'air, et elle finira par émettre des rameaux aériens. Plongez une branche dans la terre, et des fibrilles radiculaires viendront rendre fille des ténèbres et citoyenne du sol la fille de la lumière et la citoyenne des airs.

Ainsi en advint-il de l'arbre retourné de M. Duhamel. Ses racines prirent goût à la lumière, et, comme il fait bon vivre en définitive, elles se mirent à se couvrir de feuilles. Quant aux pauvres branches, c'était déjà chose faite. Plutôt que de pourrir, elles avaient émis quelques fibrilles; puis, vous le savez, tout n'est qu'heur et malheur en ce monde. Tout bien considéré, le terreau était bon, les nouvelles racines s'y tortillèrent avec un certain bien-être; l'eau arrivait en quantité convenable, elles en burent. Or, qui a bu boira, dit-on, et il paraît que ce proverbe exprime une vérité générale. D'autre part, il ne faut pas songer uniquement à soi en ce monde, la nouvelle tête de là-haut réclamait impérieusement des vivres, on lui expédia de la séve..... Bref, ce fut une affaire entendue, et le Saule, désormais célèbre. en prit bravement son parti.

Qu'est-ce à dire? Que les racines soient absolument identiques aux branches et les feuilles aux fibrilles radiculaires? Non. Il n'y a pas identité, mais analogie. Dans le fait de l'arbre renversé, il y a improvisation, mais non point métamorphose. Les anciennes racines moururent, comme aussi les feuilles enterrées toutes vives, et ce n'est qu'à la place des unes et des autres que poussèrent, d'une façon inverse, en haut des feuilles d'occasion, en bas des racines de circonstance.

Revenons à notre tête d'en bas. Il existe sur la racine des pré-
jugés anciens contre lesquels protestent de toutes récentes observations. Tout le monde sait que la racine est un organe d'une
voracité insatiable. A tout prix il lui faut des sucs, et pour se
désaltérer il n'est pas de tentative audacieuse qu'elle ne fasse
et ne renouvelle jusqu'à parfaite réussite. On raconte des histoires à peine croyables et fort vraies cependant, sur des racines
qui, pour arriver à un ruisseau, à une source, ont traversé d'é-
normes espaces, percé des murailles ou des couches de terrain
d'une extrême dureté. Ces exploits paraissaient d'autant plus
extraordinaires, que l'on pensait que l'extrémité de la racine se
composait d'un tissu cellulaire toujours en voie de formation, et
par suite, d'une délicatesse bien compréhensible. On s'expliquait
bien difficilement alors que la pointe radicale, chargée d'aussi
rudes besognes, fût si mal outillée pour les accomplir. Qu'une
racine, même assez dure à son extrémité, perce des terres com-
pactes, cela paraît déjà suffisamment extraordinaire, quand on
songe au faible diamètre de ces fibrilles qui forment le *chevelu*
de la racine; mais que ces terrains soient transpercés, fendus,
disloqués, comme on le voit tous les jours, par des racines
molles, plus que molles même, puisqu'elles sont l'agglomération
de cellules qui se forment sans cesse, voilà qui devient tout à fait
invraisemblable. Eh bien, l'on vient de constater que les faits
eux-mêmes détruisent l'objection. Ce n'est pas à l'extrémité de
la racine que se juxtaposent les utricules naissantes, c'est un
peu plus haut et abritées sous une sorte de coiffe, qu'atome par
atome, elles prolongent incessamment leur tissu délicat.

C'est derrière une sorte de bouclier qu'elles s'accumulent,
qu'elles travaillent Bouclier, n'est pas le mot, c'est plutôt éperon qu'il faut dire, car c'est bien sous la forme de l'un de ces
éperons coniques dont on armait la proue des navires de guerre,
qu'on peut se représenter ce curieux organe, qui, semblable au
bout d'un doigt de gant, enveloppe la jeune racine et la protége
contre les premières difficultés de la vie. Je m'aperçois que je
ne vous ai pas encore nommé cet organe. Ce doigt de gant, cet
éperon, cette coiffe, c'est *piléorhize* qu'elle s'appelle. Piléorhize
ou pilorhize, tiré du grec comme toujours, signifie coiffe, bon-

net ou chapeau de la racine. Signalée d'abord dans un petit nombre de végétaux, c'est à peu près chez tous maintenant que sa présence est constatée, bien qu'à des degrés divers, et c'est particulièrement chez les Conifères qu'elle se montre ferme et nettement caractérisée.

C'est donc sous l'égide de sa piléorhize que la jeune racine s'en va aux provisions. Maigres provisions. Quelques gaz, puis des liquides entraînant de temps à autre quelques minimes parcelles solides ; le tout assaisonné d'un peu de sucre, il est vrai, mais en revanche noyé dans de l'eau, dans beaucoup d'eau ; quels pauvres éléments, et quel triste régal !

Pas si triste après tout qu'on pourrait se l'imaginer. Ces liquides souterrains dont les racines sont si avides portent avec eux toutes sortes d'éléments invisibles que la plante saura choisir et approprier à sa nature. L'eau qui, à l'état de pluie, s'est déjà imprégnée dans l'atmosphère d'acide carbonique et d'ammoniaque, se charge de plus, dans les terrains dont elle désagrége les particules, de soufre, de silice, de chaux, de magnésie, de potasse, de phosphore et de mille autres ingrédients que contient l'argile, ce riche résidu des roches fondues et décomposées.

Ces derniers éléments exercent une telle influence sur la vie des végétaux, qu'un seul mètre cube d'argile pourvoit de potasse, pendant trois cents ans, une plantation de Chênes de 2,500 mètres de superficie.

Il existe de si intimes rapports entre la nature géologique du sol et les végétaux qu'il nourrit, qu'un botaniste expérimenté peut, par la seule inspection de ceux-ci, déterminer la constitution de celui-là.

Une Violette particulière, en Belgique et dans les régions rhénanes, la Violette calaminaire, indique avec certitude aux mineurs les gisements de calamine ou minerai de zinc ; or l'analyse chimique a démontré qu'il existe en effet du zinc dans la Violette calaminaire. La jolie Montie des ruisseaux indique qu'une source d'eau douce ruisselle sous le sol. La Glaux maritime révèle une source d'eau salée. Chaque fontaine thermale, chaque infiltration sulfureuse, ferrugineuse ou autre est signalée de la sorte par une végétation spéciale, et il n'est pas de terrain pur, — salines, steppes, dunes, tourbières, roches schisteuses ou calcaires, — qui ne serve à quelque plante de station préférée et habituelle.

Un terrain produit-il des Stipes, il contient de la chaux et convient aux céréales. C'est la silice qui constitue et durcit la tige des Graminées. C'est le phosphate de chaux, ce même phosphate dont le rôle est si important dans l'économie animale, qui se trouve en quantité notable dans les céréales et dans les légumes. — L'on n'a du reste qu'à brûler une plante sèche pour trouver dans le résidu qui en résulte tous les éléments essentiels à son organisation particulière.

Faisons ici en passant une rectification de quelque importance.

A la suite d'expériences mal faites, l'on a longtemps soutenu que la racine ne pompe les liquides du sol qu'au moyen d'un petit renflement terminal de ses radicelles, qui à cause de sa nature prétendue spongieuse avait été appelé *spongiole*.

Ce que nous avons dit plus haut de la piléorhize doit faire comprendre qu'il n'en peut être ainsi. De nouvelles expériences ont manifestement prouvé que ce ne sont pas les cellules terminales qui absorbent, mais bien celles de toute la racine et particulièrement celles du point végétatif qui se trouve un peu au-dessus de la piléorhize. Ne parlons donc plus de spongioles et rangeons-les sous un numéro d'étiquette, dans l'une des vitrines de ce gigantesque musée, de ce vieux garde-meuble, où vient chaque jour tomber, comme un débris inutile, quelque ancienne erreur scientifique ou quelque absurde préjugé.

C'est par les pores de tout son épiderme que la racine boit ; aussi, voyez comme elle s'allonge, comme elle prodigue ses courbes, comme elle se ramifie surtout, afin d'étendre et de multiplier sans limites ses surfaces d'absorption.

Il faut boire, boire la nuit, boire le jour. Courage là-bas aux pompes ! De l'eau, crient les cellules, et d'une aurore à l'autre fonctionnent sans arrêt, sans fatigue, tous ces milliers de petits appareils hydrauliques dont se compose toute tige, depuis le brin de Mousse jusqu'au colosse des forêts.

— Mais où donc est l'incendie?

Là-haut dans les feuilles. S'il n'y a dégagement ni de flammes ni de fumée, il y a évaporation, transpiration, exhalation constante de vapeur, d'oxygène ou d'acide carbonique, et ces phénomènes deviennent parfois si énergiques, que telle plante vigoureuse et de santé parfaite tombe tout à coup dans une mortelle langueur, dès l'instant où, faute d'eau, ses milliers de feuilles dévorantes cessent d'être approvisionnées.

La racine des Monocotylédonés diffère de celle des Dicotylédonés. Chez ces derniers végétaux, plus parfaites, c'est-à-dire mieux formulées, la tige et la racine ne forment qu'un même axe. La radicule en bas et la tigelle en haut, dès leur double apparition, se continuent, se complètent l'une l'autre. Ce sont bien là ces deux forces polariques qui, de part et d'autre du collet, s'élancent en ligne droite, l'une vers les ténèbres et l'autre vers la lumière.

Il n'en est pas de même chez les Monocotylédonés. Nous trouvons ici hésitation, compromis bizarre. La racine semble ne vouloir pas accepter franchement son rôle. La radicule n'est pas le prolongement direct de la tigelle, elle en sort comme de côté et gauchement s'entoure d'une sorte de gaine ou d'étui, si bien que certains botanistes dénient, à cet organe aux allures indécises, le nom de racine normale et l'appellent racine adventive, comme celles dont nous venons de raconter l'histoire.

Vous voyez quel organe singulier est cette racine multiple de formes et riche en métamorphoses. Tantôt simple *crampon*, comme dans les végétaux inférieurs, tantôt *suçoir* ou ventouse comme dans la redoutable petite Cuscute, la racine prend toutes les formes et se munit de tous les appareils pour accomplir son œuvre double de fixation et de nutrition. Pour la consolidation du végétal, elle possède tout ce qu'il faut : pivots, pattes, crochets; elle n'a du reste besoin que d'elle-même, pour donner à l'arbre qui sait l'utiliser la solidité la plus inébranlable. On sait ce que peuvent les racines du Chêne, de l'Orme ou de l'Acacia, et l'on se demande pourquoi les Conifères, Pins, Sapins et Mélèzes, s'obstinent à ne se pourvoir que de ces faibles racines traçantes qui ne s'enfoncent jamais de plus d'un mètre, alors que les racines pivotantes plongent et s'allongent à des profondeurs telles qu'il n'est pas d'ouragan, pas de forces terrestres qui puissent, à moins d'en briser la tige, vaincre la résistance d'un végétal bien enraciné [1].

Je viens de parler de l'allongement des racines. Cette *élongation* est chose fort étrange; sans gravures la chose est difficile à expliquer. Essayons-le toutefois. Figurez-vous qu'au-dessous d'un vase rempli de terre et fermé à la partie inférieure par un fin treillis de fil de fer, sorte et s'allonge dans l'espace la radicule d'une graine semée dans le vase. Cette radicule est là devant nous, propre, blanche et longue environ d'un doigt. Au moyen d'un pinceau légèrement imbibé, marquons, à égale distance les uns des autres, vingt points rouges et laissons s'allonger notre radicule à expérience.

Vingt-quatre heures après savez-vous ce que nous trouverons? Les dix-huit premiers points auront gardé leurs distances respectives, et le vingtième sera encore à l'extrémité de la radicule, mais la distance qui séparait le point dix-huit du vingtième sera devenue presque six fois plus longue qu'elle n'était la veille. Marquons encore, sur cette partie nouvellement formée, dix points également espacés, mais verts cette fois-ci, afin d'éviter toute confusion ; que trouverons-nous dans vingt-quatre heures? Demain soir, nous trouverons les huit premiers points à leur place, ainsi que le dixième, mais entre les numéros huit et dix une nouvelle élongation blanche se sera formée. Nous pourrions continuer encore et piquer de points bleus le nouveau fragment de radicule, et comme toujours nous trouverions une augmentation de tissus vers l'avant-dernier point de l'échelle de démarcation.

Que conclure de cette belle et curieuse expérience faite dans les conditions exactes que nous venons de raconter, par un botaniste allemand, M. E. Ohlert? C'est que, dans l'élongation radiculaire, la multiplication des cellules ne s'effectue que dans la

[1] On cite une Vigne et un Câprier dont on trouva les racines à treize mètres de profondeur.

partie très-voisine du bout de la racine dont l'extrémité elle-
même demeure invariable. Cette pointe invariable, — est-il
besoin de le dire? — est cette piléorhize dont vous connaissez
le nom. Immédiatement au-dessus, s'étend le chantier des jeunes
cellules, mais il est fort exigu lui aussi. Le moindre accident, le
plus petit insecte rongeur emportent du coup chantier, piléorhize ; plus rien ne reste alors, et la racine ainsi tronquée demeure à jamais invariable. Une seule ressource lui reste, c'est
d'émettre des radicelles latérales en aussi grand nombre qu'il
lui plaît. C'est bien de cette ressource qu'elle use, et c'est pour
cela que les horticulteurs, en repiquant les jeunes plantes ve-
nues de graines, ont le soin de toujours couper l'extrémité de la
racine, afin qu'elle se développe latéralement et s'empâte dans
la terre par un faisceau de nombreuses fibrilles.

Résumons en deux mots : Crampon, suçoir, telle est la double
nature de la racine. Qu'elle s'allonge dans les eaux, dans les airs
ou dans la terre, elle est ou suçoir, ou crampon, souvent les
deux à la fois, et c'est alors qu'elle se trouve dans la plénitude
de ses fonctions. Songez un peu à ce cumul ; il est complet, absolu. Se tenir et manger à la fois, saisir et absorber tout ensemble. Figurez-vous que votre main se transforme tout à coup
en une vaste ventouse d'absorption et suce le pain qu'elle tient,
telle est la racine. Elle pousse l'avidité jusqu'à la passion, jusqu'à la manie, à tel point que telles radicelles coupées n'en continuent pas moins pendant quelque temps à se gorger de sucs
qui ne pourront servir à quoi que ce soit. Sa gloutonnerie per-
manente fonctionne le jour, la nuit, dans tous les lieux, et ne
s'arrête, en nos climats, que pendant les quelques semaines les
plus glaciales de l'hiver.

Ne soyons pas injustes toutefois, ce n'est pas pour elle-même
que la racine absorbe de la sorte. La racine, nous l'avons dit, est
une nourricière de premier ordre. On sait à quelles exigences
elle doit répondre ; chacune des mille et mille feuilles qui couronnent la tête d'en haut réclame impérieusement et quotidien-
nement sa part, et c'est la tête d'en bas qui doit la lui fournir.
Elle fait bien mieux encore quelquefois : non contente de nourrir

au jour le jour son peuple d'affamés, elle fait encore des écono-
mies, se fait bulbeuse, tubériforme, féculente comme la graine
elle-même et amasse pour les besoins futurs des sacs de provisions. Voyez le Dahlia ou l'Orchis : à côté de la racine de l'année
qui pourvoit aux dépenses présentes, s'en forment une ou plusieurs autres qui plus ou moins s'arrondissent et se gonflent de
fécule. C'est pour la bouillie des embryons futurs, c'est là que
viendront puiser les nourrissons de l'année à venir.

Terminons par quelques définitions rapides. La racine, terme
un peu général lorsqu'on l'applique à toute la partie souterraine
du végétal, se compose de trois parties distinctes : le *collet*,
ligne de démarcation fictive, surface mathématique qui sépare
la partie ascendante de la partie descendante; le *corps* de la racine, ou partie moyenne de forme et de consistance variées; et

Fig. 26.   Fig. 27. — Carotte.   Fig. 28. -- Rave.
Racines pivotantes, simples, verticales et coniques.

enfin les *radicelles* ou le *chevelu*, fibres plus ou moins déliées
qui, par touffes plus ou moins épaisses, terminent en ramifiant
les extrémités du corps de la racine (fig. 26).

Le collet n'est point un organe effectif; c'est une simple ligne
de démarcation ou, si l'on préfère, la surface de juxtaposition
de deux systèmes opposés. Mais il n'en est pas moins, malgré
ses qualités négatives, l'une des plus curieuses parties de la
plante. C'est, en effet, de cette surface singulière que s'élancent
de part et d'autre, vers le haut et vers le bas, vers la lumière
et vers les ténèbres, les deux sections de la tige qui, sous des
aspects différents, constituent l'unité du végétal.

Sur cette surface reposent bout à bout deux forces inexplicables qui, semblables à deux pyramides symétriques, se touchent par la base et vont chercher leur sommet dans des directions

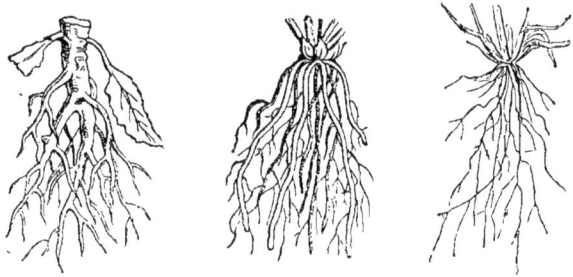

Fig. 29. — Racines fibreuses, capillaires.

opposées. Ces deux tendances, on le sait, n'ont pas de causes scientifiquement connues.

Le corps de la racine n'est que le prolongement de l'axe vé-

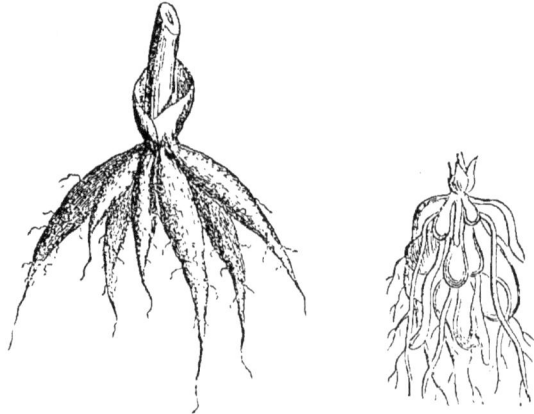

Fig. 30. — Racines tubériformes fasciculées.

gétal que l'on pourrait presque appeler tige supérieure au-dessus du collet et tige inférieure au-dessous; car l'une et l'autre sont d'une conformation à peu près identique et ne se distinguent que par leurs habitudes.

La vraie racine, botaniquement parlant, c'est le chevelu. C'est
là la partie souterraine, essentielle ; elle qui nourrit la plante,
elle qui vit d'une vie énergique, active, progressive, et qui, par
ses fonctions d'une part et ses ramifications de l'autre, ressemble, on le sait, à la partie supérieure du végétal. Le chevelu

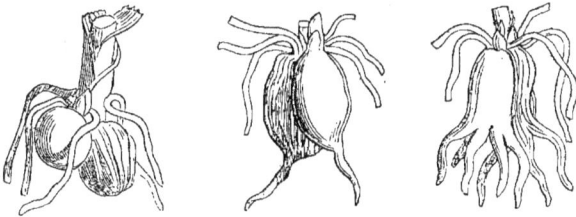

Fig. 31. — Racines tubériformes.

n'est autre chose qu'un feuillage souterrain. Comme celui d'en
haut, il se renouvelle chaque année, et il est vraiment étrange
de retrouver dans le monde ténébreux l'histoire renversée et
comme l'image antipodique de cette tête végétale que nous allons
étudier dans les pages suivantes.

Dirons-nous encore que suivant leur durée les racines sont

Fig. 32. — Racine
bulbifère.

Fig. 33. — Bulbe de Lis coupé
dans sa longueur.

appelées *annuelles, bisannuelles* ou *vivaces;* que cette durée est
susceptible de variations sous l'influence de circonstances diverses telles que le climat, la température, la culture ou le terrain ; que suivant ses formes la racine s'appelle *pivotante,* lors-

qu'elle s'enfonce perpendiculairement dans le sol (fig. 27 et 28), *fibreuse* lorsqu'elle se ramifie en fibrilles nombreuses (fig. 29), *tubériforme*, lorsque les fibres se renflent en tubercules (fig. 30 et 31), *bulbifère*, enfin, lorsqu'elle est surmontée par une sorte de tubercule aplati qui, dans sa concentration, offre les caractères d'une véritable tige en raccourci, composée d'un grand nombre d'écailles superposées (fig. 32, 33 et 34)? Dirons-nous encore que, outre cette classification générale, les racines peuvent s'appeler *simples*, *rameuses*, *verticales*, *obliques*, *horizontales*, *fusiformes*, *coniques*, *arrondies*, *noueuses*, *fasciculées*, *capillaires* ou *chevelues*, et, dans ce dernier cas même, *queues de renard*? Non; vous le savez déjà ou vous le devineriez du premier coup d'œil. Passons, la matière abonde. Montons, voici la tige.

L'ATMOSPHÈRE

CHAPITRE V

LA TIGE.

De la lumière, plus de lumière encore !
GŒTHE.

Oui, la lumière, la voici ! Laissons ce sol humide et ténébreux. Franchissons ce dernier obstacle, motte de terre, pierre ou feuille sèche. Soulevons le tout et sortons. Voici l'espace, le soleil, les douces brises et les fraîches rosées... Quelle ivresse !

Dès l'instant où la plante frêle et tendre est sortie de la graine où elle dormait, jusqu'au jour où, ayant accompli sa tâche, elle la couronne par le chef-d'œuvre, l'explosion de vie, la fleur, — elle ne cesse de grandir et de monter.

Croître, croître sans relâche, c'est là son labeur par excellence, là sa passion sans terme et sans rassasiement. Elle le prouve suffisamment, par l'invincible énergie qu'elle met à s'élever toujours. C'est de lumière surtout qu'elle est affamée, la silencieuse créature, et l'on dirait vraiment que le soleil exerce sur elle une véritable attraction.

Qu'est-ce donc que la lumière ?...

Étrange phénomène qui éclate, éblouit, s'impose à tous avec une souveraineté irrésistible, et que nul de ceux qu'il aveugle par sa toute-puissance ne peut clairement définir.

Les effets de la lumière sur les végétaux sont chose extraordinaire. C'est elle qui donne à presque tous la station droite et la force ascensionnelle qui les dirige. C'est elle qui leur fait dresser tiges, rameaux, feuilles et fleurs comme autant de mains tendues vers la source de toute beauté, vers le foyer de toute vie. C'est elle enfin qui, les pénétrant de ses rayons puissants,

les colore, organise leurs éléments et solidifie leurs tissus, en
leur infusant le carbone de l'atmosphère par la décomposition
de l'acide carbonique qu'elle contient.

Aussi, voyez l'aspect languissant et les teintes malsaines de
la plante qui a poussé loin de la lumière. Voyez les arbres d'une
forêt épaisse ou d'un taillis serré :
tous s'élancent, s'allongent. Ne faut-
il pas dépasser les voisins? — Fi!
les vilains égoïstes!

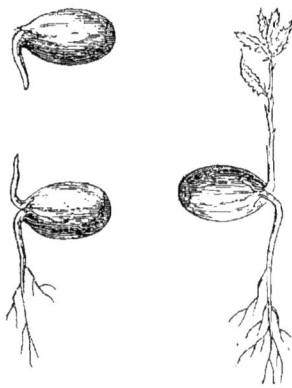

Mais posons nos personnages
avant de parler du rôle qu'ils vont
jouer; et pour la tige, en particulier, précisons le signalement, afin
d'éviter toute équivoque. Cette
équivoque est facile en de certains
cas entre la tige et la racine ou
tout au moins la partie souterraine
de la plante.

Fig. 34. — Glands de Chêne à divers
degrés de germination.

L'axe végétal, organe essentiel, sorte de colonne vertébrale
de la plante, s'étend depuis les premières radicelles jusqu'à l'ex-

Fig. 35. — Bugle rampant.   Fig. 36. — Euphorbe.

trémité des rameaux. Cet axe, à direction double, se compose
de deux systèmes : l'un supérieur, ascendant, c'est la tige;
l'autre inférieur et descendant, c'est la racine (fig. 34). Leur
point de jonction, je l'ai dit, s'appelle le collet, simple ligne
de démarcation, qui, bien que difficile à déterminer, n'en sé-

pare pas moins l'une de l'autre les deux sections de l'axe végétal.

Longtemps l'on a confondu dans l'ancienne Botanique ces deux systèmes essentiellement distincts. L'on appelait racine toute la partie de la plante que recouvre la terre, et tige toute celle

Fig. 37. — Primevère.   Fig. 38. — Ménianthe.   Fig. 39. — Scirpe.

qui s'élève au-dessus du sol; mais des observations plus sérieuses ont fait justice de ces fausses appellations. Si, d'une part, la tige, fût-elle souterraine, se distingue d'une manière essentielle par de petits renflements ou nœuds vitaux, à la base desquels l'on trouve toujours, soit une feuille, soit la cicatrice

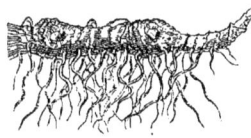

Fig. 40. — Iris.   Fig. 41. — Rhizôme du Polygonatum
(Sceau de Salomon).

qu'elle a laissée et d'où s'échappent de simples bourgeons ou des organes accessoires de nutrition, la racine, — de son côté, n'offre aucune sorte de renflements vitaux, et ne peut donner çà et là naissance qu'à des bourgeons adventifs, à la base desquels n'existe aucune trace d'appendices, c'est-à-dire de feuilles.

Ce sera donc bien le nom de tige qu'il faudra hardiment appliquer à cet organe couché qui, à peine sorti de terre, s'allonge
parallèlement au sol en émettant çà et là des racines adventives
(fig. 35 et 36) ; et à cet autre organe souterrain appelé *rhizôme*,

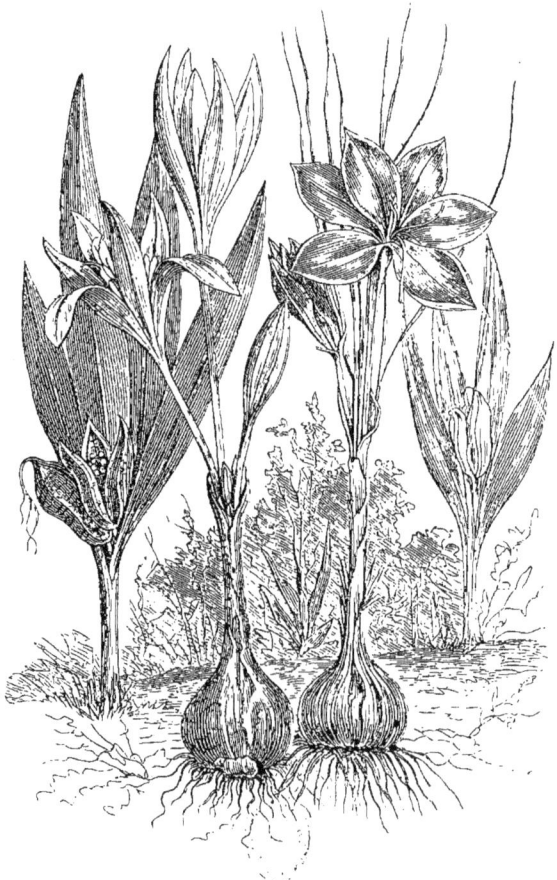

Fig. 12. — Oignons de Liliacées.

qui, blanchâtre et hérissé de radicelles, rampe à fleur de terre,
mais entièrement recouvert (fig, 37, 38, 39, 40 et 41 : et à ces
bulbes ou oignons qui, pour être singulièrement ramassés sur

eux-mêmes, n'en sont pas moins des tiges en raccourci composées d'écailles charnues ou d'enveloppes superposées (fig. 42).

Bien plus, le tubercule si connu sous le nom de pomme de terre n'est pas autre chose qu'une tige, une tige souterraine bel et bien constituée comme telle par les nœuds vitaux que recèle chacune des cavités que l'on remarque à sa surface. Ces nœuds vitaux, ces *yeux*, comme les appellent les jardiniers, seront donc, en toute circonstance, l'un des signes caractéristiques les moins équivoques de la tige ou organe ascendant.

En dépit des apparences confuses, la racine et la tige sont positivement distinctes, et le signe de reconnaissance : c'est le bourgeon, c'est-à-dire le rameau possible et par suite la tige nouvelle.

Le bourgeon normal, tel sera donc pour vous le signalement caractéristique de la tige, qu'elle soit filiforme ou tuberculeuse, droite ou couchée, souterraine ou aérienne. J'ai dit bourgeon normal pour éviter toute équivoque. Vous n'avez pas oublié, sans doute, que la vie, comme emprisonnée dans le végétal, est toujours disposée à s'en échapper par n'importe quel point de la surface, pour peu que les circonstances s'y prêtent, témoin le Saule que vous savez. Une tige plongée dans la terre humide émet des racines adventives; une racine exposée au grand air émet de son côté des bourgeons, mais ces bourgeons, accidentels, eux aussi, ne prouvent pas plus contre la vraie racine, que les radicelles improvisées ne prouvent contre la véritable tige, et n'infirment en rien la valeur du signe de reconnaissance qui nous permettra de dire d'un organe quelconque, — fût-il souterrain, — ceci est une tige, s'il a des bourgeons visibles; et d'un organe également quelconque, — fût-il aérien, — ceci est une racine, pourvu qu'il n'offre à sa surface aucune trace de bourgeons naturels.

En voilà bien assez pour les tiges souterraines. Mais savez-vous que parmi celles qui vivent à la lumière, il en est de physionomie assez étrange, pour nécessiter aussi l'apposition d'une étiquette?

Voici la famille des Cactées. Que sont ces boules sillonnées et hérissées, ces raquettes épineuses, ces colonnes cannelées, ces monstres velus et de toutes formes, qui, pour comble de contraste, émettent du milieu de leurs toisons ou de leurs poignards des hampes florifères chargées des corolles les plus éclatantes ?

Ce sont des tiges. Les grands Cierges, les Échinocactus ventrus, les Mamillarias mamelonnés, les Opuntias aplatis, les Phyllocactus feuillés, tous d'un commun accord nous assiégent de leurs grotesques profils et semblent avoir juré de jeter dans nos classifications botaniques les confusions les plus inextricables. Mais, vous le voyez, nous déjouons leurs projets malintentionnés, par la caractéristique infaillible de notre procédé ; ils ont des bourgeons, ce sont des tiges.

Autres tiges reconnues et démasquées que ces rameaux foliacés du Xylophylla et du petit Houx, autrement nommé Fragon (fig. 43). En voilà un petit original qui voudrait nous en conter ! Ce ne sont pas seulement des bourgeons à feuilles, mais des bourgeons à fleurs et de véritables corolles qu'il nous présente sur des rameaux

Fig. 43. — Fragon (Petit Houx) dont les rameaux aplatis portent les fleurs.

plats que l'on jurerait être des feuilles, si l'on prenait au sérieux l'air innocent de ce mystificateur. Tiges, mes bons amis, tiges que toutes vos feuilles apparentes, tiges que vos faisceaux de ramuscules verts, dame Asperge, qui, plus habile que les autres, tâchez de compliquer le problème en nous présentant des tigelles démunies de tout signe de reconnaissance, c'est-à-dire de bourgeons. Mais vous n'avez pas songé au bout de l'oreille, pauvre innocente ! A la base du faisceau de ramuscules, qu'aperçois-je là qui se cache et se fait inutilement petit ?

Une écaille, dites-vous, moins qu'une écaille, un rien qui tombe.

Eh bien, ma chère, ce rien qui tombe, n'est pas tombé assez

tôt, car il vous trahit et vous démasque. Ce rien est une feuille,
et comme c'est justement à l'aisselle de cet organe que poussent
les bourgeons et les rameaux de toutes sortes, vos ramuscules
sont des tigelles, c'est-à-dire des ramifications de la tige, et votre
petite comédie n'aboutit pas.

Passons, la cause est entendue. La tige a des bourgeons, la
racine n'en a pas. Étudions de plus près cette tige que nous saurons désormais reconnaître, malgré ses plus ingénieux déguisements.

La tige est un organe d'une telle importance que tous les végétaux phanérogames en sont munis. Cette tige peut être très-
courte, si courte même quelquefois, qu'elle a fait appeler *acaules*,
c'est-à-dire sans tige, certaines plantes qui, au premier abord,
en semblent dépourvues ; mais, pour aussi indistincte qu'elle soit,
elle existe, fût-elle presque entièrement contenue dans le collet
de la racine.

Comment n'existerait-il pas cet organe, puisqu'il constitue le
corps même de la plante? Qu'il soit très-court ou d'une longueur
extraordinaire, peu importe, et c'est toujours tige qu'il faut appeler, aussi bien le gros cou apoplectique de la Betterave, que
le tronc élancé des grands Eucalyptes, ou que ces cordes para-
doxales, ces lianes et ces Rotangs de trois cents mètres qui en-
combrent les forêts tropicales de leurs enlacements indescrip-
tibles.

Vous comprenez qu'un organe qui se permet d'aussi incroya-
bles variations en longueur, peut, en ce qui concerne la grosseur en diamètre, se passer également toutes les fantaisies.
Apercevez-vous ce menu fil blanc qui s'entortille autour d'un
Trèfle qu'il étrangle? C'est la tige d'une Cuscute, et là-bas,
voyez-vous cette masse énorme, noirâtre, qui mesure douze ou
quinze mètres de tour? C'est la tige d'un Baobab ou celle
d'un Cyprès chauve. Tels sont les extrêmes entre lesquels la
tige essaie de tous les types et se donne toutes les circonférences.

Et s'il ne s'agissait encore que de circonférences, mais tout
varie et varie à l'infini dans cet organe fantasque, dont la forme,

la consistance, la direction et la surface ont nécessité, pour la désignation de leurs transformations innombrables, des collections de termes spéciaux.

Je vous fais grâce des nomenclatures, mais je ne puis me dispenser de vous dire quelques mots des quatre ou cinq types généraux de tiges qui, dans une certaine mesure, résument toutes les physionomies. La désignation de ces types est indispensable. Comprenez-vous qu'on puisse confondre le chaume du Seigle avec le tronc de l'Orme ou le stipe du Palmier?

Non, évidemment; pas plus qu'il ne serait possible de se contenter du nom général de tige pour ces plateaux bizarres qui, chez les plantes bulbifères, telles que l'Oignon ou la Jacinthe, amoncellent en écailles superposées toutes les feuilles d'une tige contractée jusqu'à la caricature.

Et ces rhizomes souterrains, ceux du Chiendent, par exemple, qui, bien qu'ensevelis, blancs et écailleux comme des racines, n'en sont pas moins des tiges, tiges couchées, tiges rampantes, mais tiges incontestables; ne pensez-vous pas qu'il faille les désigner par un nom spécial?

Et ces tubercules de Topinambour ou de Pomme de terre, que tant de gens considèrent comme des fruits, que tant d'autres, beaucoup plus savants même, considèrent comme des racines et qui, en dépit de toutes ces opinions erronées, n'en sont pas moins des tiges, tiges renflées, rhizomes tubériformes, comme il vous plaira, mais tiges toujours et quand même, — ne croyez-vous pas qu'il soit bon de leur donner une étiquette particulière?

Évidemment, oui. Eh bien, c'est tout fait. Par le plus innocent des artifices, j'ai insidieusement glissé dans les lignes qui précèdent les quelques noms des principales tiges. Les avez-vous remarqués tous? Récapitulons : *tubercule, rhizome, plateau, stipe, tronc et chaume*. Les voilà, et je puis les souligner maintenant.

Autant de noms de tiges, autant de physionomies absolument distinctes [1].

[1] M. Welwitsch, botaniste autrichien, a découvert, dans les sables ardents

Certes, le spectacle est varié. Chaumes, tiges, troncs, stipes, que d'images et quel paysage en quatre mots! Prairies et savanes, broussailles et forêts, forêts de Palmiers surtout; les voyez-vous là-bas, à la lisière du désert, balançant sur le ciel ardent la silhouette de leur svelte colonne couronnée d'un panache?

Et si nous avancions un peu plus, si dans cette forêt tropicale dont nous n'apercevons d'ici que les sommités mamelonnées, nous pouvions contempler le splendide désordre de toutes les tiges enlacées, les grands troncs noirs, les vieux colosses enguirlandés de lianes, quelle idée plus complète n'aurions-nous pas de ce que la tige peut nous offrir de lignes, de figures, en un mot, de physionomies?

La physionomie végétale, en effet, tient essentiellement au port général de la plante, c'est-à-dire à la direction de sa tige, à sa simplicité ou à sa division, particulièrement à ses proportions relatives, et enfin à l'arrangement de ses ramifications. Ce sont les végétaux ligneux qui se distinguent spécialement par un port caractéristique. Presque tous, à part la famille des Palmiers, nous offrent la réunion bien connue d'un *tronc* ou partie indivise de la tige et d'une *cime*, réunion de toutes les branches et de tous les rameaux. Mais quelle diversité dans l'assemblage de ces deux éléments essentiels. Ici la pyramide du Sapin, là la flèche du Peuplier, plus loin le groupe des *pleureurs*, Saules, Frênes et Sophoras; ailleurs le parasol du Pin pignon d'Italie; ailleurs encore, ces grotesques Bombacées de l'Amérique du Sud, dont la tige ventrue jusqu'au paradoxe ressemble à un ton-

---

de l'Afrique centrale, la *Welwitschia mirabilis*, plante extraordinaire dont le tronc brun, rugueux, fendillé et haut de quelques centimètres seulement, ressemble à une large table mise à plat sur le sol. M. Welwitsch en a trouvé qui avaient jusqu'à quatre mètres de circonférence. A cette tige sans pareille adhèrent deux feuilles gigantesques, deux lames de deux mètres de longueur sur cinquante centimètres de largeur, qui se divisent en vieillissant et s'enroulent plus ou moins sur elles-mêmes comme d'énormes lanières de cuir. A l'aisselle de ces feuilles s'élèvent des hampes florales qui se succèdent, se juxtaposent, forment des bourrelets latéraux et de plus en plus élargissent l'étrange surface caulinaire. L'on peut en voir de beaux spécimens au Musée botanique du Jardin des plantes, à Paris.

neau que soutiennent des racines formant contre-fort et que couronne une cime très-aplatie dont il se coiffe comme d'un chapeau à larges bords. Que ne dirait-on pas, si l'on pouvait tout dire, des Cactées monstrueuses où la tige revêt toutes les formes et prend toutes les physionomies, depuis le renflement presque sphérique (fig. 44) et les courbes les plus fuyantes du serpent jusqu'à l'inquiétant aspect du sphinx accroupi ou de la bête fauve endormie? Et ces lianes innombrables qui, dans la forêt vierge, dans le monde végétal tout entier, forment comme une peuplade distincte par ses habitudes et ses allures caracté-

Fig. 44. —Tige renflée d'une plante grasse (Echinocactus).

ristiques, quels types ne nous fournissent-elles pas ? Festons, guirlandes, câbles tordus, cordages de toutes sortes, rubans gaufrés, banderoles cannelées, colonnes torses, fasciculées, brodées, dentelées..... Les substantifs me manquent, et les qualificatifs sont insuffisants. Si je vous montrais la section transversale de certaines lianes tropicales, vous n'en croiriez pas vos yeux et vous m'accuseriez peut-être.... Non, vous êtes trop poli pour cela.

Passons donc, puisque nous ne pouvons tout décrire, pas même tout nommer, et d'autant plus que les lianes nous offrent une transition naturelle pour passer du tronc ou tige inflexible à la tige flexible, enlaçante, grimpante, à la tige *volubile* en un mot.

Vous les connaissez parfaitement ces charmantes grimpeuses qui, trop faibles pour se dresser vers la lumière, l'éternel objet de leur adoration, s'accrochent à tout appui pour monter, monter toujours, là-haut vers le resplendissant soleil.

Je le vois encore ce Lierre qu'un jour, dans une belle promenade en Normandie, je remarquai le long d'un rocher. Il pendait de très-haut à l'entrée d'une grotte, sur le fond sombre de la-

quelle ressortait admirablement tout le faisceau de ses guirlandes
déroulées. Pauvre Lierre, quel supplice; suspendu la tête
en bas!

C'était au printemps, il poussait avec vigueur, mais à tout prix
voulait se relever, se rattraper à quoi que ce soit pour reprendre
son ascension verticale. Toutefois comment faire, quand, avec
une colonne vertébrale si longue et si flexible, on se balance dans
l'espace, loin de la roche et loin du sol? Comprenait-il sa position désespérée? Je l'ignore. Toujours est-il qu'il ne perdait pas
courage. A chacun de ses bourgeons, il émettait un rejet vivace
qui, nourri des plus saines traditions et muni des crampons les
plus résolus, faisait d'énergiques efforts pour remonter. Peines
perdues, vertus stériles; à mesure que s'allongeait la tige, elle
retombait par son propre poids, émettait de nouveaux rejets qui,
après d'inutiles tentatives, s'affaissaient à leur tour, toujours
plus bas, toujours plus loin de la lumière.... Il me rappela le
sort de tant de pauvres créatures qui, poursuivies par je ne
sais quelle fatalité, toujours descendent, retombent, et que
leurs aspirations attirent vers les grandes choses, tandis que les
implacables violences de la destinée les font ramper dans la
poussière.

C'est là du reste le sort de la plupart des belles lianes des
forêts vierges. Vous croyez que c'est un jeu pour elles d'enlacer
de leurs guirlandes tous ces grands arbres qu'elles étranglent?
Erreur? c'est vers le soleil qu'elles veulent sans cesse monter,
affolées et inassouvies. Toujours de l'ombre sous ce dôme impénétrable des grands bois, tandis que là-haut, par-dessus les cimes
jalouses, flottent les vagues de la grande lumière. Donc, à l'assaut de ces cimes! Et c'est pour cela que de toutes parts s'élèvent comme une marée ces flots verdoyants d'Orchidées, de
Bignoniacées, de Bauhinias et de Sapindacées, dont l'élance-
ment gigantesque fait de certaines parties des forêts tropicales
l'un des spectacles les plus grandioses qui se puissent contempler sur la terre [1].

---

[1] Les tiges appelées volubiles ont la singulière propriété de toujours se
diriger dans le même sens, quels que soient les obstacles qu'on puisse leur
opposer. Le Haricot et le Liseron, par exemple, montent de gauche à droite,

Il en est un autre non moins grand ni moins beau, non plus
sur la terre, mais sous les vagues de l'océan. Nous voulons
parler des Algues marines, où nous retrouvons encore d'autres
manifestations de notre tige. Il n'est guère de rivages où ne se
rencontrent quelques-uns des types les plus remarquables de
cette série végétale; mais c'est particulièrement sur les côtes de
l'océan Pacifique que le plongeur peut contempler dans toute sa
magnificence, cette étrange flore qui ne le cède en richesse à aucun des paysages des zones tropicales. Formes, couleurs, ondulations bizarres, tout étonne dans ce monde sans pareil. Il y a là
d'immenses prairies que forment des myriades de petites Conferves feutrées comme un tapis de velours. Nuancées de tous les
tons verts imaginables, rehaussées çà et là par l'ample feuillage
de la Laitue de mer, elles se teintent des chatoyants reflets de la
Rose marine ou des lueurs écarlates que jettent les flottantes
Iridées. Puis viennent les grands Thalassiophytes avec leurs
éventails de feuilles rouges, vertes ou jaunes; au-dessus les souples rubans des Laminaires; plus haut encore les fières Ala-
riées, dont la tige garnie d'une collerette bordée de franges se
termine par une feuille unique, énorme, longue de quinze mètres. Enfin, du milieu des basses herbes, des buissons et des
hautes futaies, s'élève, comme le Palmier dans la forêt, le superbe Néréocyste, dont l'immense tige, d'abord filiforme, se
renfle graduellement en massue, puis se couronne d'un véritable panache de feuilles rubanées, sorte de lanières flottantes
dont on ne saurait se lasser d'admirer les gracieuses ondulations.

C'est en effet par ses mouvements lents et doux que toute
cette forêt sous-marine émerveille le regard. Il est facile de comprendre l'effet que doivent produire à la moindre agitation des
vagues toutes ces tiges longues et souples, aux courbes toujours
fuyantes et à la chevelure toujours étalée; mais ce qu'il serait
difficile de décrire, ce sont les teintes qui courent sur ce tableau
mouvant, alors que les rayons du soleil se brisant dans les flots

étant donné que la convexité de la tige soit tournée vers l'observateur,
tandis que le Houblon et le Chèvrefeuille montent de droite à gauche dans
les mêmes conditions de situations respectives.

en ravivent les couleurs fugitives, que mélange et qu'harmonise
à l'œil l'estompe glauque des eaux profondes.

Soulevons maintenant l'écorce et pénétrons dans l'intérieur de
la tige. L'on se souvient que nous avons divisé les végétaux en
trois classes générales : les végétaux incomplets (Acotylédonés),
les végétaux à germination simple (Monocotylédonés) et les végétaux à germination double (Dicotylédonés). Commençons par
ceux-ci.

Vous souvient-il d'avoir remarqué quelque tronc d'arbre
renversé, scié en grands tronçons épars? Vous avez dû voir, sur
les surfaces mises au jour, des lignes concentriques et à peu près
circulaires traversées par des rayons moins apparents qui de
part et d'autre s'arrêtent un peu avant la
circonférence extérieure (fig. 45). Eh bien,
la partie centrale c'est la moelle ; les couches de couleurs diverses qui, entre la moelle
et l'écorce s'enveloppent et s'emboîtent d'une
manière à peu près régulière, sont les couches ligneuses, et enfin l'enveloppe générale
composée encore de moelle et de couches

Fig. 45. — Tronc d'un
Dicotylédoné.

corticales que recouvre une dernière enve-
loppe mince appelée épiderme, c'est l'écorce. Les rayons qui
traversent le tout sont des rayons médullaires.

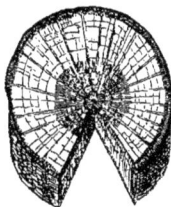

Il y a donc deux moelles dans le tronc, l'une intérieure, l'autre extérieure ; la première appartenant à un système composé
de trois parties : la moelle centrale, les couches ligneuses et les
rayons médullaires ; la seconde faisant partie d'un autre système
enveloppant composé de la moelle externe et de couches corticales que traversent encore de petits rayons médullaires et que
recouvre l'épiderme. — Le premier système, c'est le *bois ;* le second, c'est l'*écorce.*

C'est par le nombre des couches concentriques du tissu
ligneux que l'on peut approximativement reconnaître l'âge de
l'arbre auquel elles ont appartenu.

Je dis approximativement. Dans telles conditions de prospérité extraordinaire, en effet, il peut se former la même année

deux couches de bois, la première au printemps, la seconde au mois d'août, tandis que telle autre couche, au contraire, appartenant à une époque de souffrance, se contracte, noircit et disparaît presque dans celles qui l'avoisinent.

Ce fait est toutefois exceptionnel. Lorsque la végétation est normale, il se forme, après chaque hiver, dans les arbres des climats tempérés, une couche nouvelle entre le bois et l'écorce.

La formation de ces couches annuelles a été constatée par d'intéressantes découvertes. En abattant de très-vieux Ormes, l'on remarqua des solutions de continuité dans la série des couches concentriques. L'on en chercha la cause, l'on fit des rapprochements, des calculs, l'on compta le nombre des couches saines qui recouvraient celles dont l'absence ou la désorganisation indiquait une catastrophe dans l'histoire des Ormes abattus, et l'on arriva ainsi à une certaine année qu'avait précisément rendue mémorable un hiver d'une rigueur extraordinaire.

Dans la galerie botanique du Musée d'histoire naturelle de Paris, l'on conserve un tronçon de Hêtre dont les deux fragments sont réunis par des charnières et qui porte une date, 1750, inscrite sur son écorce. Cette même date se trouve répétée dans l'intérieur du tronc à une assez grande profondeur, séparée de la première par un grand nombre de couches superposées. Qu'est-il donc arrivé à cet arbre et comment expliquer le fait? Le voici. Cette date, profondément creusée, traversa l'écorce et attaqua la couche ligneuse qui venait immédiatement après elle; mais les deux furent bientôt séparées. Chaque année, au printemps, une nouvelle couche de cambium s'interposa entre les deux inscriptions primitivement contiguës. L'écorce, toujours repoussée par l'accroissement du tronc, s'élargit, s'éloigna et si bien, que l'on compte cinquante-cinq couches entre ces deux dates, creusées simultanément autrefois par la même lame de canif. Que signifient donc ces cinquante-cinq couches, sinon que cinquante-cinq années se sont écoulées entre le jour où la date fut creusée et celui où la mort de l'arbre a interrompu la séparation progressive des inscriptions? Eh bien, l'histoire justifie merveilleusement cette indication. Le Hêtre fut abattu en 1805, juste, on le voit, cinquante-cinq ans après 1750.

Des expériences de ce genre sont faciles et ont été faites. Il suffit d'introduire entre le bois et l'écorce d'un arbre un corps résistant quelconque, une lame métallique par exemple, et plus tard l'on retrouve cette lame recouverte par un nombre de couches égal à celui des années qui se sont écoulées depuis le jour de l'insertion.

La formation des couches annuelles entre le bois et l'écorce est donc un mode d'accroissement désormais constaté, et l'on peut approximativement, par l'inspection de leur tige, évaluer l'âge des grands végétaux. Ces faits sont connus depuis long-temps déjà. On lit le passage suivant dans le *Voyage en Italie*, de Montaigne, à la date de 1581 :

« Il m'enseigna, — il s'agit d'un ouvrier célèbre, — il m'ensei-
« gna que tous les arbres portent autant de cercles qu'ils ont duré
« d'années et me le fit voir dans tous ceux qu'il avait dans sa
« boutique. Et la partie qui regarde le septentrion est plus
« étroite et a les cercles plus serrés et plus denses que l'autre.
« Par ce, il se vante, quelque morceau qu'on lui porte, de
« juger combien d'ans avait l'arbre et dans quelle situation il
« poussait. »

Ces observations sont justes. Outre les différences de densité produites par l'orientation des arbres, l'on en trouve d'autres dans la nature de leurs tissus. L'on remarque dans tous les ar-bres dont le bois est plus ou moins coloré, une différence très-sensible entre les couches ligneuses du centre qui, non-seule-ment sont plus dures, mais encore d'une couleur plus foncée, et celles du pourtour plus molles et plus pâles. L'on a donné le nom d'*aubier* à ces dernières, et celui de *cœur* aux couches plus anciennes. Cette différence de coloration s'opère parfois sans transition comme dans le bois d'Ébène et dans le bois de Cam-pêche dont le cœur est noir dans le premier et rouge foncé dans le second, tandis que l'aubier demeure jaune pâle. Dans les ar-bres à bois blanc, au contraire, la différence des couches est presque nulle, bien que celles du centre soient un peu plus du-res et d'un tissu plus compacte.

L'organisation intérieure de la tige dans les Monocotylédo-

nés diffère sensiblement de celle des végétaux dont il vient
d'être question. Prenons un Palmier, par exemple (fig. 46), et
coupons-le transversalement (fig. 47). Nous n'avons plus ici de
couches concentriques, emboîtées les unes dans les autres avec
plus ou moins de régularité. Une matière égale, un tissu homo-
gène remplit toute la circonférence du tronc, et l'uniformité de

Fig. 46. — Palmier.

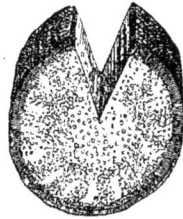

Fig. 47. — Tronc d'un
Monocotylédoné.

la teinte n'est rompue que par un certain nombre de fibres ligneuses plus dures et plus foncées dont les sections apparaissent
comme une ponctuation diffuse.

Si enfin nous arrivons à la tige des végétaux incomplets (Acotylédonés), à celle des Fougères, par exemple (fig. 48), nous ne

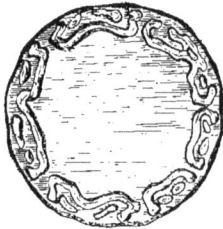

Fig. 48. — Tronc d'un
Acotylédoné.

trouvons plus qu'une masse uniforme que
bordent des lignes noirâtres diversement
contournées.

Revenons à la surface du tronc, c'est-
à-dire à son écorce, et cela avec d'autant
plus d'empressement qu'un nouvel élément vient d'y apparaître.

Voyez-vous, le long de notre tige ou
de ses rameaux, ces petits corps globu-
laires, oblongs, le plus souvent pointus au sommet et formés
extérieurement d'écailles imbriquées les unes sur les autres?
Ce sont des bourgeons (fig. 49), c'est-à-dire de jeunes branches, que dis-je? des arbres tout entiers qui des nœuds vitaux
s'élèvent, plantes sur plantes, superposition remarquable où

la branche mère joue le rôle d'un véritable terrain. Un arbre, nous l'avons déjà dit, n'est pas une individualité isolée, c'est un groupement, un assemblage de végétaux greffés les uns sur les autres, une grande confédération de membres vivant chacun d'une vie distincte, bien que tirant de la communauté les éléments qui le font subsister. Eh bien, c'est dans le bourgeon que se formule chacune de ces individualités nouvelles. Cette petite branche, encore si courte et contractée en elle-même est pourtant complète. Elle porte en germe déjà toutes les feuilles dont elle sera chargée plus tard.

C'est d'ordinaire à l'aisselle des feuilles que se forment les bourgeons, c'est-à-dire dans l'angle formé par le pédoncule de la feuille et la tige mère. L'on y voit d'abord apparaître de petits corps ovoïdes, ce sont des *yeux*. Peu à peu leur volume augmente. Des écailles d'abord indistinctes s'ébauchent à leur surface, et lorsque, à la fin de l'été, les feuilles vieilles et jaunies finissent par tomber, les yeux se sont transformés en boutons ou en bourgeons qui restent seuls sur le végétal. C'est du milieu de leurs écailles que sortiront, au printemps suivant, les jeunes pousses de la végétation nouvelle.

Les écailles qui constituent la partie extérieure des bourgeons et qui d'ordinaire ne sont pas autre chose que des feuilles arrêtées dans leur développement (fig. 50), sont destinées à protéger contre le froid et l'humidité de l'hiver les jeunes branches dont elles contiennent l'embryon. Aussi sont-elles infiniment plus nombreuses sur les végétaux des régions froides ou tempérées que sur ceux des pays tropicaux, et l'on dirait parfois qu'elles comprennent la mission importante dont elles sont chargées tant elles prennent soin de se faire chaudes au-dedans, en se capitonnant d'un soyeux duvet, et impénétrables au dehors, en se couvrant d'un enduit

Fig. 49. — Bourgeons de Lilas.

résineux qui se rit de la neige, de la pluie et des brouillards les plus obstinés.

Dans certains cas les bourgeons, appelés alors *follifères*, ne donnent naissance qu'à une petite tige accompagnée de feuilles ; mais dans les arbres fruitiers et dans la plupart des végétaux

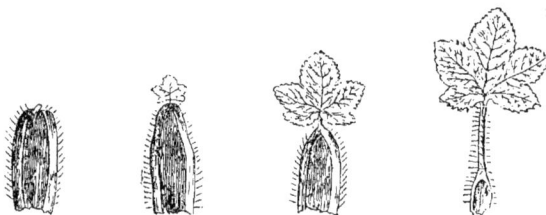

Fig. 50. — Écailles d'un bourgeon de Groseillier.

herbacés, ils contiennent une ou plusieurs fleurs : ce sont alors des bourgeons *florifères*. On reconnaît ces derniers à leur forme ovoïde et renflée.

Il est des bourgeons qui, souterrains dans certaines plantes, prennent le nom de *bulbes* (Jacinthe, Oignon) et représentent alors une plante complète composée d'une tige large ou plateau, d'un œil formé d'écailles et d'une racine fibreuse armée de radicelles.

Fig. 51. — Lis bulbifère.

D'autres enfin, indépendants, aventureux, se détachent de la plante mère, vivent d'une vie distincte et reproduisent sans son secours un végétal parfaitement analogue à celui dont ils se sont séparés. Ces bourgeons-là s'appellent *bulbilles*. Ils poussent tantôt le long des tiges à l'aisselle des feuilles (fig. 51), quelquefois sur leur surface, et tantôt enfin, chose fort remarquable, dans la fleur elle-même, comme pour suppléer à son insuffisance (Ornithogale vivipare, Ail caréné).

Chaque bourgeon est donc une plante nouvelle qui pousse sur

le tronc général et sert de support à son tour aux bourgeons des futures années. Étrange polype que le végétal, singulière confédération d'individus transitoires qui, superposés, amoncelés, ne sont véritablement *eux-mêmes* qu'une année, puis qui, rentrant dans la masse commune, s'y endorment, s'y pétrifient, — je me trompe, s'y lignifient et perdent leur nom avec leur individualité !

La première année c'est un bourgeon, puis un rameau, qui vit d'une vie spéciale ayant sa séve à lui, son écorce à lui, ses feuilles, souvent des fleurs, parfois des fruits ; un personnage enfin, une individualité distincte qui dit « moi », et se figure souvent dans son orgueil que cette longue branche qui le balance dans l'espace et que ce gros tronc qui lui envoie sa séve, ont été faits pour lui, — rien que pour lui, voyez-vous ça ?

On a vu de ces bourgeons-rameaux manifester des sentiments de vanité vraiment exagérés. Tout fiers de leurs teintes fraîches et de leurs longs panaches de feuilles et de fleurs, ils n'avaient pas assez de dédain pour ces pauvres branches noires et stériles qu'envahissent les Mousses, que les Lichens rendent lépreuses, pour cette tige maussade surtout, à jamais immobile, rugueuse, crevassée, fendue, parfois à demi pourrie et s'en allant en poussière. Peut-on rêver, je vous le demande, se disaient-ils entre eux, décadence plus lamentable et pire encroûtement ? Mais cela ne vit absolument plus, ces vieux troncs du douzième siècle. Au Musée d'antiquités, à côté des fossiles de la période houillère, gros tas de ligneux !

Le mot avait un succès fou. C'étaient de longs rires, et le « tas de ligneux » devenait l'épithète ironique par excellence, que les jeunes écervelés se jetaient de branche en branche... La saison se passait en forfanteries.

Puis voici qu'arrivait l'hiver. Après l'hiver, le printemps de la seconde année. Adieu vaines glorioles et coupables fanfaronnades ! La séve s'épanchait encore à flots, mais cette séve n'était déjà plus pour eux. Enveloppés de toutes parts, enduits d'une épaisse couche de cambium, nos pauvres bourgeons voyaient passer à d'autres ces sucs vivifiants dont ils s'étaient enivrés. A travers l'enduit malencontreux, de vagues sensations leur arrivaient encore; mais ils ne disaient plus « moi » comme au printemps passé. *Nous* aurons probablement des fruits cet automne. L'orgueil baissait visiblement.

La troisième année, plus rien. Nouveau cambium, nouvelle enveloppe. Ensevelis sous une couche de bois, devenus bois eux-mêmes, les malheureux rameaux d'autrefois s'enfonçaient et disparaissaient à jamais dans ce « gros tas de ligneux » dont ils avaient tant ri!

Un bourgeon, c'est une branche; une branche possible du moins, si pas toujours une branche réelle, car beaucoup d'entre elles avortent, et particulièrement à la partie inférieure des tiges ou des rameaux.

La séve en effet monte toujours. Elle afflue vers tous les sommets, négligeant et laissant souvent mourir de faim les pauvres bourgeons inférieurs. C'est ainsi que les tiges s'allongent, se dépouillent par le bas, formant les grosses branches et les troncs d'arbre. Dans les végétaux monocotylédonés ligneux, tels que les Palmiers, les Pandanus et tant d'autres, c'est le bourgeon terminal qui seul se développe. De là ces troncs immenses, ces stipes démesurés qui, nus de la base au sommet, ressemblent à de véritables colonnes.

C'est la branche qui fait l'arbre, elle qui lui donne son aspect et constitue son caractère. Décroissante ou croissante, dressée, horizontale ou penchée, elle forme ici la pyramide du Sapin, là la large cime du Chêne, plus loin la flèche du peuplier d'Italie, là-bas la figure désolée du Saule pleureur ou du Frêne échevelé. Variable comme la racine ou comme la tige, elle affecte toutes les allures, revêt toutes les formes. Elle va, la capricieuse, jusqu'à imiter de véritables feuilles, s'élargissant, s'aplatissant de la façon la plus singulière, ainsi que nous l'a montré le Fragon ou Petit-Houx (fig. 43).

MORPHOLOGIE.

Il nous faut ici ouvrir une parenthèse et nous arrêter un instant pour expliquer l'un des phénomènes les plus remarquables de la biologie végétale, je veux parler de la *morphologie*.

Il y a là-dessus divers ouvrages et entre autres un gros volume de M. Auguste de Saint-Hilaire, livre justement célèbre
que nous aurons l'occasion de citer bien souvent. — La morphologie est la science qui s'occupe des formes diverses de la plante
et particulièrement de la transformation de ses organes qui, par
dégradations ou perfectionnements successifs, arrivent quelquefois à n'avoir plus rien de commun en apparence avec ce qu'ils
étaient à leur point de départ. Eh bien, la morphologie retrouve
le lien qui réunit ces deux extrêmes. Elle rapproche les diver-
gences, explique les différences et justifie toutes les excentricités de la forme.

C'est elle qui nous a enseigné, en particulier, qu'un pétale de
fleur n'est qu'une feuille transformée. Or ce simple fait, d'une
feuille métamorphosée en partie de fleur, n'est ni plus ni moins,
sachez-le bien, que la plus grande découverte de la Botanique
moderne !

La gloire de cette découverte eût suffi pour immortaliser un
homme, mais il se trouve que celui auquel on l'attribue était
déjà, dans le monde intellectuel, un de ces millionnaires dont il
est difficile d'augmenter l'héritage en fait d'immortalité. Il s'agit
du poëte allemand Goethe, dont nul n'ignore les titres innombrables.

Il serait toutefois injuste de passer sous silence les noms de
ceux qui ont préparé la découverte. Dès 1679, un pauvre botaniste depuis longtemps oublié, Joachim Jungius, publia un petit
écrit dans lequel furent tentés les premiers essais de comparaison entre les organes végétaux. Toutefois, comme il arrive avec
la plupart des découvertes trop précoces, celle-ci, dépassant le
niveau des contemporains, demeura incomprise et fut à peine
remarquée.

Vers le milieu du dix-huitième siècle, Linné revint à cette
idée, mais sans en faire ressortir aucun côté saisissant. Tout
autre fut l'appréciation de Gaspard-Frédéric Wolff, qui, vers la
même époque, enseigna ouvertement que tous les organes portés par la tige végétale sont de même nature. A celui-là devrait
peut-être revenir toute la gloire, mais la postérité juge mal à
distance ; elle n'est frappée que par les points lumineux ; le

pauvre Jungius fut oublié, et l'idée de Frédéric Wolff, admirablement commentée en 1790 par le poëte Goethe, vint augmenter encore l'énorme bagage littéraire de ce dernier.

C'est donc à lui, et à lui seul, que fut attribuée dès lors la théorie de la métamorphose ; c'est depuis l'apparition de son opuscule qu'elle prit date dans la science, et c'est à Goethe qu'appartient tout particulièrement la gloire d'avoir su distinguer la *métamorphose ascendante* qui fait monter les organes de degré en degré, et la *métamorphose descendante* qui les fait au contraire reculer suivant l'état de la plante et son degré de vitalité.

CHAPITRE VI

LA FEUILLE

La *feuille* (*phyllon* en grec et *folium* en latin), voilà l'élément essentiel, l'organe végétal par excellence. Cela est si vrai que la feuille est, morphologiquement parlant, le type et comme le résumé de la plante tout entière. A la rigueur, l'on pourrait dire qu'un arbre est une grande feuille dont le tronc n'est que la nervure médiane.

Les cotylédons sont des feuilles alimentaires, les bractées des feuilles florales, les sépales des feuilles calycinales, les pétales des feuilles corollines, les étamines des feuilles polliniques, les ovaires des feuilles carpellaires, — partout la feuille, qui de mille façons se reproduit en se métamorphosant.

Toutefois n'anticipons point. La feuille est l'organe appendi-

Fig. 52. — Feuille.   Fig. 53. — Feuilles simples sessiles.

culaire qui, émanant des nœuds vitaux, naît sur la tige et les rameaux par suite du développement des bourgeons. Elle est ordinairement verte, plane, membraneuse et composée de deux parties : un support ou *pétiole*, et une partie élargie, foliacée, connue sous le nom de *limbe* (fig. 52).

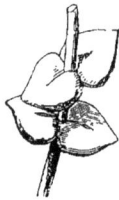

Fig. 54.
Feuilles simples sessiles.

D'abord simples, entières et d'une grandeur habituellement moyenne, les feuilles, vers le milieu de la tige, s'élargissent, se frangent, se festonnent, se découpent, atteignent leur maximum de développement, leur plus grande variété de formes, puis diminuent en montant, se changent en bractées parfois écailleuses, souvent colorées, préludent à de plus admirables métamorphoses et enfin se transfigurent sous les noms de calyce et de corolle.

La plante, Protée végétal, est un magicien inépuisable en perpétuelles transformations. Nous avons déjà vu combien varient à l'infini les racines, les tiges et les branches; comment dire maintenant tous les aspects de la feuille? *Pétiolée* lorsqu'elle a un pédoncule (fig. 53), *sessile* quand elle en est dépourvue (fig. 54), elle devient *embrassante*, lorsqu'à sa base elle entoure la tige (fig. 55), et elle pousse l'amour de la variété jusqu'à disparaître

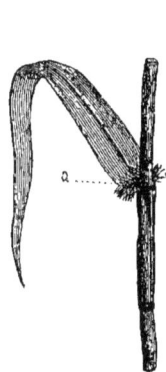

Fig. 55. — Feuille embrassante. — *a*, ligule.

Fig. 56. — Feuille de l'Acacia hétérophylla
a, phyllode; *b*, pétiole élargi.

Fig. 57. — Rameaux aplatis nés à l'aisselle
de feuilles écailleuses.

Fig. 58. — Fleurs attachées
à un rameau aplati.

quelquefois, jusqu'à se supprimer elle-même au profit de son pétiole qui, alors, d'après la grande loi des avortements et de

Fig. 59. — Folioles opposées.

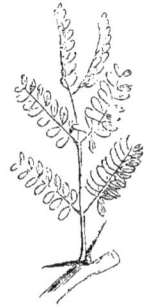

Fig. 60. — Six feuilles
composées d'Acacia.

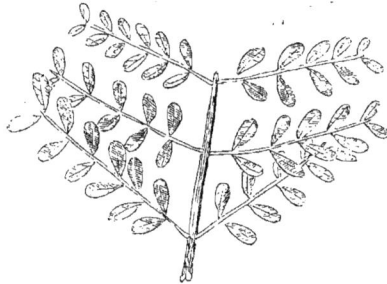

Fig. 61. — Feuilles composées.

Fig. 62. — Feuille
entière rubanaire.

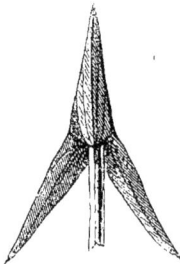

Fig. 63. — Feuille
sagittée.

Fig. 64. — Feuille
cordiforme.

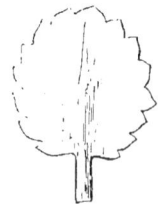

Fig. 65. — Feuille
dentée.

leurs compensations, se dilate et prend les apparences d'une
feuille qu'on appelle *phyllode* (fig. 56, 57 et 58). Ce phénomène

est fréquent chez certains Acacias de la Nouvelle-Hollande et
sert à expliquer la formation de toutes les feuilles bizarres que
présente le règne végétal (Népenthès, Sarrace-
nia, etc.).

Mais nous n'avons rien dit encore du limbe de
la feuille, de cette partie fantaisiste par excellence
qui, par ses découpures de toutes sortes, pourrait
défier l'imagination la plus inventive. Ovales, aiguës, arrondies, filiformes, canaliculées, tubulaires, planes ou repliées, entières, frangées ou
déchiquetées, les formes sont innombrables. C'est
un glaive, c'est une lance, c'est un fer de flèche
barbelée, c'est une lame de sabre turc ou une scie
à rangée double. C'est quelquefois une patte cro-
chue dont les lobes se contractent comme les on-

Fig. 66. — Feuille
à pétiole ailé.

gles d'une serre; c'est d'autres fois une série de folioles opposées qui au vent s'agitent, palpitent, paraissent prendre leur vol
et ressemblent à une rangée de papillons qui, posés sur une
tige commune, emboîteraient leurs ailes (fig. 59, 60 et 61).

Trèfles mystiques, palmes digitées, lobes décomposés en sub-
divisions symétriques, longues spatules, cœurs arrondis, ovales

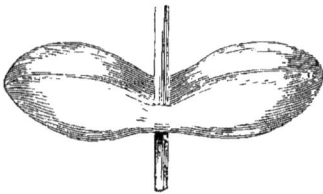

Fig. 67. — Feuilles connées.   Fig. 68. — Feuille perfoliée.

acuminés ou rétrécis en aiguillons, lyres, croissants, griffes,
poinçons, vrilles, touffes chevelues, — tubes infundibuliformes du
Sarracenia, urnes distillatoires du Népenthès, qui donc vous dé-
crira? qui, seulement, pourra vous classer en série vraiment
morphologique, c'est-à-dire en série qui range dans leur ordre
toutes les métamorphoses successives (fig. 62 à 73.)?

— Quel est donc cet engin (fig. 71)? Peigne, brosse ou râteau?
Comment, mais le voilà qui se ferme! Serait-ce donc un piége?

— Ce peigne, cette brosse, ce râteau, ce piége, c'est une
feuille de la Dionée attrape-mouche[1]. J'avoue sans peine que
c'est une feuille comme il n'y en a guère. Ici, plus de gaine,

Fig. 69. — Feuilles lobées.

plus de pétiole, plus de limbe, mais, à la place de tout cela, une
sorte d'expansion foliacée qui ressemble à d'énormes stipules,
ou plutôt à deux ailes membraneuses, puis au bout..... quoi
donc? Comment désigner, de quel nom appeler ces deux sur-

Fig. 70. — Feuille palmatilobée.   Fig. 71. — Feuille palmatipartite.

faces arrondies, dentelées, qui, pour comble de bizarrerie, jouent
sur une charnière et se ferment comme les deux mâchoires d'une
pince? Est-ce un limbe dédoublé, un pétiole solitaire, un phyl-

[1] Plante des marais de la Caroline appartenant à la famille des Drosé-
racées.

lode plus déguisé que jamais, ou tout simplement un appendice supplémentaire? Qui saurait le dire, et que nous importe après tout? A quoi sert de tout étiqueter dans la nature? Acceptons la

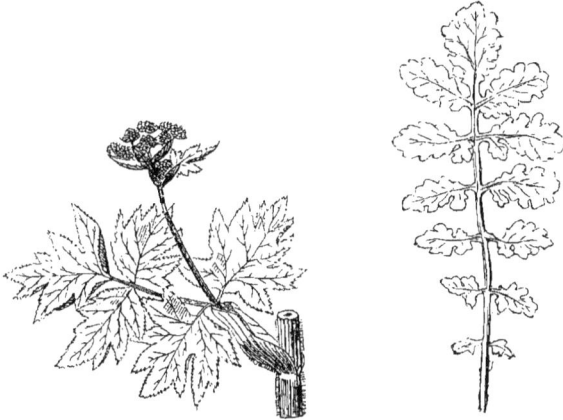

Fig. 72. — Feuille composée engaînante.   Fig. 73. — Feuille pinnatipartite.

feuille de la Dionée pour ce qu'elle est, sans même nous permettre de l'appeler *anormale*, comme le font généralement les botanistes.

Et pourquoi donc anormale, s'il vous plaît? Parce qu'elle ne ressemble pas à la première venue? Mais y a-t-il donc un moule uniforme et *normal* dans lequel il faille couler toutes les incarnations de la vie, et la nature ne nous prouve-t-elle pas suffisamment, par l'inépuisable richesse de ses collections, qu'elle n'accepte, elle, ni moule, ni modèle, ni étalon d'aucune sorte?

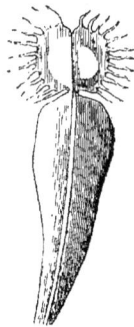

Fig. 74. — Feuille de la Dionée attrape-mouche.

Du reste la voilà qui fonctionne, bien insouciante de nos classifications, je vous l'assure; elle vient de se fermer subitement sur une mouche, et la malheureuse bestiole expie, au prix de sa vie, le chatouillement désagréable qu'elle a produit en se promenant sur la feuille de la trop nerveuse Dionée.

Voici encore le Cephalotus de la Nouvelle-Hollande, une curieuse petite plante qui forme sur la terre une touffe basse composée de deux sortes de feuilles, les unes ressemblant à toutes les feuilles possibles, tandis que les autres... Figurez-vous une sorte de godet ovoïde, extérieurement relevé de trois ailes membraneuses et bordées de longs poils, quelque chose comme un œuf ouvert à l'une des extrémités et sur les flancs duquel on aurait collé longitudinalement trois ganses hérissées de soies raides. Voilà pour le godet; mais peut-on laisser disgracieuses et nues les parois tronquées de notre œuf? Non, la nature d'ordinaire ne laisse pas ses œuvres incomplètes, et voilà pourquoi s'enroule autour des bords de l'orifice un bourrelet relevé d'élégantes côtes parallèles. Ce n'est pas tout. Au-dessus de l'ouverture s'arrondit en voûte cannelée, et comme la valve d'un coquillage, un charmant opercule à charnières, rehaussé de soies raides comme les crêtes inférieures ; cet opercule s'ouvre et se ferme et complète l'édifice charmant que nous offrent certaines feuilles du Cephalotus.

Fig. 75. -- Sarracenia.

Le Sarracenia de l'Amérique septentrionale manifeste de toutes autres fantaisies (fig. 75). Lui, il aime le cornet, il ne s'en cache pas, et bon nombre de ses feuilles sont roulées en cornet. Cornet est un peu familier; n'est-ce point *urne* qu'il faudrait dire? L'urne donc ou le cornet, peu importe, se termine par un orifice à deux lèvres, dont la supérieure beaucoup plus grande affecte parfois des airs d'opercule. Quant à la partie renflée du tube étrange, elle se teinte de couleurs magnifiques, se pare d'une grande aile festonnée et ressemble le moins possible, je vous l'affirme, à ce qu'elle est et restera cependant d'âge en âge, — une feuille, une pure et simple feuille.

Cette feuille a-t-elle entendu parler des hauts faits de la Dionée? Vraiment on le dirait, car elle emploie quelquefois son cornet à attraper des mouches, elle aussi. Son tube est garni de
poils plantés en sens inverse de l'ouverture, le fond du cornet
distille un liquide sucré, les insectes entrent sans défiance, boivent, puis veulent sortir..... Impossible; les poils dressés en
brosse présentent le faisceau de leurs pointes que les prisonniers
ne peuvent presque jamais franchir.

Laissons le Sarracenia à ses jeux innocents, et passons au Népenthès distillatoria de Madagascar (fig 76). Pour celui-là, c'est le

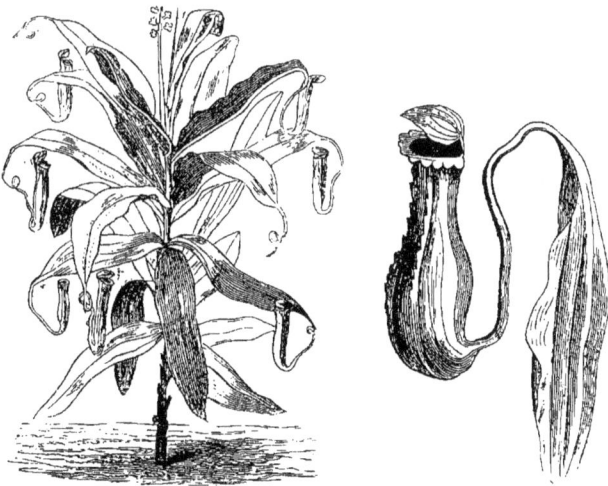

Fig. 76.

Népenthès.   Feuille de Népenthès.

plus haut degré de la série, c'est l'invraisemblable devenu plante,
le paradoxe transformé en feuilles. Ne me parlez plus ni de gaîne,
ni de pétiole, ni de limbe ; il y a tout cela et il n'y a plus rien.
Écoutez ce que vous en dit M. Duchartre, un savant botaniste :
« Ici la détermination des parties de la feuille devient difficile
à cause de leur multiplicité. En effet, elle offre successivement
une courte portion basilaire grêle s'élargissant peu à peu en une
grande lame foliacée, remarquable par la forte côte médiane qui

la parcourt ; au sommet de cette expansion, la côte semble se prolonger en un filet grêle ; enfin c'est à l'extrémité de celui-ci que se trouve l'ascidie elle-même qui, dans certaines espèces, acquiert de fortes proportions, au point de pouvoir contenir un verre de liquide. »

Avez-vous bien compris ? Tout juste, n'est-il pas vrai ? Le portrait est cependant exact. Un pétiole d'abord élargi en une vaste membrane, puis rétréci en un grêle filament, lequel, en dépit de sa faiblesse apparente supporte à son extrémité une urne aussi complète et bien plus grande que celle du Cephalotus, voilà de quoi se compose la feuille la plus extraordinaire à coup sûr que possède le règne végétal. Franges velues, guillochis élégants, couleurs charmantes, bourrelets galonnés, opercule à charnière, tout y est : il y a bien plus encore, il y a dans l'intérieur de cette amphore bizarre un tissu cellulaire glanduleux qui distille une eau fraîche et pure que boivent avec délices les voyageurs altérés. Maintenant, irons-nous avec les botanistes échafauder péniblement une argumentation de fantaisie pour vous prouver que ceci est la gaîne et cela le pétiole, que le limbe commence incontestablement ici, et la vrille là, et l'ascidie ailleurs..., à moins que ce ne soit justement le contraire ?.... Non.

Quand on connaît la Dionée, le Cephalotus, le Sarracenia et le Népenthès, on commence à être blasé sur les excentricités de la feuille, et on ne s'étonne plus de rien, pas même des pétioles vésiculeux.

Les pétioles vésiculeux cependant ne manquent ni d'originalité ni surtout d'utilité pratique. Voyez les Pontederia du Brésil qui flottent sur les *aquariums* de nos serres chaudes, ou tout simplement, et sans aller si loin, notre Macre ou Châtaigne d'eau. Quoi de plus gracieux que ces feuilles supérieures qui nagent à la surface du liquide, grâce à la petite vésicule d'air dont est muni leur pétiole, et quoi de plus curieux que ces feuilles submergées qui sentant qu'elles ne doivent pas voir la lumière ne se munissent ni de pétiole vésiculeux, ni même de limbe et demeurent toutes nues, que dis-je ? comme disséquées, n'offrant, à la place de la membrane ordinaire de la feuille, qu'une rangée de filets épars plantés comme les barbes d'une plume sur les deux faces opposées d'une côte longitudinale (fig. 77.) ?

A coup sûr, c'est charmant; mais nous avons bien mieux encore : ce sont les Utriculaires, de la famille des Lentibulariées. Les pétioles vésiculeux des Pontederia sont ici complétement dépassés ; c'est par la création d'un organe absolument spécial que se distinguent ces nouveaux originaux; et il faut avouer qu'il n'était guère possible de mieux faire avec les ressources bornées dont ils disposent. Les Utriculaires, en effet, sont des plantes submergées. Or que se passe-t-il tout au fond de l'eau? Je l'ignore, en vérité, mais ce que je sais bien, c'est que la plupart des feuilles y maigrissent singulièrement[1]. Vous savez ce qu'y deviennent celles du Pontederia ; celles des Renoncules d'eau n'y font pas meilleure figure, et je ne vous surprendrai guère sans doute en vous

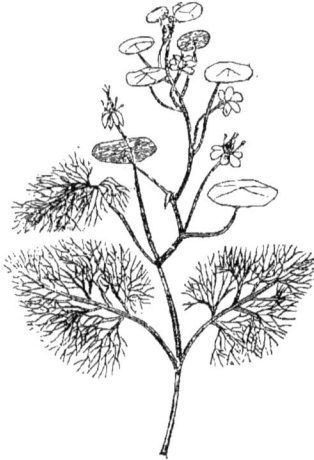

Fig. 77. — Feuilles du Cabomba.

disant que le plus maigre, le plus échevelé des rameaux est opulent, comparé à la grappe de filaments étiolés qui composent la feuille des Utriculaires.

Or que faire, je vous le demande, quand on est constitué de

[1] Ne soyons pas trop surpris d'une semblable configuration ; elle s'explique par la nature même du rôle de la feuille, organe respiratoire, qui puise dans l'atmosphère les principes gazeux dont elle a besoin. Mais comment respirer dans l'eau? l'air y est rare ; il faut donc multiplier les surfaces, augmenter indéfiniment le nombre des poumons, prendre modèle sur l'appareil respiratoire des poissons qui, lui aussi, multiplie ses membranes en se subdivisant en lamelles déchiquetées, et c'est pour cela que tant de feuilles submergées nous offrent ces houppes soyeuses dont on pourrait si fort s'étonner si l'on ne s'en expliquait ainsi la curieuse origine.

la sorte, qu'on est sous l'eau et qu'on désire, tout comme les
autres feuilles de la création, respirer les tièdes brises qui passent et se chauffer au vivifiant soleil? Ce n'est pas tout encore,
comment faire pour fleurir, c'est-à-dire entr'ouvrir, sous l'onde
froide et sur une vase infecte, de pauvres corolles auxquelles il
faut absolument de la lumière pour s'épanouir et de la chaleur
pour mûrir leurs graines?

A toutes ces questions, l'Utriculaire s'est chargée de répondre
victorieusement. Difficultés de la pesanteur, problème de l'ascension, tout a été vaincu et résolu. La plante submergée a voulu
respirer et fleurir, elle a fleuri et respiré. Et voyez un peu quel
art et quelle imagination il lui a fallu pour cela! Elle avait besoin
d'un ballon rempli d'air pour s'élever à la surface des eaux; elle
s'est fait un ballon et un ballon de toutes pièces. A la base de
ses maigres feuilles, qui ne se composent que d'une nervure
qu'elle ne pouvait utiliser d'aucune façon, elle s'est fait une
outre, — outre de fantaisie qui lui a valu son nom, — et l'a
plantée sur un mince pédicule. Cette outre, à peu près ovoïde,
se rétrécit à sa partie supérieure que termine un orifice étroit,
bordé de filets ramifiés exactement pareils à ceux dont se composent les feuilles. Quant à ses parois intérieures, elles sont
toutes garnies de petits poils fourchus d'un aspect vraiment
singulier, — vous verrez tout à l'heure ce qu'elle en fait de ces
poils bizarres, — puis enfin, dernière complication, dernier raffi-
nement plutôt, l'ouverture de l'utricule est munie d'une lame
transversale, véritable soupape mobile qui, jouant sur une sorte
de charnière, se ferme du dedans au dehors, suivant les circonstances.

Avons-nous tout dit? Non pas. Décidément, cette petite Utriculaire, de si humble apparence, a voulu faire une merveille, et
elle a complétement réussi. Ce n'était pas assez d'une outre
commodément disposée pour répondre à toutes les exigences : il
lui fallait encore joindre l'agréable à l'utile, faire, en un mot, de
l'art, et se donner du luxe, après avoir accompli tout le nécessaire. Et c'est pour cela, sans doute, que l'intérieur de l'utricule
se pare, comme une corolle, d'une belle teinte azurée.

Mais voici la saison qui avance, il faut monter, se dit l'Utricu-

laire, et, tout aussitôt, les poils fourchus de se mettre à la
besogne.

Il faut d'abord vous dire que si l'Utriculaire demeurait au fond
de sa mare, où elle passe toute la mauvaise saison, c'est qu'elle
avait eu la précaution de remplir ses utricules d'un liquide gélatineux un peu plus lourd que l'eau. Mais, maintenant qu'elle doit
monter, c'est une tout autre affaire, et il faut, à tout prix, se
débarrasser de ce liquide désormais inutile. Or rien n'est plus
facile quand on a des poils bifurqués. Par un procédé qui leur
est absolument propre sans être breveté, ils transforment en gaz
beaucoup plus léger que l'eau ce liquide désormais inutile.
Celui-ci diminue donc en raison directe de la fabrication nouvelle
qui remplit l'outre, la gonfle et si bien que toute la plante s'élève
lentement à la surface des eaux.

C'est ravissant, n'est-il pas vrai? Attendez, ce n'est point encore fini. Laissons-la d'abord dresser au-dessus des eaux tran-
quilles sa grosse hampe multiflore. Elle fleurit, l'été se passe,
ses graines mûrissent; voici l'automne, les coups de vent, les
pluies glaciales, il faut redescendre aux paisibles retraites. Comment faire? Oh! rien de plus simple; les petites outres entr'ouvrent leur soupape, l'air s'échappe, l'eau le remplace, une eau
qu'elles rendent bien vite pesante par la distillation de quelques
sucs épais, et tout l'appareil, redevenu comme auparavant, plus
pesant que le liquide qui l'entoure, paisiblement s'enfonce et va
dormir loin des tempêtes.

Charmante Lentibulariée! Nous avons vu des plantes plus
extraordinaires qu'elle, nous en trouverons de plus brillantes,
mais de plus intéressantes, non, à coup sûr. — Outre qu'elle nous
offre le spectacle des plus remarquables phénomènes de la physiologie, elle nous donne encore de quoi compléter la série des
feuilles extraordinaires, car rien de plus étrange, en vérité, que
cet organe maigre muni de son outre qui, tour à tour, ballon
d'ascension et cloche à plongeur, se remplit tantôt de gaz pour
surnager, tantôt d'eau épaisse pour se lester et redescendre.

Le limbe de la feuille offre deux surfaces distinctes. L'une,
constamment tournée vers la lumière, l'aspire, l'emmagasine

dans tous ses pores, l'autre, tournée vers la terre et d'une teinte
plus pâle, semble tout particulièrement destinée, vu les nombreuses ouvertures ou *stomates* dont son épiderme est criblé, à
aspirer certains gaz particuliers de l'atmosphère. C'est sur cette
dernière face que ressort avec netteté le réseau des diverses
nervures ou côtes qui, réunies en faisceau plane et comme en
éventail, sont ramenées à l'unité par celle du milieu, appelée
nervure médiane. La partie verte, étalée d'une nervure à l'autre
comme une membrane et constituant proprement le tissu de la
feuille, s'appelle *parenchyme*.

Suivant l'abondance ou la pauvreté de ce parenchyme, nous

Fig. 78. — Feuille pinnatifide.   Fig. 79. — Feuille pinnatilobée.

voyons le limbe de la feuille se dilater ou se rétrécir, se cribler
de lacunes ou se déchiqueter sur ses bords, se fendre en languettes ou se lacinier en lanières et se hérisser de piquants
lorsque le limbe vient à manquer à l'extrémité des nervures, car
toute pointe, tout aiguillon est un symptôme d'épuisement
(fig. 78 et 79).

S'il y a des feuilles maigres, il y a aussi des feuilles grasses,
des feuilles épaisses, spongieuses et gorgées de sucs qui, quelquefois, conservent quelque ressemblance avec les feuilles ordinaires, mais qui, d'autres fois, n'ont plus ni bords ni surfaces, et

s'arrondissent en gros limbes charnus, telles que celles des Crassulacées.

Sans être grasses, il en est d'autres qui offrent des contours arrondis (fig. 80). Très-souvent, comme dans l'Ail et l'Oignon, la moelle des feuilles s'oblitère, disparaît, et celles-ci deviennent creuses, c'est-à-dire *fistuleuses*, suivant l'expression usitée. Elles ne sont que *cloisonnées*, lorsqu'il se forme en elles des diaphragmes ou sortes de membranes qui, d'une face à l'autre, s'étendent transversalement.

Les types de feuilles sont innombrables et notre série est encore fort incomplète, bien que nous ayons vu déjà les plus originaux. Originaux, ils le seraient tous, s'ils le pouvaient. J'ai dès longtemps remarqué que la feuille est un organe qui tient à se singulariser ; si bien que je me figure, à tort ou à raison, que, pour être le plus possible originales, quelques-unes ont imaginé... de ne pas exister du tout.

Ce n'est point un paradoxe. Comment faire pour se distinguer au milieu de rivales qui, par centaines, se sont déjà ingéniées à se donner les physionomies les plus bizarres? C'est de ne point en avoir du tout, et de briller, comme on dit vulgairement, par son absence.

Ainsi ont fait certaines plantes, les Cactus,

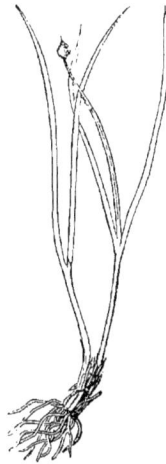

Fig. 80. — Feuilles arrondies.

en particulier. Quelques-uns d'entre eux, à la vérité, commencent par avoir, près de chacun de leurs innombrables faisceaux d'épines, un vague semblant de feuille, une sorte de poinçon vert, mais si petit qu'il échappe presque à la vue, et si *caduc,* — c'est le mot consacré, — qu'il se détache bientôt et tombe, laissant les grosses tiges charnues se fortifier derrière d'infranchissables remparts d'aiguillons groupés par bouquets ou par rangées. Puisque cette feuille caduque tombe si vite, ce n'est pas la peine d'en parler, et nous pouvons, sans plus de retard, passer à d'autres formes.

Les mêmes caractères d'imperfection que nous avons remarqués dans la constitution des tiges des Monocotylédonés se montrent dans la constitution de leurs feuilles. Peu soucieuses de leur propre conservation ou ignorant les principes les plus élémentaires, en fait de construction et de charpente, ces plantes presque toujours rangent parallèlement les fibres de leurs nervures. Qu'arrive-t-il alors? C'est que le limbe se déchire et que les fibres isolées les unes des autres flottent au hasard avec des lambeaux de membrane semblables à des loques déchiquetées. Demandez au Latanier, au Bananier, au Dattier, à l'Héliconia, au Dracontium ou à l'Iris ce qu'ils pensent de la solidité de leurs feuilles.

Plus avisés et plus habiles sont les végétaux dicotylédonés. Les pluies peuvent fouetter branches et rameaux, les vents peuvent siffler, hurler et faire rage ; ils ne déchireront ni la feuille du Tremble, ni celle de l'Orme ou du Chêne, ni celle bien plus grande cependant de l'élégant Paulownia. Fortement nouées, enchevêtrées, anastomosées en réseau, les nervures de ces feuilles, toutes solidaires, se prêtent un invincible appui.

Quant aux feuilles du Marronnier, de l'Acacia ou du Noyer, elles sont solides, elles aussi, bien qu'elles soient fragmentées en folioles.

Chacune d'elles, — qu'il faut bien se garder de prendre pour un rameau, — a trouvé plus élégant de diviser son limbe en plusieurs lames secondaires, reliées à une nervure médiane, comme les ailes d'un papillon ; aussi ces feuilles sont-elles appelées *feuilles ailées* ou *composées*, par opposition avec les feuilles à une seule membrane qui sont dites *feuilles simples*.

Il faut croire, à en juger par certains de ces organes deux fois, trois fois et même quatre fois composés, qu'il en est des folioles comme du galon dont on ne saurait trop prendre. Tel est du moins l'avis des Acacias et de bien d'autres plantes de la famille des Légumineuses qui en font un véritable abus. Abus charmant du reste, car rien, à coup sûr, n'est plus gracieux que le feuillage aérien des Mimosées.

Naturellement ces feuilles composées, tout comme les feuilles simples, varient de cent façons : vous connaissez assez les habi-

tudes luxueuses de cet organe pour en être pleinement con-
vaincu. Poursuivons donc sans parler ni des feuilles *pennées*, ni
des feuilles *palmées*, ni de leurs multiples composés, pas plus que
des feuilles *peltées*, *crénelées*, *dentées*, *lobées*, *fendues*, *fides* ou
partites, ni de leurs dérivés innombrables.

De cette terminologie que nous abrégeons singulièrement, ti-
rons tout au moins cette conclusion : c'est qu'il faut être bien
habile et véritablement artiste, pour savoir se confectionner,
comme la feuille, tant de robes merveilleuses, toujours avec le
même morceau d'étoffe verte. Depuis l'opulente tenture de certains Palmiers, dont une seule feuille suffit pour envelopper un
homme des pieds à la tête, jusqu'à la mince aiguille du Mélèze
ou du Sapin, que de formes et que de physionomies !

Et avec quelle persistance remarquable la plante conserve le
type primitivement adopté ! La maigre feuille de l'Araucaria,
l'élégante fronde de la Fougère, sont encore aujourd'hui ce
qu'elles étaient il y a des milliers de siècles, alors que les forêts houillères recouvraient de leur uniforme manteau toutes
les terres basses de l'ancien monde. — Quelle leçon, chère lectrice !

En conclurons-nous que la fixité des formes est rigoureuse,
absolue ? Non. Indépendamment des particularités propres à chaque feuille qui, on le sait, ne ressemble à aucune autre, pas
même sur son propre rameau, ainsi que des modifications naturelles qui distinguent par exemple les larges feuilles radicales, des
petites feuilles supérieures accompagnant les fleurs et qu'on appelle *bractées*, il est tout un ensemble de métamorphoses que la
culture opère chez certaines plantes. Tout le monde connaît au
moins quelques-uns de ces innombrables hybrides dont il sera
question plus loin, et que l'art horticole multiplie sans mesure.
Tiges, feuilles, fleurs et fruits, tout se transforme insensiblement. Ici c'est un Saule pleureur qui recroqueville ses feuilles,
là un Sureau qui incise les siennes comme à coups de ciseaux ;
ailleurs ce sont des végétaux qui s'étalent ou s'élèvent, métamor-
phosent leurs feuilles ou panachent leurs fleurs, au point d'en
devenir méconnaissables aux yeux même de leurs meilleurs
amis.

Que toutes ces plantes soient d'un caractère solidement trempé,
je n'oserais vraiment l'affirmer; qu'elles aient des principes inflexibles, capables de résister aussi bien aux insinuations habiles de l'horticulteur qu'aux délices d'un terreau astucieusement
préparé, je me vois contraint d'en
douter; mais ne leur reprochons point
trop durement ces défections apparentes. Il est dans la nature une loi
de mutabilité possible qui, malgré
l'extrême lenteur avec laquelle elle
manifeste sa puissance, n'en est pas
moins l'un des procédés les plus remarquables dont se serve la vie pour
l'évolution des êtres et le perfectionnement des types.

Qu'il faille des siècles par centaines ou par milliers pour qu'à son ca-
dran l'aiguille qui marque la mutation des espèces avance ou
recule d'un seul degré, cela est incontestable.

Mais, après tout, qu'importent les siècles à qui dispose de

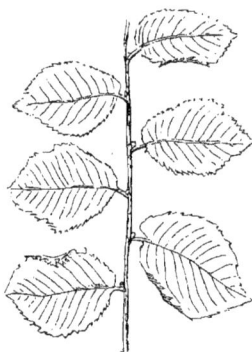

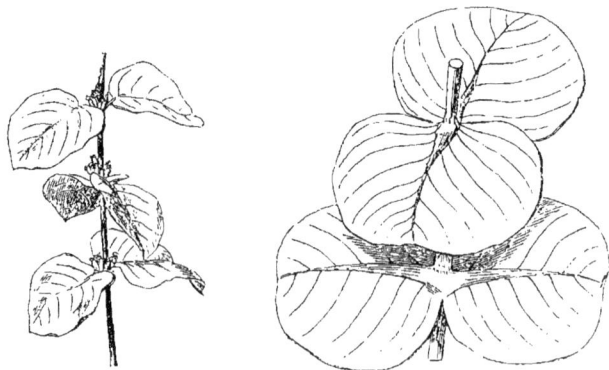

Fig. 81. — Feuilles alternes.

Fig. 82. — Feuilles opposées.

l'éternité? Les deux facteurs essentiels de la vie sont le temps et
le mouvement.

La feuille occupe sur la tige et les rameaux des positions variées dont l'importance caractéristique est capitale dans l'étude des végétaux.

Ces positions, quelque nombreuses qu'elles soient, se rapportent à deux types principaux : l'alternance et l'opposition. Les feuilles *alternes* naissent de nœuds vitaux situés à des hauteurs diverses sur la tige et comme épars dans sa longueur (fig. 81).

Fig. 83. — Feuilles verticillées.

Les feuilles *opposées* naissent de nœuds vitaux situés à la même hauteur, mais diamétralement opposés (fig. 82). S'il naît au même point un certain nombre de feuilles opposées deux à deux entourant la tige d'une sorte d'anneau, elles sont dites alors *verticillées* (fig. 83).

Les feuilles alternes, au premier aspect, paraissent avoir poussé au hasard le long de la tige et des rameaux. Il n'en est rien cependant, et la symétrie de leur disposition se révèle après un examen attentif. Prenez un jeune rameau bien développé de Prunier ou de Pêcher; faites passer une ligne par tous les points d'attache des feuilles superposées, et vous remarquerez bien vite que cette ligne décrit autour de la tige une spirale continue et régulière (fig. 84). Cette symétrie est telle qu'au-dessus de chaque feuille et du même côté, l'on en trouve une autre dont le point d'attache correspond exactement au sien et que les feuilles correspondantes sont toujours séparées par un même nombre de feuilles intermédiaires. Numérotons, par exemple, la série de ces feuilles alternes, et nous trouverons que la sixième correspond à la pre-

Fig. 81.

mière, la onzième à la sixième, la seizième à la onzième et ainsi successivement, tandis qu'à la seconde correspond la septième, la douzième à celle-ci, la dix-septième à la douzième, etc., toujours quatre feuilles, comme on le voit entre les feuilles correspondantes.

Les feuilles opposées ou verticillées alternent aussi en général, mais groupe à groupe, c'est-à-dire que les feuilles d'un verticille diffèrent par leur position du verticille voisin, inférieur ou supérieur, mais ressemblent au troisième de telle façon que les feuilles sont exactement superposées les unes aux autres de deux en deux verticilles.

Je pourrais vous détailler tout au long, en vous— ennuyant sans aucun doute, — toutes les recherches et toutes les conclu-

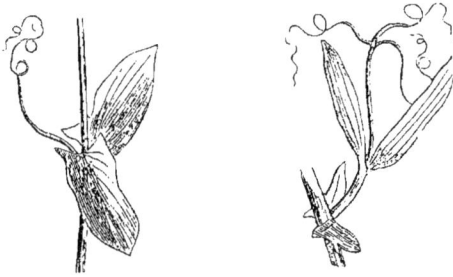

Fig. 85. — Stipules du Lathyrus.

sions auxquelles ont donné lieu les diverses remarques relatives à cette disposition spiralée des feuilles sur la tige. Mais je n'en ferai rien, soyez sans crainte. Si vous voulez connaître mon sentiment, je vous dirai même que je trouve un peu exagérée l'importance que les savants ont donnée à ce détail organographique. Ils en ont fait une sorte de science à part appelée d'abord *Botanométrie*, puis, plus récemment, *Phyllotaxie* (qui signifie arrangement des feuilles). Quant à vous dire tous les chiffres accumulés à ce sujet, toutes les proportions établies, tous les rapprochements essayés, toutes les inductions tirées..... jamais, jamais, n'y comptez pas!

Vous avez souvent cueilli des roses, n'est-ce pas? Vous avez réuni en bouquets ces belles tiges vertes que parent de grandes

feuilles ailées et que défendent aussi ces fameux aiguillons qui
ont donné lieu au proverbe bien connu : « Pas de roses sans épines. » Eh bien, avez-vous remarqué, en dépouillant de leurs
épines et de leurs feuilles le bas de ces rameaux que vous vou-
liez réunir dans votre main, que chacune des feuilles que vous
arrachiez emportait avec elle, en se détachant de la tige, un double petit appendice vert qui, de part et d'autre, se dresse comme
une oreillette? Ces oreillettes sont des *stipules* (fig. 85 et 86).

Ces stipules, de formes et de grandeurs diverses, sont fréquentes dans les végétaux et nous serviront bien souvent de caractère distinctif. Ce sont parfois de simples écailles tombantes,

Fig. 86. — Stipules latérales
du Liriodendron.

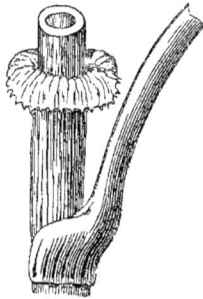

Fig. 87. — Stipule circulaire
d'une Polygonée.

d'autres fois de petites folioles, ou bien encore des espèces de
membranes soudées sur une partie plus ou moins longue du pétiole. Il en est qui tiennent à la tige elle-même de la plante ;
d'autres forment en se soudant une sorte de gaine ou de poche,
du milieu de laquelle s'élève l'axe végétal (fig. 87).

Les stipules, excessivement rares chez les Monocotylédonés [1],

[1] La plupart des botanistes même affirment que ces végétaux en sont
complétement privés ; mais M. de Saint-Hilaire proteste, et, tout en reconnaissant que les stipules sont très-rares chez les Monocotylédonés, il cite
les Potamogitons comme en étant pourvus, ainsi que les Graminées dont la
ligule n'est, selon lui, qu'une stipule à demi soudée.

ne se rencontrent fréquemment que chez les Dicotylédonés et les polypétales particulièrement. Il est des familles où elles forment un caractère fondamental, telles que les Malvacées, les Rosacées, les Violariées, les Légumineuses, etc.: il en est d'autres, telles que les Labiées et les Crucifères, qui en sont totalement dépourvues.

CHAPITRE VII

LA VIE DE LA FEUILLE.

Voici la naissance d'une feuille. Voyez-vous l'extrémité conique de cette tige? C'est de là que va sortir, que vont sortir nos feuilles, car elles sont plusieurs. Les voilà qui s'annoncent par la formation de petits mamelons utriculaires étagés sur le cône végétal.

D'où vient-il, ce point vivant, cet embryon qui, pareil à celui que nous verrons se développer dans la graine, s'échappe ici des couches ligneuses superposées? Dans ce rameau, inerte en apparence et hier encore tout noir sous son manteau de neige, cherchez bien à la loupe, au microscope, le scalpel à la main, que trouvez-vous? Rien, n'est-ce pas?

Il vit pourtant, et l'étincelle est au bout. Avec le printemps elle s'éveille. Électricité, souffle vital, force plastique, de quel nom la nommer cette merveilleuse puissance qui, d'un atome que notre microscope ne nous a point révélé, fait jaillir un bour-

geon, une feuille? Bien plus, un rameau, une tige, un arbre entier qui sur cet autre va s'élever d'année en année.

La voilà donc, cette feuille. Ce n'est encore qu'un tout petit
mamelon rempli de parenchyme. A peine est-il formé que son
sommet devient inerte. Ce n'est plus alors l'extrémité du cône
qui se développe, c'est le cône tout entier que soulève l'interposition d'un tissu qui se forme à sa base, exactement comme la
chose a lieu dans l'allongement de la radicule, sous le chapeau
toujours imperturbable de la piléorhize.

Notre jeune feuille grandit ainsi en soulevant graduellement
son sommet déjà parachevé, en sorte que l'on désigne par le
nom de formation *basilaire* cet accroissement qui, de l'extrémité,
semble marcher vers la base, en refoulant derrière lui les tissus
primitivement formés. Ce mode, déjà choisi par la racine, a été
également adopté par la tige. C'est donc un parti pris, et la plante
n'en démordra pas.

Erreur, elle en démord! Il y a des cas où cette capricieuse
trouve piquant de choisir un mode entièrement opposé au premier, le mode *basifuge*, c'est-à-dire qui fuit la base, en sorte que
c'est à la partie supérieure du bourgeon que se trouve le foyer
d'activité d'où émanent les nouveaux tissus.

Toutefois, — et je vous prie de remarquer combien cela complique la question, — toutes les feuilles n'en sont pas là. Celles
des Rosacées sont basilaires, celles de beaucoup de Légumineuses sont basifuges; d'autres combinent les deux modes. C'est à
n'y plus rien comprendre. On s'approche d'une plante : basilaire?

— Non, monsieur, basifuge.

Puis d'une autre : basifuge?

— Non, monsieur, formation mixte.

Laissons cela.

Au surplus, que nous importe? Qu'elle ait choisi l'un ou l'autre
mode, ou tous les deux à la fois, notre feuille est formée. Pétiole,
nervures, limbe, parenchyme, tout est parachevé, tout s'étale
au grand air, au soleil; tout cela vit et l'usine est prête à fonctionner. Fermée de part et d'autre, préservée par une double couche

d'épiderme du contact desséchant du grand air, elle a pour soupapes, pour cheminées, si l'on préfère, les stomates dont l'épiderme est généralement perforé. C'est par là que s'échappent les liquides vaporisés, ceux-là même qui, de la terre, montent jusqu'aux plus hauts sommets de la plante, — la séve, en un mot, dont les parties purement aqueuses s'exhalent par évaporation.

Au premier abord, je l'avoue, elles paraissent vraiment dérisoires ces prétendues cheminées, ces stomates que l'œil cherche vainement sur les plus grandes feuilles, et qui, grossis deux ou trois cents fois par le microscope, paraissent encore fort petits. Mais que l'on songe à la profusion immense, incalculable, avec laquelle ils se multiplient et fonctionnent, et l'on sera bien vite obligé de les prendre au sérieux [1]. Les petits moyens indéfiniment accumulés sont un des procédés habituels de la nature. Le nombre est une des plus grandes forces de la création. Qu'importe la faiblesse de l'infiniment petit, s'il atteint d'autre part à la toute-puissance par une multiplication sans limite?

Par millions et par milliards donc, nos stomates lancent la vapeur dans l'atmosphère. C'est généralement par la chaleur et au grand soleil que leurs lèvres mobiles s'entr'ouvrent pour activer l'évaporation, tandis qu'elles se resserrent à l'ombre et dans l'humidité. C'est quand le soleil rayonne que notre usine marche avec une ardeur plus grande, rafraîchissant la plante par le phénomène bien connu de la vaporisation, et surtout épaississant la séve qui, au contact de l'air, comme le sang de nos poumons, s'élabore et devient créatrice.

Arrivons maintenant aux mouvements des feuilles. La feuille, en effet, se remue. Non pas sans doute sous l'influence de volontés ou de passions comparables à celles de l'animal, mais toutefois d'une manière assez distincte, qu'elle soit périodique ou continue, pour donner à réfléchir.

Les mouvements des feuilles peuvent être rangés suivant deux

[1] Nous avons déjà donné certains chiffres à ce sujet, en voici quelques autres. Dans l'étendue d'un centimètre carré, on compte environ sept mille stomates à la face inférieure d'une feuille de Reine-Marguerite, dix mille dans le Fraisier, vingt mille dans l'Olivier et vingt-cinq mille dans le Chêne.

catégories bien distinctes : les uns semblent être en connexion intime avec la marche normale de la végétation, tandis que les autres paraissent n'avoir pour cause que l'intervention d'une force extérieure.

Voici d'abord le *sommeil des feuilles*. Singulière expression, n'est-il pas vrai? Qu'elle soit parfaitement exacte, je n'oserais trop vous l'affirmer. Le sommeil ordinaire, en effet, entraîne avec lui l'idée d'une sorte d'alanguissement, d'abandon. Chaque membre s'affaisse, et le repos du corps entier ne s'obtient qu'à ce prix.

Tout autre est le sommeil végétal. Loin d'être un alanguissement, il est au contraire une contraction rigide. Les feuilles qui s'endorment ne s'abandonnent pas, elles changent de position, et, pour ainsi dire, se crispent, au point que certaines d'entre elles, qui pour se fermer sont obligées de se relever les unes contre les autres, peuvent, en accomplissant ce mouvement, soulever un poids minime sans doute, mais toutefois relativement considérable.

Quoi qu'il en soit, les feuilles dorment, — employons ce mot puisqu'il est adopté, — c'est-à-dire que chaque soir elles se relèvent ou s'abaissent, se replient d'une façon quelconque, comme il vous est facile de le constater chez le Robinier ou faux Acacia, la Fève, le Trèfle, le Baguenaudier, les Mimosas ou telle autre plante de la famille des Papilionacées, chez laquelle particulièrement se manifeste ce phénomène. Et ce n'est pas seulement le limbe qui s'agite, mais le pétiole aussi, qui se relève, se renverse ou s'abat, suivant les différentes espèces, l'âge et la nature de l'individu sur lequel s'accomplissent ces mouvements extraordinaires.

Tout bien considéré, il nous importe peu de ne pouvoir établir de sérieux rapprochements entre le sommeil animal et le sommeil végétal. Elles font bien mieux que de dormir, les plantes. Elles font preuve d'une sorte de prévoyance ou de sollicitude à laquelle on ne sait trop vraiment quelle qualification donner.

Ne voit-on pas en effet la plupart d'entre elles abriter, contre le froid de la nuit et l'humidité des matinées, leurs organes les plus délicats ou les plus exposés?

Les unes enveloppent leurs bourgeons de leurs feuilles étroitement juxtaposées, les autres élèvent au-dessus de leurs fleurs
la plus gracieuse des tentes ou le plus joli berceau, en redressant
et en rapprochant tantôt leurs pétales colorés, tantôt leurs feuilles vertes sous lesquelles se blottissent alors les pétales eux-
mêmes.

C'est à Linné que remonte la découverte du sommeil des
plantes. Vous savez peut-être en quelle circonstance. Il avait
un jour reçu d'un botaniste de Montpellier un pied de Lotus qui
ne tarda pas à fleurir dans l'une des serres du jardin d'Upsal.
Linné eut l'occasion de revenir dans cette serre pendant la nuit.
Il n'y allait pas pour revoir son Lotus, mais, en passant, il lui jeta
un coup d'œil.... Oh! la vilaine surprise! Qui a pu commettre
une pareille étourderie? La fleur était absente.

Courroucé, non, — les savants sont généralement pacifiques,
— simplement affecté, le nôtre passa et s'enquit le lendemain.

— Qui donc a coupé la fleur?
— Quelle fleur?
— Celle du Lotus.
— Mais la voilà épanouie.
— C'est fort étrange, en vérité; j'aurai mal vu sans doute.

La nuit suivante, nouvelle visite et pas plus de fleur que la
veille. Voyons, se dit le savant, serait-ce de l'hallucination? et
légèrement mystifié il s'approche. Plus de fleur décidément. Il
regarde de plus près.... Mais si, oh! c'est vraiment trop fort!

Le coupable n'était autre que le Lotus lui-même, qui chaque
soir, précieusement, soigneusement, en Lotus ordonné, envelop-
pait sa fleur de toutes les feuilles voisines disponibles.

Vertueux Lotus! Cette bourgeoise précaution l'a rendu immor-
tel. Combien de pauvres diables qui ont fait infiniment plus que
de serrer leurs nippes tous les soirs et qui n'en sont pas devenus
plus célèbres pour cela!

Est-ce la gloire de ce Lotus qui empêche le Sainfoin oscillant
de dormir? Toujours est-il qu'il ne dort guère, celui-là!

Le Sainfoin oscillant (Hedysarum girans[1]) est un proche parent du Lotus et appartient comme lui à la grande, utile et noble famille des Légumineuses ou Papilionacées. C'est le Bengale qui est sa patrie, et c'est là que l'a découvert une dame botaniste, lady Monson, vers la fin du siècle dernier.

Quelle merveilleuse surprise ce dut être, et comme il est bien dans la nature des choses que ce soit l'œil d'une femme qui ait découvert la douce plante palpitante !

Palpitante n'est point trop dire. Figurez-vous une feuille à trois folioles, une sorte de Trèfle, mais tout particulier en ce sens que la foliole du milieu est trente ou quarante fois plus grande que ses voisines latérales. Eh bien, ces trois folioles sont animées d'un mouvement perpétuel. Jour et nuit les deux petites ailes s'agitent en sens inverse par un double mouvement d'inflexion et de torsion, tandis que la grande, prodigieusement sensible aux moindres influences lumineuses, ne paraît vivre que pour le soleil, s'abaissant ou s'élevant presque à toutes les heures du jour et paraissant vers midi, dans les grandes chaleurs, agitée par une sorte de frémissement incompréhensible. La tige elle-même s'incline pour suivre le soleil dans sa course.

Touchante petite plante altérée de lumière ! On la surnomme quelquefois l'*horloge végétale*, tant les oscillations de ses folioles latérales s'accomplissent avec régularité. Sous l'ardent soleil de l'Inde, c'est toutes les secondes environ et par saccades alternatives que l'une se relève, tandis que l'autre redescend, et cela constamment, nous l'avons déjà dit. Toutefois c'est la lumière qu'il leur faut; aussi arrive-t-il, lorsqu'on rapporte au grand jour une Desmodie qui depuis quelques instants était plongée dans l'obscurité, que la pauvrette bat plus rapidement de l'aile, manifestement heureuse d'avoir retrouvé son bien-aimé soleil.

Les mouvements des feuilles, avons-nous dit, sont de deux sortes. Les uns semblent se rattacher directement aux phénomènes propres de la végétation, — ce sont ceux-là que nous venons d'examiner. Les autres paraissent n'être mis en jeu que

[1] Appelé aussi Desmodie oscillante.

par l'intervention d'une force étrangère, — c'est de ceux-là qu'il
va être question.

Le dogme de la plante, en matière de feuilles, c'est que la face
appelée supérieure, c'est-à-dire la face plus unie et plus foncée,
doit regarder le ciel, tandis que l'autre, plus pâle et sillonnée de
nervures, doit être tournée vers la terre. Un arbre qui se dépar-
tirait de ce principe serait un arbre déshonoré.

Aussi, essayez un peu de les lui retourner, ses feuilles, et
vous verrez! Il ne fera sans doute aucun mouvement brusque et
ne se posera nullement en martyr; mais tout doucement, obsti-
nément et indéfiniment, il replacera ses feuilles dans la position qu'elles doivent occuper. Quatorze fois, le naturaliste Bonnet
tordit ou renversa les rameaux d'un même végétal, et quatorze
fois les feuilles se retournèrent vers la lumière. Elles l'eussent
fait cent fois si leurs forces le leur eussent permis, car elles protestent jusqu'à extinction de toute énergie vitale.

C'est la ruse qu'emploient les feuilles, — et une ruse que l'on
dirait intelligente, — quand elles sont maîtrisées par la violence.
Dérobez-leur la vue du soleil par l'interposition d'un corps opa-
que et vous les verrez essayer de tourner l'obstacle d'une façon
quelconque. Elles s'inclineront et se tordront même s'il le faut
pour échapper à l'ombre malencontreuse.

Je n'ai pu me défendre un jour d'une sorte de pitié au sujet
d'une malheureuse feuille de Vigne, sur laquelle on avait répété
une ancienne expérience de Knight, le célèbre physiologiste
anglais. L'expérimentateur était habile et la persécution avait été
savamment combinée. La surface inférieure de la feuille, appliquée contre le vitrage d'une serre et maintenue par une planchette, était entourée de grandes plaques de carton noirci qui,
sauf la place que recouvrait la feuille de Vigne, interceptaient
autour d'elle toute lumière venant du dehors.

La pauvre persécutée fut héroïque. Elle commença par se tordre; vains efforts. Elle essaya de replier ses bords vers la lumière; insuffisante tentative. Ne pouvant aboutir par ces deux
moyens, elle prit un grand parti, elle se déroba à l'expérience,
glissa sous la planchette et sortit résolûment de la région lugu-
bre des cartons noirs. Que fit-elle au dehors? Pas tout ce qu'elle

eût désiré sans doute ; mais mieux vaut encore une lumière
affaiblie qu'une obscurité mortelle et elle s'étala aux clartés de
seconde main qui lui arrivaient d'une fenêtre très-éloignée. Ce
n'était évidemment qu'une demi-victoire, mais au moins la face
supérieure occupait-elle sa position normale et le principe était
sauvegardé.

Il ne faut pas abuser toutefois de ces créatures, plus impres-
sionnables qu'on ne se l'imagine. Des expériences trop souvent
répétées finissent par les affaiblir au point qu'on n'obtient plus,
qu'au bout de plusieurs jours, les résultats pour lesquels quelques heures suffisent, alors que tout favorise le succès de l'ex-
périmentation, la vigueur de la plante, sa jeunesse et l'éclat d'un
soleil brillant.

Vous n'avez certainement pas oublié la Dionée attrape-mouche.
Linné l'appelait le « miracle de la nature », et c'est un miracle
en vérité que la structure et les fonctions sociales de notre Droséracée. Vous ne serez pas surpris de la voir reparaître ici. Il
s'agit du retournement des feuilles provoqué par une cause étrangère, et certes, en fait de retournement, notre petite scélérate
peut réclamer grands prix d'honneur et médailles de première
classe.

Il a été jusqu'ici absolument impossible d'expliquer l'irritabilité de ces feuilles singulières. Les physiologistes avouent qu'ils
ne trouvent rien de particulier dans la structure anatomique de
cette ligne médiane ou charnière, sur laquelle se meuvent les
deux lobes irritables. Et cependant de quelle puissante sensibilité sont doués ces organes! Le plus léger chatouillement suffit
pour réveiller dans les deux moitiés du limbe arrondi une énergie capable de les rapprocher brusquement et si bien que,
les pointes aidant, nombre de mouches y sont prises, malgré l'agilité bien connue avec laquelle cet insecte reprend son
vol.

Ce sont les feuilles jeunes qui possèdent au plus haut degré
cette étrange irritabilité, en même temps que la propriété de subir l'influence de l'alternative du jour et de la nuit. C'est vous
dire que la Dionée dort à sa façon, sans remords, sans cauche-

mars, avec le calme d'une conscience pure, — exactement comme si dans les ténèbres qui l'entourent ne flottaient pas, légions vengeresses, tous les pâles fantômes des mouches assassinées.

Pour justifier, pour expliquer tout au moins cette féroce manie, deux botanistes, poussés sans doute par l'amour du merveilleux, John Ellis d'abord et quelques années plus tard William Curtis, n'ont pas craint d'affirmer que la Dionée se nourrit des insectes qu'elle capture. Ce dernier disait même avoir trouvé dans une feuille fermée un liquide mucilagineux qui, selon lui, n'avait d'autre but que de hâter la décomposition des cadavres que la Dionée s'incorporait alors par voie d'absorption.

Tous ces détails de cuisine sont très-probablement de pure fantaisie. La fantaisie était jolie. Ces sauces mijotées, ces consommés de mouches grasses donnaient à notre singulière Droséracée des airs de gourmet raffiné, entendu et bien dînant qui ne manquaient pas d'originalité; mais la saine physiologie ne semble pas pouvoir autoriser de semblables romans en fait de nutrition végétale.

Non, dame Dionée n'est pas autre chose qu'une personne délicate et nerveuse, mais nerveuse jusqu'à la férocité. Elle tue les insectes qui la chatouillent, mais elle ne tient pas à les manger, et la preuve c'est qu'elle s'ouvre et laisse échapper ceux qui ont le bon esprit de demeurer un instant parfaitement immobiles[1].

Que sont les feuilles qui se retournent, et la Dionée, et le Rossolis, autre Droséracée qu'on a voulu assimiler à la Dionée, malgré son infériorité bien constatée dans l'art de gober les mouches et de s'en faire une position dans le monde botanique,

---

[1] Les journaux anglais mentionnent de récentes études faites sur la Dionée attrape-mouche, par M. Burdon Sanderson. Ces études tendent à démontrer la profonde analogie qui existe entre l'irritabilité de la Dionée et celle des tissus contractiles des animaux. Dans les uns et les autres existerait une force électro-motrice proportionnée à la fonction que ces tissus sont appelés à remplir. Le physiologiste anglais va plus loin encore et il ne craint pas d'affirmer, comme ses devanciers plus haut cités, que la Dionée, au moyen des glandes qui recouvrent la partie supérieure de ses folioles, se nourrit par absorption des mouches qu'elle a saisies. La question demeure donc réservée.

— que sont, je vous le demande, ces personnalités bruyantes, mais peu sympathiques en somme, à côté de la touchante, de l'intéressante, de la pudique, de l'innocente Mimosa, la plus vivante des Sensitives?

Et la plus mystérieuse aussi. Ici toute théorie hésite, tout système balbutie. Que dire, en effet, qu'imaginer en face de l'incompréhensible?

C'est au Brésil, sa patrie, qu'il faut surtout la voir, dans ces champs qu'elle recouvre de ses élégants petits rameaux ailés. Rien ne saurait donner l'idée d'une aussi exquise sensibilité. Indépendamment des mouvements propres au sommeil végétal, qui, au plus haut degré, appartient à la reine des Sensitives, puisqu'il se manifeste chez elle, même dans le vide et même sous l'eau, il est une infinité de causes extérieures dont l'influence se fait également et puissamment sentir. Sous l'une quelconque de ces influences, le pétiole de la feuille s'affaisse, on peut même dire qu'il *tombe*, tant la chute est subite; les quatre pétioles secondaires se rapprochent comme les doigts d'une main, et les folioles appliquées deux à deux témoignent manifestement de l'émotion, de la consternation ou de l'angoisse, — je ne sais vraiment comment dire, — dont la feuille entière semble être devenue la proie (fig. 88).

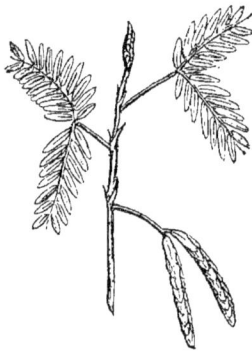

Fig. 88. — Sensitive dont une feuille a été touchée.

Mais voici que l'étrange créature s'est rassurée. Lentement se relèvent les pétioles, graduellement se rouvrent les folioles. Qu'a-t-elle donc éprouvé?....

Si encore la sensation, quelle qu'elle soit, était, pour ainsi dire, personnelle à la foliole qui s'est émue, mais il y a bien plus que cela, on le sait, il y a d'une foliole à l'autre, de feuille à feuille, de rameau à rameau, que dis-je? de Sensitive à Sensitive, et à des distances considérables, il y a, dans les cas de danger ou d'épouvante, communication du motif inquiétant et transmission des impressions éprouvées!

Ah! Sensitive, Sensitive, c'en est trop. Est-ce donc pour nous humilier que tu nous jettes à la tête de ton frêle rameau qui penche la plus incompréhensible peut-être des énigmes que la nature ironique ait jamais proposées à l'homme?

Que vous dirai-je? Que les divers mouvements des pétioles s'opèrent dans un renflement situé à leur base; ou bien encore que c'est par les faisceaux fibro-tubulaires du corps ligneux que l'irritation se propage.

Qu'importe ce que nous apprennent ces détails de pure anatomie? La dissection nous montre bien le ressort, mais qui nous montrera le vrai moteur, la force active qui fait mouvoir ressorts, fibres et tissus? La sécheresse, l'humidité, la lumière ou la chaleur, la capillarité, l'attraction, l'élasticité, l'endosmose enfin, tour à tour invoquées, n'expliquent rien d'une façon satisfaisante.

Ayons donc le courage et la franchise d'avouer notre ignorance. Écoutez les savants, chacun a trouvé le mot de l'énigme et la nature n'a plus de secret pour lui. Ce qui explique tout pour Glisson, c'est l'*irritabilité;* pour Stahl, c'est l'*animisme;* pour Haller, la *contractilité;* pour Barthez, le *principe vital;* pour Brown, l'*incitabilité;* pour Tiedemann, l'*excitabilité.* Est-ce tout? Pas encore. Voici l'*archée* de Van Helmont, la *propriété vitale* de Bichat, le *tourbillon vital* de Cuvier, la *chimie vivante* de Broussais, l'*échange vital* de Moleschott...

Logomachie que tout cela! Ce qui fait mouvoir la plante comme ce qui fait mouvoir l'animal, — c'est la *vie,* et tout commentaire est superflu.

Nous avons vu naître la feuille; nous l'avons vue vivante; nous allons la voir mourir.

A peine une feuille est-elle arrivée à la plénitude de son développement normal, que déjà son activité physiologique commence lentement à décroître. Hélas! la vie est courte là-haut dans la verte feuillée.

Verte! Voilà qu'elle ne l'est déjà plus. Quelques mois à peine et c'en est fait de nos gentilles cellules travailleuses. Où sont les fraîches ardeurs d'avril et la puissante adolescence de mai? Juil-

let a été brûlant, août dessèche les feuilles les plus vivaces ;
vienne septembre et la triste livrée d'automne remplacera les
teintes de notre charmante viridine.

Ne me parlez pas, au nom des pittoresques effets du paysage,
de la chaude coloration du feuillage automnal. Le botaniste s'at-
triste des feuilles jaunies parce que les feuilles jaunies sont des
feuilles mortes. Que lui importent l'or éclatant et le rouge splendide, si tout ce rouge et tout cet or ne sont que le témoignage
d'une éclatante décrépitude? Et tenez, n'en voilà-t-il pas la
preuve? Voyez quel funèbre tourbillon emportent au loin les premiers vents froids qui soufflent à la fin de septembre !

Feuilles mortes, feuilles desséchées, je vous pardonne les mau-
vaises poésies que vous avez fait commettre. Après tout, ce n'est
pas votre faute, si tant de poëtes élégiaques ont abusé de vous.
Il n'en est pas moins vrai que vous résumez toutes les tristesses,
et qu'on ne peut réprimer un douloureux serrement de cœur
quand, solitaire au fond des bois, l'on foule aux pieds vos lugu-
bres jonchées.

On appelle du nom tout simple de *tombantes*, les feuilles qui,
nées au printemps, persistent jusqu'à l'automne. Les *caduques*
sont celles qui, dépourvues de toute ténacité, cèdent et se détachent au moindre choc. Tout autres sont les feuilles des *arbres
verts*, qui demeurent attachées à leurs rameaux pendant de longues années; celles-là sont les *persistantes*, et parmi elles on peut
en ranger quelques autres, celles des Chênes en particulier, qui,
bien que décolorées, sèches et bien mortes, n'en demeurent pas
moins solidement fixées à leurs branches jusqu'à l'irrésistible
invasion de la génération suivante. Ajoutons toutefois, pour éviter toute équivoque, que l'on donne spécialement le nom de
marcescentes aux feuilles de cette dernière catégorie.

Il y a chute et chute, comme il y a feuille et feuille. Dans nos
climats, chez nos arbres et arbustes à feuilles tombantes, celles-ci
se détachent nettement et d'un seul coup, comme par la fracture
d'une articulation. La pauvre feuille n'hésite ni ne s'obstine. Elle
est sèche, elle se sent inutile; pourquoi rester encore? Et elle
cède au premier souffle. Tout différemment agissent certaines
autres, celles des Palmiers, par exemple. Oh! celles-là sont obsti-

nées. Ni mourir ni tomber, et elles s'accrochent si bien à la tige
que ce n'est que par la violence ou avec le temps qu'elles en sont
arrachées, et que pendant de longues années les restes de leurs
pétioles hérissent le tronc de l'arbre de leurs lambeaux déchiquetés.

On a longtemps cherché à expliquer le fait si simple en apparence de la chute des feuilles dites *tombantes*. Comme toujours,
les hypothèses ont abondé, et je n'oserais pas vous affirmer sur
l'honneur que la dernière adoptée soit l'expression absolue de la
vérité. Quoi qu'il en soit, la voici ; elle est de M. Hugo de Mohl,
l'un des plus savants botanistes allemands. Il paraîtrait que,
lorsque le temps de la chute est venu, il se forme dans le coussi-
net même de la base de la feuille un rang de cellules toutes
jeunes, transparentes, différentes de celles qui les entourent et
dont le rôle unique est d'effectuer la rupture définitive. Donc, à
l'heure dite, elles se dissocient, se décollent les unes des autres
et ne laissent subsister, dans la fente qu'elles ont produite, que
les faisceaux fibreux du pétiole qui, trop faibles pour résister
tout seuls, se rompent vite et laissent la triste feuille entièrement désarticulée s'envoler en tournoyant.

Telle est la fin d'une destinée bien remplie. Qui dira tout
l'oxygène exhalé, tout le carbone mis en dépôt, tous les féconds
éléments mis en circulation par cette feuille sèche et noircie
dont se sont emparés déjà les végétaux de la mort, les Cryptogames épurateurs? Ensevelie, dissoute par la putréfaction, elle
va retourner dans cette terre d'où elle est sortie; mais, utile
jusque dans son sépulcre, elle enrichira de ses débris la vie,
l'infatigable vie à laquelle tout concourt, et remontera bientôt
peut-être, dans une goutte de sève qu'utiliseront les jeunes
feuilles d'un printemps à venir.

CHAPITRE VIII

—

ORGANES ACCESSOIRES.

L'épithète « accessoire », à vous dire vrai, me paraît assez impertinente, et je ne me serais jamais permis de l'employer de mon chef, si tous les botanistes ne m'en eussent donné l'exemple.

Accessoires! Est-il rien d'accessoire dans la nature, et ce *poil*, cet invisible poil lui-même que je regardais tout à l'heure au microscope et qui, sous un grossissement énorme (1,500 fois environ) ne m'apparaissait que sous l'aspect d'un mince petit ruban diaphane, croyez-vous qu'il soit accessoire? Tout est utile, tout est d'importance capitale dans les ateliers de la nature, qui met autant de soin dans la confection de la dernière de ses cellules que dans celle de l'organe le plus accompli.

Or c'est une cellule, en effet, qui constitue les poils végétaux. Une seule suffit quelquefois; quelquefois aussi deux ou trois se juxtaposent bout à bout, puis viennent des bifurcations ou des ramifications, puis s'ajoutent des renflements glanduleux.... Accessoire, un poil! Mais il me faudrait tout un grand chapitre rien que pour vous en raconter l'histoire (fig. 89).

Que sont les nécromanciens, que sont les empoisonneurs les plus habiles, à côté du plus petit poil de l'Ortie, par exemple, où au fond de laboratoires invisibles se fabriquent des venins d'une puissance incomparable? Et quel art infernal dans la manière de s'en servir! Prototype du crochet de la vipère, le poil de l'Ortie insinue dans la plaie où il se brise traîtreusement les sucs qu'il a lentement distillés, sucs si terribles parfois que les voyageurs nous parlent avec une véritable terreur de la piqûre

faite par certaines de ces plantes de l'Inde ou de Java. Cette
piqûre tue souvent, ou tout au moins frappe les membres de la
victime de longues paralysies précédées par des douleurs into-
lérables et compliquées de symptômes tétaniques.

Il existe fort heureusement d'autres poils moins méchants que
ceux-là. Les uns distillent des sucs plus ou moins parfumés ;
d'autres, et c'est la généralité peut-être, servent de préservatifs

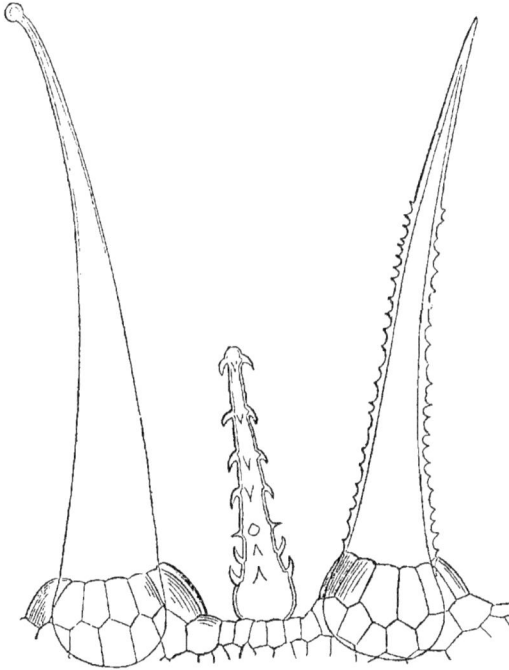

Fig. 89. — Poils grossis 400 fois.

contre le froid ou la chaleur, la chaleur particulièrement. Feu-
trés en étoffe soyeuse et blanche, ils préservent la plante, sous
les ciels ardents, d'une trop rapide évaporation. Comme l'Arabe,
ou plutôt comme ces plantes avisées, l'Arabe du désert lui aussi
se défend contre son soleil au moyen de manteaux et de turbans de laine.

Ils font bien plus que d'habiller la plante, ces poils ; ils nous habillent nous-mêmes, puisque certains d'entre eux constituent ce célèbre produit sans lequel la civilisation reculerait à coup sûr de plusieurs siècles, — vous avez nommé l'illustre, l'indispensable filament dans lequel s'enveloppe la graine du Cotonnier.

Certes, le sieur Poil-coton est un important industriel, mais l'utilitarisme, fort heureusement, n'est pas tout en ce monde, et l'art a bien aussi sa petite valeur, même en face du sieur Poil-coton. Eh bien, je vous signale comme un grand artiste le poil glanduleux de la Fraxinelle (de la famille des Rutacées). Celui-ci, ennemi de toute étroitesse d'esprit, affirme qu'on peut très-bien rapprocher les deux mondes, rallier l'art à l'industrie, et il le prouve en faisant de l'art industriel, c'est-à-dire en produisant un gaz d'éclairage particulièrement propre aux illuminations. Par une belle soirée d'été, approchez une bougie allumée d'une Fraxinelle en fleurs, et vous verrez s'enflammer l'atmosphère gazeuse que dégage autour d'elle la vaporisation d'une huile essentielle distillée par les poils en question qui raffolent de l'art pyrotechnique.

Fig. 90. — Aiguillons du Rosier.— a, trace d'un aiguillon enlevé ; b, base de l'aiguillon.

Des poils aux *aiguillons* la transition est toute faite, par l'excellente raison que les aiguillons ne sont que des poils durcis et devenus ligneux (fig. 90). Les uns et les autres sont une production immédiate de l'épiderme, aussi peut-on les en détacher sans peine. La cicatrice qu'ils laissent, nette, unie ou à peine concave, prouve assez que l'aiguillon, quelle qu'en soit la longueur, n'est qu'un organe superficiel (fig. 91 et 92).

Les *épines*, par exemple, sont tout autre chose. Issues du bois lui-même dont elles ont les fibres et les tubes, les épines ne sont que des organes dégénérés. Ce sont tantôt des feuilles avortées, comme celles de l'Épine-vinette, tantôt un rameau amaigri, négligé ou misanthrope, qui, ne sachant trop que faire, s'est fait volontaire et s'est engagé dans les lanciers. Ce qui

prouve bien qu'il n'a fait cela que par un coup de tête, c'est que
les soins d'une bonne culture le touchent généralement et le
ramènent à des sentiments tout autres. Il quitte l'uniforme et
endosse la blouse du travailleur; en d'autres termes, il se revêt
de feuilles vertes et reprend la physionomie d'un rameau inof-
fensif.

Lorsque donc l'épine n'est pas un ex-rameau aigri par le malheur, elle n'est, — nous pouvons être sévère à son égard, —
qu'un rameau garnement, qui paresseux, vantard et se sentant
méprisé, se fait agressif, pique l'un, pique l'autre, arrache une
plume à l'oiseau, un flocon de laine à la brebis ou un morceau
de culotte au passant..... Tels sont ses plus hauts faits.

Je sais bien que, pour se justifier, il prétexte d'importantes

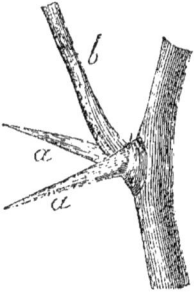

Fig. 91. — Épines stipulaires du   Fig. 92. — *a*, rameau; *b*, bourgeon;
Jujubier. — *a a*, épines; *b*. pétiole.   *c*, épine rameuse.

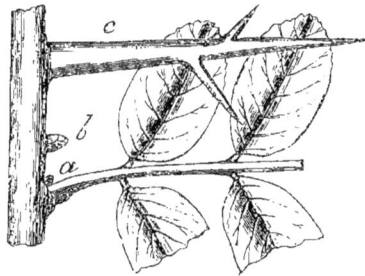

fonctions. Il se dit factionnaire et affirme avoir été préposé à la
garde de quelque chose, fleurs ou fruits. Subterfuge et mauvai-
ses raisons! Et la preuve, c'est que les aiguillons affichent des
prétentions identiques, eux qui ne préservent rien du tout. Je
vous demande un peu ce que gardent les épines du Prunellier
sauvage ou les aiguillons de la Ronce et du Chardon? et le Houx
qui aiguise en poinçons les nervures de ses feuilles, et le Rosier
qui, de la base au sommet, se hérisse comme un porc-épic et tant
d'autres encore?

Non, il y a des plantes qui positivement abusent du droit de
légitime défense et qui, sous l'influence d'un esprit de milita-

risme vraiment grotesque, finissent par contracter la manie
du poil durci, c'est-à-dire du poignard. Voyez le Cactus : n'est-il
pas ridicule sous sa forêt de hallebardes? et l'abominable
Ortie qui empoisonne ses dards comme le sauvage de l'Orénoque! Laissons là cette engeance.

Donc des poils, des glandes, des aiguillons et des épines, voilà
des organes accessoires. — Que pensez-vous de ces accessoires,
lorsque vous retirez votre main toute sanglante d'une touffe de
Ronces ou du milieu d'un buisson?

Heureusement qu'il en est d'autres absolument inoffensifs,
tels que les stipules et les vrilles. Nous voici presque reve-
nus à la feuille, car vrilles et stipules, ces dernières surtout,
sont des appendices qui, plus ou moins, dépendent de cet organe.

Les *stipules*, vous les connaissez. Ce sont ces oreillettes diversement développées, qui accompagnent de part et d'autre la
base du pétiole dans un si grand nombre de plantes. Leurs dimensions sont variées. Il en est qui se réduisent à un simple
filament, quelques-unes même ne forment qu'une petite protubérance, tandis que d'autres amples, étoffées, s'étalent à la
base de la feuille et parfois même la remplacent avantageusement.

Quant à la nature de leur tissu, même diversité. Les unes,
vertes et foliacées, ressemblent au limbe de la feuille, les autres
sont sèches, transparentes et scarieuses, c'est-à-dire à bords
parcheminés ; d'autres enfin, renchérissant du tout au tout, deviennent ligneuses, s'allongent, s'aiguisent et finissent par se
transformer en d'affreuses épines aiguës, qui de part et d'autre du pétiole se dressent comme des hallebardiers en fac-
tion ; toujours cette manie militaire dont nous avons ri tout à
l'heure.

Quand les stipules sont larges et membraneuses, elles jouent
naturellement le rôle des feuilles ordinaires et de plus entourent
de leur protection certains organes encore jeunes. Cette protection est manifeste, par exemple, dans le *Ficus elastica*, où l'on
voit une stipule entourer d'un long et solide cornet la feuille en-

core fragile, puis s'enlever tout d'une pièce quand celle-ci peut
se passer de son abri. Toutefois ces cas sont assez rares. Le plus
souvent les stipules sont moyennes ou petites, si petites quelquefois qu'elles sont à peine visibles, et enfin d'autant plus invisibles chez une foule de végétaux, qu'elles sont caduques et
tombent au plus vite.

Un autre organe, — toujours accessoire, — mais dont l'utilité ingénieuse et savante frappe dès le premier abord, c'est la
vrille.

Les *vrilles*, qu'un botaniste clairvoyant a eu l'excellente idée

Fig. 93. — Vrille ramifiée de Gesse. — *a*, vrille rameuse ; *b*, pétiole
élargi ; *c*, stipules ; *dd*, tige ailée.

d'appeler aussi *mains*, sont ces filaments grêles, mais forts et
souples, au moyen desquels certaines plantes s'accrochent et se
tiennent dressées le long des appuis qui les aident à monter
vers la lumière (fig. 93).

Vous vous souvenez de ces tiges volubiles, lianes de toutes
sortes qui, roulées en spirale autour d'un corps quelconque,
s'élèvent aux plus grandes hauteurs. C'est charmant et d'une
ingénieuse économie, mais tout le monde n'a pas la faculté de
se mettre l'épine dorsale en tire-bouchon. Et cependant toutes
veulent grimper, s'élever dans l'air pur, contempler le ciel bleu…
Comment faire, quand on ne peut ni se tenir droit et ferme,
ni prendre un bâton pour s'entortiller autour, quand on n'a

ni la puissante flèche du Peuplier, ni la souple spirale du Liseron?

Rien de plus simple; on se fabrique quelques douzaines de
vrilles. Demandez à la Vigne de votre tonnelle, aux Pois de
votre jardin ou à la Bryone des broussailles, et tous ils vous
diront que c'est justement le procédé qu'ils ont employé. On se
prend n'importe quoi, on se conforme aux circonstances. D'un
pétiole prolongé, d'une feuille qui ne sert plus, d'un fragment
même de feuille, on se confectionne quelques mains simples ou
rameuses, suivant les besoins qui se font sentir. La Vigne fait
mieux encore, elle se sert s'il le faut d'une grappe. Certes c'est
un grave détournement d'emploi, mais que voulez-vous! des
vrilles avant tout; d'autres fois, enfin, c'est un rameau inoccupé
qu'elle utilise... Rameau ou grappe, feuille ou pétiole, qu'importe? Pourvu qu'on s'accroche, qu'on monte et surtout qu'on
se chauffe au soleil.

Qu'est-ce donc qu'une vrille? Tout ce que vous voudrez; une
transformation, une improvisation, une création de fantaisie qui
remplace ou se superpose, et le tout avec une apparence incontestable de spontanéité. Demandez aux botanistes, et ils ne sau-
ront eux-mêmes que vous répondre. Il y a des plantes chez lesquelles les vrilles occupent des situations si extraordinaires, que
l'on ne peut comprendre ce qu'elles remplacent. Il serait infiniment plus simple de ne point s'en étonner du tout, et de ne voir
dans ces vrilles de commande que le produit d'une création fa-
cultative.

Une chose bien plus curieuse encore, c'est la manière dont
s'enroulent ces organes. Vous les considérez peut-être comme
des crochets aveugles et forcenés qui, sans discernement, sans
motif et même sans prétexte, s'entortillent dans le vide et saisissent le néant?

Profonde erreur! C'est essentiellement au contact d'un corps
étranger, que se développe dans ces curieux appendices la faculté
de formuler leurs spires. Non loin de son extrémité touchez une
vrille de Bryone, nous dit M. Macaire-Princeps, avec un corps
qui ne soit pas trop volumineux, et vous la verrez bientôt se
contracter, se replier, former une boucle, et en envelopper le

corps qui lui a été présenté. Ce contact, dont certaines vrilles peuvent se passer à la rigueur, est pour d'autres tellement indispensable, qu'on les voit se dessécher toutes droites, si nul attouchement n'est venu réveiller pour ainsi dire en elles leur faculté endormie d'enroulement.

Avouez que c'est étrange. Vous placez à côté de l'une de ces vrilles qui s'ignorent elles-mêmes, un corps de grandes dimensions, une grosse bûche, par exemple, et la vrille indifférente frôlera la bûche sans nulle émotion, sans le moindre pressentiment ; mais à la place mettez une baguette, une corde tendue, un échalas, et soudain voilà que la vrille a ressenti le choc.

Quel choc? Il faut bien qu'elle ait éprouvé quelque chose, puisque aussitôt ses fibres se contractent et qu'elle s'élance à l'escalade.

Et notez que le contact lui-même n'explique rien, attendu que ce sont des forces entièrement intérieures que ce contact doit réveiller. Pour s'en convaincre, on a fait à ces pauvres vrilles une infinité de misères. On les a plongées dans l'eau, engluées de gomme et de sirop, enivrées d'alcool, empoisonnées d'ammoniaque, brûlées d'acides divers, et toujours les vrilles héroïques se rapprochaient, puis s'enroulaient autour des corps propres à l'escalade.

J'ai gardé pour la fin une particularité surprenante. C'est la Vigne vierge qui nous la fournit. Lorsque cette plante est appliquée contre une muraille de pierre, de brique ou de pièces de bois auxquelles ses vrilles ne peuvent naturellement pas s'accrocher, elle ne se décourage pas pour si peu. Ah! très-bien, se dit-elle, mes crochets ne sont plus bons à rien ici, en ce cas changeons d'outils..... et elle se fait alors des pattes de rainette.

— Des pattes de rainette !

— Parfaitement. Appliquées contre des corps planes, ces vrilles deviennent le siége d'un développement spécial. Elles s'élargissent, s'aplatissent et se munissent de pelotes analogues, je vous l'ai dit, à celles qui terminent les doigts des pattes en question. Ces pelotes, la Vigne vierge les englue d'un suc visqueux, puis, appareillée de la sorte, en deux jours, elle se colle solidement à toute muraille et se rit des difficultés. Vous conviendrez qu'après semblable escalade, il ne nous reste vraiment plus qu'à tirer l'échelle.

CHAPITRE IX

Nous arrivons ici à une question capitale. Il s'agit de la nutrition des végétaux. Nous en avons dit quelques mots en parlant de la racine ; mais la racine seule ne nourrit pas le végétal,
c'est particulièrement par les feuilles que s'accomplit cette importante fonction.

L'acte est complexe. Il y a *absorption* d'abord des matières
nutritives, puis *circulation* de ces matières dans les canaux de
la plante, *transpiration*, *excrétion*, *respiration* de l'air extérieur et enfin accroissement des organes par *assimilation* définitive.

Développons avec quelques détails. Il n'est pas en Botanique
de plus haute question.

La plante, on le sait, se nourrit de substances inorganiques,
c'est-à-dire d'éléments simples, premiers et indépendants de
tout organisme. Ce sont des gaz d'abord, ou parties constituti-
ves de l'atmosphère, tels que l'oxygène, l'hydrogène, l'acide
carbonique, l'azote ; ceux-là sont absorbés par la partie aérienne
de la plante. Ce sont ensuite des sels minéraux, du carbone,
du soufre, du phosphore, du chlore, de la chaux, de l'ammoniaque, de la potasse, de la soude, de l'alumine, de la silice, etc. ; ceux-ci sont absorbés par les radicelles et les pores de
la racine.

Mais ces éléments ne sont absorbés qu'au moyen d'un véhicule qui les dissout, qui les entraîne ; ce véhicule, c'est l'eau. Si

donc ce n'est pas de l'eau en elle-même, que se nourrissent les
racines, ce n'est que par elle qu'elles sont mises en état de pro-
fiter du voisinage des sels minéraux dont elles ont besoin pour
vivre. Une plante dont les racines plongent dans l'eau pure
meurt de faim ; mais cette même plante meurt également de
faim dans le terrain le plus riche, si elle y manque d'eau d'une
manière absolue.

Puissamment aspirée, nous saurons plus tard pourquoi cette
eau, cette séve toute claire encore, imbibe les radicelles et en
pénètre les premières cellules toujours remplies de sucs plus ou
moins épais qui, par suite d'un phénomène bien connu en physique sous le nom d'*endosmose*, ont la propriété d'attirer les liquides moins denses. Naturellement ce qui se fait dans une cellule se fait dans toutes. Envahies de tous côtés par l'eau que
renferme le sol, elles l'absorbent de par les lois de l'endosmose.

Il ne suffit pas que cette séve soit entrée dans les racines, il
faut que nous la fassions monter, et d'ici au sommet de notre
végétal, pour peu que nous choisissions un Peuplier de moyenne
venue, quelle escalade, miséricorde! N'importe, essayons toujours, et d'autant plus que nous avons, pour contraindre notre séve à effectuer son ascension, cinq bonnes raisons à lui
donner.

Et d'abord, peut-elle rester immobile dans les cellules où
l'endosmose l'a fait pénétrer, alors que cette même endosmose
tout à la fois l'attire un peu plus haut et la chasse, la pousse
par derrière, par l'introduction d'une nouvelle provision aspirée
dans la terre?

A l'endosmose déjà citée vient s'ajouter la *capillarité*, phénomène bien connu par la prestesse avec laquelle elle fait monter les liquides dans des tubes d'une excessive étroitesse, fins
comme des cheveux, capillaires en un mot. Certes, des tubes de
ce genre abondent dans notre végétal tout entier, aussi bien
dans son tissu cellulaire que dans son tissu vasculaire et que
dans son tissu fibreux. La capillarité est donc ici chez elle, et ce
n'est pas se bercer de chimères que d'attendre de sa part le
concours le plus empressé.

Comptons-y donc, sans cependant négliger une troisième cause d'ascension non moins efficace : il s'agit de l'appel énergique des feuilles qui, sans cesse altérées par l'abondante transpiration dont elles sont le siége, exercent une très-puissante succion dans toutes les parties supérieures du végétal.

Un quatrième argument peut être tiré des variations de la température, de son élévation en particulier qui, en dilatant l'air contenu dans les canaux de la plante, le fait monter et pousser devant lui les globules séveux auxquels il se trouve mêlé.

Mais la cause la plus efficace, bien que la plus incompréhensible, la voici : c'est l'impulsion organique, c'est l'énergie vitale, c'est ce je ne sais quoi qui pousse la séve dans sa course ascensionnelle, comme il pousse le sang dans sa circulation artérielle ; c'est la vie enfin, qui, dans la cellule végétale, douée d'une contractilité bien constatée, comme dans le nerf, la veine ou le muscle, établit le siége inconnu de sa puissance, galvanise la matière et résume dans un centre invisible le mystère de force qui meut et régit l'univers.

Mais voilà que notre séve est montée, et vraiment l'on ne saurait s'en étonner quand on songe à toutes les excellentes raisons qu'elle avait pour cela. Elle est montée par l'aubier de l'arbre, c'est-à-dire cette partie plus molle et de couleur plus claire, qui du cœur du bois s'étend jusqu'à l'écorce. Elle avait là, pour effectuer son ascension, deux sortes de tissus : de longs tubes tout prêts à la conduire et des fibres ligneuses toutes disposées à se laisser imbiber. Dans l'embarras du choix elle les a pris tous les deux. Monocotylédonés, Dicotylédonés, herbes, arbrisseaux et arbres, tout est escaladé, imprégné de la base au faîte, par ce vivifiant liquide qui dès les premiers jours tièdes renouvelle en quelques semaines la surface des continents.

Mais aussi quelle ivresse et quel gigantesque travail ! Du vert, il faut du vert partout, sans compter les fleurs dont il sera question plus tard. A moi des gaz, s'écrie tout à coup l'utricule réveillée, des gaz, de l'eau, puis des rayons de soleil, pour colorer la terre entière avec des torrents de viridine !

Et tout arrive à son appel. Ce sont d'abord de vagues teintes gaies, qui sans couleur appréciable illuminent les coteaux, les buissons. C'est un vaste sourire ou comme une vibration tiède qui de l'éther bleu, du soleil d'or, se communique à la terre endormie. Voici le printemps! Cri suprême, frisson de vie, qui gonfle la poitrine et enfièvre le cœur.

Mais voici que le grand pinceau de Mars a çà et là jeté sa touche. Des prairies, des champs et des blés tout fraîchement badigeonnés se détache comme un doux éclat d'émeraude. L'air paraît bleu quand on regarde au ciel, mais il est plein de reflets verts sur la campagne; et la forêt là-bas qui paraissait dormir, la voyez-vous qui tout doucement tire sa mante grise, et, prise de l'universelle ivresse, se couronne de pampres et se teinte, elle aussi, de vert? Dès lors le ton est donné, d'un horizon à l'autre la viridine est reine; çà et là quelques terres brunes, de loin en loin quelques fleurs jaunes ou blanches; mais partout ailleurs le bleu là-haut, le vert ici, telles sont les couleurs du printemps.

Restons-en là pour le moment. La sève est tout au haut de l'arbre; nous l'y retrouverons plus tard, alors que des sommets de la tige nous redescendrons avec elle, pour étudier les tissus nouveaux qu'elle aura formés.

CHAPITRE X

────

Maintenant que nous avons vu fonctionner l'instrument, examinons-en de plus près l'organisation intime.

Cet instrument, c'est notre tige, qui n'est ni plus ni moins qu'un corps de pompe.

Qu'est-ce qu'une pompe, en effet, si ce n'est un appareil au moyen duquel on élève une colonne de liquide au-dessus de son niveau habituel?

Le tronc de l'arbre est dans une certaine mesure une pompe organisée. Regardez au microscope, sous un faible grossissement, une lamelle de jeune tige fendue longitudinalement. C'est une agglomération incroyable de cellules qui se font soupapes et de cellules qui se font tubes. Ces tubes sont étroits, mais ils se comptent par milliers, que dis-je? par millions, et, si le tronc d'un gros arbre devenait tout à coup transparent, vous verriez par combien d'innombrables petits conduits la séve monte vers la tête d'en haut.

Comment et pourquoi elle monte, vous le savez déjà. Poussée d'en bas, attirée de cellule en cellule et aspirée par le vide que produit dans les sommités du végétal l'abondante transpiration des feuilles, elle s'élève avec une force qui étonnerait si l'on en connaissait l'intensité constante.

Dans les premières pages de l'histoire de la tige, nous avons dit en quelques mots de quoi se compose cet organe dans les divers embranchements. Le moment est venu de compléter ces rapides indications. Considérée dans son extrême jeunesse, peu après son sevrage, la tigelle d'un végétal dicotylédoné n'est qu'un simple tissu cellulaire. Une rangée circulaire d'utricules forme l'*épiderme;* sous l'épiderme vient l'*écorce ;* après l'écorce se dessine déjà une des couches les plus importantes de la tige, couche d'action productive, et qu'on a tour à tour appelée de différents noms, parmi lesquels nous pouvons choisir celui de *zone génératrice.* Au centre, enfin, s'arrondit une masse cellulaire très-étendue d'abord, mais qui diminue plus tard, sinon d'importance, du moins de volume : c'est la *moelle.*

Mais voici que notre tigelle grandit et devient sérieuse. Silencieusement, elle se fabrique des fibres et des tubes. On voit là des éléments qui, pour se fortifier réciproquement, s'associent, se groupent, se collent. Fendons la tige en long, que voyons-nous? Des *faisceaux fibro-tubulaires,* c'est-à-dire tous les forts éléments du *ligneux* le plus dur.

Dans ces faisceaux se trouvent des vaisseaux de toute nature, entremêlés de fibres rigides qui, de part et d'autre, s'enfoncent dans les tissus, s'y enchevêtrent, et y tissent d'inflexibles réseaux gorgés de matières ligneuses.

Voilà de quels robustes aliments se nourrit lentement la jeune tige, tandis que la matière celluleuse primitive, refoulée par ces faisceaux de fibres raides, s'étoile et rayonne en lignes divergentes appelées *rayons médullaires,* depuis le centre où se trouve la moelle jusqu'aux parties vertes de l'écorce.

Au centre donc, la moelle ; tout autour, des fibres et des tubes. — du bois, pour tout dire en un mot.

Voilà le *système central* ou *ligneux.*

A ses confins s'étend la zone génératrice, puis au delà, c'est-à-dire au dehors, se trouve l'écorce composée d'éléments divers.

Voilà le *système extérieur* ou *cortical.*

Le bois au centre, l'écorce autour, séparés l'un de l'autre par la zone génératrice, c'est là tout l'arbre.

L'écorce est un organe complexe qu'il faut dédoubler pour le bien connaître. L'écorce, c'est le vêtement de l'arbre: or un vêtement bien conditionné peut-il se borner à un seul tissu? L'arbre en a jugé autrement, car il compose habituellement sa tunique de trois couches fort distinctes. La première, proche parente des fibres ligneuses, est, elle aussi, fibreuse, résistante, s'enlève souvent par feuillets minces et s'appelle pour cette raison *liber*[1], qui en latin signifie livre, c'est-à-dire une réunion de feuillets. La seconde, entièrement utriculaire comme la moelle, sa proche alliée, à laquelle l'unissent les rayons médullaires, se teinte habituellement de vert et doit à ce luxe particulier le nom de *couche verte* ou *enveloppe herbacée*. Quant à la dernière couche ou peau extérieure, c'est l'*épiderme*, cuirasse plus ou moins écailleuse, au moyen de laquelle la couche verte se préserve du contact de l'air et des brutales intempéries.

Telle est la triple enveloppe de l'arbre, vêtement qui paraît bien suffisamment confortable.

Eh bien, tel n'est pas l'avis du Chêne-liége. Les trois couches ne lui suffisent pas. Entre l'épiderme et la couche verte, il intercale une enveloppe supplémentaire. Quelques arbres l'avaient inventée avant lui, mais du moins l'avaient discrètement laissée fort mince, la considérant comme chose de luxe. Le Chêne-liége, lui, est un sybarite. Veut-il se préserver du froid? Il habite cependant les pays chauds. Sont-ce les brumes du soir, ou les fraîcheurs du matin, ou les courants d'air qui l'incommodent? Toujours est-il qu'il exagère les précautions. Cette mince couche *subéreuse,* c'est ainsi qu'on la nomme, il la décuple, la centuple, en fait un matelas énorme. Que ferait-il donc s'il habitait la Sibérie?

Si nous voulions quitter un instant le côté purement théorique de la science et nous abandonner aux considérations intéressées de l'utilitarisme, nous serions contraints de nous arrêter sur les usages innombrables soit de la couche subéreuse (liége), soit de la couche libérienne (matière textile), non moins utile et tout aussi intéressante. Bornons-nous à quelques mots. Le liége utilisé par l'industrie nous est exclusivement fourni par

---

[1] Aux fibres du liber s'adjoignent parfois des tubes contenant des liquides spéciaux et généralement laiteux, qu'on nomme, nous l'avons dit plus haut, *vaisseaux laticifères*.

le Chêne de ce nom ; mais au point de vue botanique, la couche subéreuse existe plus ou moins sur quelques autres végétaux, tels que certaines Aristoloches des pays chauds, l'Orme subéreux, l'Érable champêtre et la tige d'une Monocotylédonée appelée d'un nom barbare, *Testudinaria elephantipes*[1].

Le liber est plus utile encore, puisque c'est lui qui nous donne les matières textiles. Isolées par le rouissage de la tige d'une foule de plantes (Lin, Chanvre, Tchouma des Chinois, China-grass des Anglais, Formium tenax, Urticées diverses, etc.), les fibres libériennes deviennent des *filasses* d'où sont tirées les cordes et les toiles qui, réduites plus tard en chiffons, se transforment en ce beau papier de fil, dont il est superflu de faire ressortir l'importance et le prix.

Le liber, la couche verte, la couche subéreuse et l'épiderme nous font quatre, si nous comptons bien ; ces quatre couches composent l'écorce ; l'écorce recouvre le tronc dans lequel nous avons trouvé à l'extérieur la zone génératrice, puis les fibres ligneuses, puis tout au milieu la moelle, d'où divergent les rayons médullaires ; telle est la composition de notre tige pendant la première année.

Et maintenant que va-t-il devenir l'année prochaine, notre petit corps de pompe? S'il appartient à une *herbe*, il ne produira pas d'autres faisceaux ; il mourra et se desséchera. Mais s'il appartient à un arbrisseau ou à un arbre, les choses alors se présentent sous une tout autre physionomie. Les faisceaux de tubes et de fibres se multiplient en cercle régulier, se pressent, remplissent l'espace qui séparait les uns des autres les rayons médullaires, de telle sorte que ces derniers, progressivement rétrécis, finissent par ne plus tracer sur le tronc compacte qu'une rose de fines et blanches lignes divergentes. La moelle centrale, elle aussi fort resserrée, finit par être enfermée dans un tube

---

[1] C'est dans la couche subéreuse que s'opèrent ces exfoliations bizarres qui, de la tige du Platane, tout particulièrement, font tomber ces larges plaques que tout le monde a pu remarquer. Un phénomène analogue, quoique moins sensible, a lieu pour le Bouleau, le Prunier, le Poirier, le Tilleul, le Chêne, etc.

invariable (*étui médullaire*), et tout autour d'elle s'accumulent les couches primitives qui, durcissant avec l'âge, deviennent le *cœur de bois* ou *bois parfait* ou *duramen*, dont il est facile de reconnaître la teinte foncée sur le tronc d'un arbre scié transversalement[1].

Dès la seconde année, la vie disparaît de ces tissus, et des désorganisations de toutes sortes le révèlent bientôt après. Tantôt c'est de haut en bas, tantôt latéralement que la moelle morte se déchire. Par fragments cylindriques, par rondelles horizontales ou par lambeaux épars, on la retrouve dans certains vieux troncs desséchés.

Les fonctions physiologiques de la moelle sont inconnues en Botanique, mais ses usages sont divers. Il arrive fort souvent que cette moelle, voulant se rendre utile, se gorge de fécule et devient alimentaire, et c'est alors que dans les graines féculentes ou amylacées des céréales et des Légumineuses, dans les fruits du Bananier, dans la tige aérienne du Sagoutier et du Cycas, dans les parties souterraines des Pommes de terre, de la Patate, de l'Igname, du Manioc et de vingt autres plantes exotiques, elle nous prépare ces trésors de fécule dont se nourrissent les trois quarts des êtres vivants.

Ce n'est pas tout. La moelle fait de l'art à ses moments perdus, et nous fabrique dans les tiges de l'*Aralia papyrifera* de la Chine une substance dans laquelle on coupe, presque sans aucune préparation préalable, des lames d'un papier dont la blancheur translucide et la finesse de texture sont vraiment

---

[1] Pas toujours si facile qu'il nous plaît bien de le dire. Le cœur de bois se distingue à peine dans les arbres à bois blanc et mou comme le Saule et le Peuplier, et pas beaucoup davantage dans les bois demi-durs comme le Hêtre et le Charme. Les arbres seuls où le bois parfait tranche nettement sur l'*aubier* sont les arbres à bois dur, tels que le Chêne, l'Orme et beaucoup d'autres encore où le contraste est caractéristique. Le Mûrier, par exemple, a le cœur brun et l'aubier jaune clair; dans le Noyer, ils sont, l'un, brun foncé, l'autre, blanchâtre; dans le Cytise, la différence est encore plus tranchée, puisque le centre est noirâtre, tandis que le pourtour est de teinte très-pâle; mais c'est dans l'Ébène que le contraste acquiert son maximum de netteté : le cœur est d'un noir parfait, l'aubier d'un jaune à peu près blanc.

admirables. Cette matière, improprement appelée *papier de riz*, sert à la fabrication de fleurs artificielles, et plus souvent encore à la confection d'images de toutes sortes coloriées à l'aquarelle.

CHAPITRE XI

———

Nous l'avons laissée là-haut, notre séve, à la cime de l'arbre où l'a élevée le corps de pompe. Étudions maintenant comment elle va en descendre.

Descendre n'est pas une expression juste : rigoureusement c'est revenir qu'il faudrait dire, attendu que la séve revient aux racines, qu'elles soient plus hautes ou plus basses que la cime, et sans s'inquiéter du mode de locomotion qu'il lui faudra choisir pour effectuer ce retour. Toutefois remonter aux racines n'est qu'une exception et nous pouvons nous servir du mot descendre, maintenant qu'il est bien entendu qu'il ne faut lui donner qu'une valeur relative.

La séve vient donc d'arriver au sommet de l'arbre. Elle y est montée non élaborée, c'est-à-dire liquide, aqueuse et impropre à la nutrition. Mais, la voici qui pénètre dans la feuille. De toutes parts elle y circule par les innombrables cellules qui constituent le tissu lui-même de l'organe foliacé. Par des milliers de petites ouvertures appelées *stomates*, vous le savez, elle se met en communication avec l'air atmosphérique, et c'est alors que s'opèrent deux phénomènes essentiels et sans aucun doute simultanés, mais que nous vous demandons la permission de raconter successivement.

Transpiration, puis respiration, tels sont les deux phénomènes qui nous feront comprendre comment il se fait que d'un liquide stérile, la séve puisse devenir cette féconde substance qui non-seulement nourrit les bourgeons de l'année, mais crée encore, en redescendant vers les racines, une couche de bois nouveau.

La transpiration ressemble tout d'abord à une simple évaporation. C'est dans la profondeur même des tissus que s'accomplit le phénomène. Là, autour de chaque utricule vivante remplie d'un liquide aqueux, circule l'air atmosphérique, tout le long des petits canaux que forment les vides intercellulaires. Jusque-là rien d'autre que l'évaporation; l'eau transsude à travers la membrane et se vaporise au contact de l'air tiède, souvent très-chaud, que la brise la plus légère renouvelle sans cesse autour des feuilles. Mais c'est ici que la vie se manifeste. Ce n'est pas seulement, en effet, de la vapeur d'eau qui s'échappe, ce sont aussi des matières organiques, des éléments dont la cellule veut se débarrasser et qu'elle jette au dehors[1]. Elle les jette si bien que, dès que la vie s'éteint en elle, cette expulsion particulière s'arrête... tandis que l'évaporation continue dans une certaine mesure.

Ce n'est donc pas en obéissant à une force purement mécanique, que la cellule transpire. A l'évaporation s'ajoute une sorte de déjection ou de mise au dehors que stimule la vie, et c'est à ce stimulant seul qu'il faut attribuer l'énorme quantité de vapeur, bien des fois constatée, qu'émettent les végétaux de toute taille. Un grand pied d'Hélianthe, vulgairement appelé Soleil, émet presque un kilogramme d'eau[2] par jour, pendant les grandes chaleurs; un arbre de grandeur moyenne en exhale une dizaine de litres et de la surface d'un pied carré pris au hasard dans une prairie, il s'élève, dans le même temps, une moyenne de trente-trois pouces cubes d'eau[3]. Que l'on juge, d'après ces chiffres, de la masse liquide incalculable qu'émettent tous les jours les

---

[1] Ce sont surtout les feuilles par lesquelles s'effectuent ces excrétions. C'est ainsi que pendant l'été les feuilles du Sycomore se recouvrent d'une matière mielleuse et sucrée; celles des Pins et des Sapins exsudent de la résine. D'autres fois c'est de la cire, de la gomme, des huiles volatiles qui sont ainsi sécrétées.

[2] D'après les observations de Hales.

[3] D'après les expériences de Schubler.

prairies et les forêts. Ce sont ces flots de vapeur qui, vers le soir, en automne, alors que le froid les condense, forment sur les régions herbeuses ou boisées une grande partie de ces nuages de blanches brumes qui recouvrent les bas-fonds.

Et c'est notre pompe qui fournit ces torrents d'eau, elle qui alimente l'armée des feuilles, des bourgeons et jusqu'à l'écorce des parties vertes, car tous ces organes transpirent à la fois; est-il étonnant que, traitée de la sorte, notre sève s'épaississe et se concentre en un véritable consommé?

La plante ne se borne pas à transpirer, elle respire encore, et c'est dans ce second et important phénomène qu'il faut chercher l'une des causes les plus efficaces de l'élaboration du liquide séveux.

La respiration végétale est un phénomène obscur et complexe. Hales, un savant botaniste, disait, il y a plus de cent ans déjà : « Les feuilles servent aux végétaux comme les poumons aux animaux. » Le mot était hardi. Était-il également juste? Pas tout à fait peut-être, mais assez cependant pour donner de la question une idée suffisamment précise.

Le problème était d'autant plus obscur que l'on était mal renseigné. Hier encore, l'on se figurait que la respiration végétale était double, qu'elle se divisait en respiration diurne ou chlorophyllienne et en respiration nocturne.

Dès longtemps on a constaté que des feuilles fraîches plongées dans de l'eau pure dégagent sous les rayons du soleil des bulles de gaz qui se trouve être de l'oxygène pur, et d'autre part, que l'air atmosphérique, mis en contact avec des organes feuillés en pleine végétation, éprouve une déperdition considérable d'acide carbonique.

Cette expérience, cent fois répétée au moyen d'appareils progressivement perfectionnés, où des branches entières étaient enfermées dans des ballons de verre, a finalement permis de conclure que sous l'influence de la lumière du soleil les cellules vertes s'assimilent du carbone et dégagent de l'oxygène. L'un et l'autre proviennent de la décomposition de l'acide carbonique de l'air, comme aussi de celui de la sève qui leur arrive des racines.

Or voilà le phénomène que l'on appelait respiration diurne, c'est-à-dire, en deux mots, fixation de carbone dans les tissus verts de la plante, et exhalation d'oxygène dans l'air atmosphérique.

La respiration nocturne, au contraire, c'était l'absorption de l'oxygène et l'exhalation de l'acide carbonique, — phénomène qui, pour le dire en passant, est la fonction normale des organes colorés de la plante (parties non vertes, fleurs, fruits, etc.). Aujourd'hui la question est complétement élucidée, grâce aux travaux d'un certain nombre de savants, parmi lesquels nous pouvons citer MM. Garreau, J. Sachs, Ch. Morren et enfin Claude Bernard, l'éminent physiologiste.

Suivant ces auteurs, qui contestent la légitimité du mot de respiration appliqué à l'exhalation de l'oxygène sous l'influence de la lumière du soleil, la plante n'a, pendant le jour, comme pendant la nuit, qu'un mode unique de respiration à peu près semblable à la respiration animale; et c'est à un simple phénomène de *nutrition* qu'il faut attribuer l'acte par lequel la plante décompose l'acide carbonique de l'atmosphère.

Il y a donc un mot à changer. Il s'agit de remplacer le mot de respiration diurne, par celui de *fonction chlorophyllienne;* et il n'y a que les parties vertes des végétaux qui puissent s'acquitter de cette fonction sous l'influence chimique des rayons du soleil.

Toute plante verte prouve, par cela même qu'elle est ainsi colorée, qu'elle accomplit la fonction par excellence du végétal qui est de faire du carbone. Le vert est pour la plante la livrée du travail et de la santé. Aussi défiez-vous de toutes ces malsaines créatures jaunâtres ou blanchâtres : Cuscutes, Monotropes, Cytinus, Orobanches, Clandestines, Champignons et autres parasites qui, sous leurs faces blèmes et dans leurs tissus lâches, n'auraient pas à nous montrer un seul globule de viridine.

Embryons en germination, racines, tiges ligneuses, bourgeons fermés, fleurs et fruits mûrs, autant de fâcheux producteurs d'acide carbonique.

Au milieu de tant d'ennemis, qui donc nous sauvera? La feuille,

la feuille verte, ou plutôt l'utricule qui nous prodigue tous ses
dons : ici la viridine qui nous fournit de l'oxygène et nous fabrique
du bois et du charbon ; là-bas la blanche fécule qui nous nourrit.
L'air, le feu et le pain, c'est-à-dire la vie, voilà ce que nous donne
incessamment et par masses incalculables... la petite cellule
bienfaisante que rend inépuisablement féconde un simple rayon
de soleil !

Oh ! la belle usine que nous avons là sous les yeux. Quel ordre,
quel silence et quelle merveilleuse activité ! Rangées en file et
côte à côte, serrées jusqu'à l'aplatissement les unes contre les
autres, les voyez-vous, ces innombrables petites ouvrières, vêtues
de leurs gentilles robes vertes ? C'est le costume de rigueur, c'est
l'uniforme des bonnes travailleuses. Pas un mot, pas un geste.
Tout entières à la besogne, de l'aube au crépuscule, elles pompent, aspirent, distillent. Voici des matériaux qui leur viennent
des racines, en voici d'autres qui leur viennent de l'atmosphère.
De l'une à l'autre, elles se passent le tout, le manipulent, se le
repassent, püis recommencent...

Ce qu'elles font au juste, je ne saurais trop vous le dire ; mais,
ce que je puis vous affirmer, c'est que c'est de la haute chimie.
Par toutes les portes entrent de petites colonnes d'air, dans tous
les rangs des travailleuses passent de gais rayons de soleil, de
toutes les cheminées de l'établissement sortent des vapeurs et
des gaz ; l'eau circule, le charbon s'accumule. Tout est joyeux,
illuminé. De tendres nuances d'émeraude se combinent à des
reflets d'or, et de rapides lueurs cristallines font courir des franges d'argent sur les coutures des robes vertes.

— Mais où donc est-elle, cette usine fantastique ?

— Partout, autour de vous, ici, dans ce brin d'herbe, et là, sur
votre tête, dans cette feuille d'arbre que balance la brise.

Grâce à toutes ces manipulations chimiques dont il vient d'être
question, notre séve n'est plus aqueuse comme elle l'était plus
ou moins pendant son ascension dans la tige. Épaissie, perfec-
tionnée, élaborée en un mot, c'est-à-dire nutritive et féconde, la
voilà prête à descendre. Elle est montée par les fibres ligneuses
de l'aubier, elle va suivre maintenant un autre chemin : c'est en-

tre le bois et les couches libériennes qu'elle va lentement s'étaler, glisser tout le long des branches et tout le long du tronc,
jusqu'aux plus profondes racines. Elle émerge de la cime de
l'arbre et en découle sous l'écorce comme l'huile d'une lampe
qu'on vient de monter et qui déborde. Huile féconde, c'est la vie
qu'elle porte avec elle et qu'elle épanche en cellules nouvelles,
en tissus lentement coagulés.

Mais n'avançons qu'avec précaution. La question est ardue et
les opinions divergent. Je vous donnerais à coup sûr une étrange
idée des tâtonnements de la science, si je vous exposais tout au
long les nombreuses hypothèses qui ont été mises en avant pour
l'explication de l'accroissement de notre tige. En voulez-vous un
faible spécimen?

— L'aubier produit le bois et le liber, dit Hales, le savant physiologiste anglais.

— Non, c'est au contraire le liber qui produit l'écorce et le
bois, répondent Malpighi, Mirbel, Grew, Meyen et Duhamel.

— Il s'agit bien de liber ou d'aubier, interrompent Lahire,
Moeller, Darwin, Du Petit-Thouars et Gaudichaud: ce sont les
bourgeons qui forment chaque couche annuelle de la tige. Plantés comme de véritables graines dans l'écorce, ils glissent,
allongent jusqu'au sol, sous les couches libériennes, le réseau de
leurs racines, et c'est justement ce réseau radiculaire qui forme
le nouveau bois au printemps.

— Quelle erreur profonde est la vôtre! riposte Agardh, le
botaniste suédois. Ce ne sont pas du tout les bourgeons, mais
bien les queues de toutes les feuilles qui, soudées entre elles
pour ainsi dire, enveloppent d'une couche de fibres descendantes
le tronc des grands végétaux.

— Ce que vous dites là est fort bien, reprend le savant Gaudichaud, mais un point essentiel que vous oubliez, c'est que chaque feuille constitue une individualité végétale que j'appelle, moi,
phyton, et ce sont les vaisseaux radiculaires de tous ces phytons
qui plongent jusqu'au sol.

— Oui, c'est bien à peu près cela, murmurent Meyen et Lindley, cependant...

— Et nous, s'écrient impétueusement Grew, Kieser et Bi-

chard, nous vous déclarons ceci, c'est que ce ne sont ni l'écorce,
ni les bourgeons, ni les queues des feuilles, ni même les phytons qui effectuent l'accroissement de la tige, mais bien un liquide spécial constitué par la séve élaborée qui, s'épanchant
entre le bois et l'écorce, se divise, se dédouble latéralement pour
ainsi dire, et forme deux couches, l'une d'aubier nouveau qui
s'ajoute à l'ancien bois, et l'autre de jeune liber qui vient se jux-
taposer à la vieille couche corticale.

Est-ce bien tout? Non certes. Malgré les apparents faisceaux
d'opinions que nous avons essayé de grouper artificiellement
pour vous, il ne faut pas oublier que chaque auteur nuance ses
opinions et s'entoure si bien de réserves, — quand il ne renonce
pas carrément à ses points de vue d'autrefois, — que c'est quand
ils paraissent le plus d'accord, qu'il faut renoncer à faire sortir
l'harmonie de l'ensemble de tous ces systèmes ondoyants, con-
fus et.... divers, bien décidément.

Maintenant, choisissez. Rien n'est plus clair, comme vous le
pouvez voir vous-même, et ce n'est certainement pas à nous qu'il
faudrait reprocher votre indécision, quand nous vous entourons
d'un si bel assortiment de théories.

Ne rions point. L'ironie, vis-à-vis de savants tels que ceux que
nous venons de nommer, serait injuste et de mauvais goût. Le
doute, les hésitations, les tergiversations même, sont légitimes
en face du grand et éternel problème de la création. Nul ne peut
jamais dire qu'il est arrivé, et il faut pardonner à l'homme qui
cherche les petites bouffées de vanité qui, tout en obscurcissant
la lentille de ses microscopes, lui font croire qu'il a vu plus et
mieux que ses contemporains ou que ses prédécesseurs.

Quant à nous, qui avons accepté la lourde tâche de vous raconter le plus clairement possible l'histoire de l'accroissement
des tissus de la tige, il ne nous reste plus qu'à conclure nous-
mêmes, d'après les théories les plus accréditées aujourd'hui.
Puisque nous avons déjà cité tant de noms, citons-en deux encore, Dutrochet et Trécul. Suivant ces deux physiologistes, c'est
grâce à l'interposition de la couche génératrice alimentée par le
cambium ou séve élaborée, que l'écorce et l'aubier s'enrichissent

l'un et l'autre et sur place, la première d'une nouvelle membrane libérienne, le second d'une jeune couche de bois.

Voilà la théorie qui dans l'état actuel de la science est le mieux justifiée par de sérieuses et concluantes observations. Elle résume du reste en quelque sorte les systèmes divers. Selon les uns, la création des couches annuelles se fait de haut en bas, selon les autres, elle a lieu simplement sur place et comme horizontalement, et voilà que la théorie en question, formant comme une synthèse générale, lui fournit pour origine l'organisation du cambium, bois véritablement liquide qui s'épanche en effet de haut en bas, mais qui donne à l'écorce et à l'aubier les éléments nécessaires, pour que l'un et l'autre s'enrichissent sur place de nouvelles cellules.

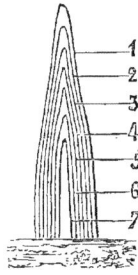

Fig. 94.

Chaque année donc notre séve élaborée révèle sa puissance génératrice. Circulairement et d'un bout à l'autre de la tige, elle coule comme une nappe de liquide épais, et fécond, coiffe le végétal entier d'une sorte d'étui conique, qui, du dedans au dehors élargit les zones ligneuses, et du dehors au dedans épaissit les couches corticales, tandis que les bourgeons, prenant leur part du riche festin, émergent progressivement du tronc paternel, comme d'un terrain qui leur fournit tout élaborés des sucs plastiques, c'est-à-dire créateurs.

Vous savez maintenant comment s'accroît la tige, grâce à l'intervention de notre séve élaborée. En hauteur, elle monte d'année en année, par la superposition d'une nouvelle couche qui, d'un bout à l'autre, la recouvre comme d'un cornet renversé (fig. 94. En largeur, elle s'épaissit périodiquement aussi par l'addition d'une zone génératrice. Voilà pour les végétaux Dicotylédonés, c'est-à-dire la presque totalité de ceux qui nous entourent dans nos vergers et nos forêts.

Quant aux tiges des Monocotylédonés, les stipes des Palmiers par exemple, les choses se passent un peu différemment. Ici, l'accroissement en largeur est à peu près nul, en ce sens que le stipe sort très-large de terre, gagne peu en diamètre et sem-

ble garder toutes ses forces pour l'élongation en hauteur, qui
provient de l'expansion continuelle du bouquet de feuilles dont
se couronnent, vous le savez, ces admirables colonnes végétales.

Les Monocotylédonés n'ont ni le ferme tissu ligneux, ni la savante ramure des végétaux qui leur ont succédé dans la série
des créations successives. Leur tige n'est guère qu'un tuyau,
plus ou moins rempli de tubes et de moelle; or, que peut faire
un tuyau, sinon s'allonger et s'allonger toujours? Aussi les Palmiers ne s'en font-ils pas faute. Il n'est pas rare d'en trouver qui
mesurent jusqu'à soixante mètres de hauteur, et les Bambous,
de leur côté, Graminées colossales, élèvent jusqu'à vingt-cinq
mètres au-dessus du sol ce panache que la Canche et l'Avoine
folle, leurs humbles sœurs, balancent à quelques décimètres au-
dessus de la prairie.

Que résulte-t-il de tout cela? C'est que le Monocotylédoné
n'écrit pas ses mémoires et ne saurait les écrire. Sa tige, confuse
agglomération de points ou de figures bizarres, ne nous raconte
rien des années écoulées. Point de dates, aucun point de repère,
rien d'autre que quelques grumeaux de moelle ou quelques fibres
désordonnées.

Une autre chose à signaler, en passant, c'est la rareté des bifurcations des stipes ayant pour cause l'extrême rareté des bourgeons. Pas d'association, pas de vie collective; aucune de ces
confédérations charmantes que nous offrent, chez les représentants de l'embranchement supérieur, ces générations de bourgeons ou de rameaux assis à la table commune et vivant d'une
vie partagée. Rien de semblable chez le Monocotylédoné. Un
bourgeon terminal absorbant dans une égoïste solitude toute la
séve de l'année, pour tête rien qu'un panache : telle est cette
forme végétale. Aussi qu'arrive-t-il? C'est qu'un Palmier décapité
est un Palmier mort. Allez donc décapiter le Chêne, avec sa forêt de rameaux!

Et maintenant que cette tige est formée, maintenant que notre
corps de pompe fonctionne, que nous y avons vu monter la séve,
que nous l'en avons vue descendre jusqu'à la dernière racine

où elle prolonge sa couche génératrice, suivant quelle direction pourrons-nous la suivre pour l'étudier encore, cette tige ; où va-t-elle et vers quel point de l'espace aurons-nous à la chercher ?

En haut, toujours en haut !

Qu'elle monte, la noble tige ! Qu'elle monte et aussi qu'elle se glorifie d'avoir, plus que tout autre organe, gardé le secret des forces qui la régissent et en particulier déterminent son ascension.

Aux hypothèses ont succédé les théories, aux théories d'autres hypothèses, et la tige mystérieuse a gardé son secret. Il faut en prendre son parti, nous ne saurons pas pourquoi elle monte.

Comme pour l'évolution première de l'embryon, comme pour l'ascension de la séve, comme pour les opérations chimiques de la cellule, comme pour bien d'autres phénomènes encore que nous rencontrerons plus tard, le mot de l'énigme nous manque, et bien des siècles passeront encore, avant que l'homme puisse raconter la véritable histoire du dernier des brins d'herbe.

Nous savons à peu près de quoi se nourrissent les racines, pourquoi la séve devient graduellement épaisse et nutritive, par quel chemin elle monte, par quel autre elle descend, comment se développe la tige, en d'autres termes, suivant quel mode de coagulation la séve, bois liquide, devient ligneux ou bois durci... Contentons-nous de cela.

La science humaine n'est qu'un à peu près progressif. D'hypothèse en hypothèse supérieure, on s'élève lentement le long de la roche ardue de la vérité. Mettons ici le pied sur cette théorie. Demain elle s'écroulera, mais du moins elle nous aura servi à nous accrocher là-haut à ce système qui paraît solide. Ne nous y fions qu'à demi toutefois ; plus tard il aura son tour. Effondré, pulvérisé, il roulera, lui aussi, le long des flancs de la montagne que sillonne et ravine l'éternel éboulement ; mais nous serons au-dessus sur cette corniche d'où nous pourrons tenter l'escalade de la pente supérieure, pour essayer ensuite...

— Mais où donc est la vérité ?

— Là-haut, tout au haut, sur la cime lointaine qu'argentent les neiges et que dore le soleil..., mais que bleuit, hélas! l'énorme distance et que voilent bien souvent à nos yeux d'impénétrables brumes.

— Et si cette cime était inaccessible?

— N'importe. Montons toujours.

CHAPITRE XII

DE LA GREFFE.

La greffe! Ce mot ne vous dit pas grand'chose, n'est-il pas vrai? Avouez même qu'il vous laisse absolument froid. Il est court, de forme disgracieuse, de consonnance sourde. — Il désigne cependant l'un des phénomènes les plus remarquables de la vie végétale.

Supposez un instant qu'un incomparable magicien parvienne à perfectionner la chirurgie, au point de pouvoir remplacer sans trop de douleur un nez tordu ou épaté par le plus joli nez du monde, ou bien encore telle grande oreille flasque et blême par la plus charmante petite oreille rose qu'il soit possible d'imaginer, — étant donné toutefois que les deux propriétaires voulussent bien y consentir.

Allons plus loin dans nos suppositions. Imaginez qu'il ne s'agisse plus seulement des organes physiques, mais des facultés morales elles-mêmes, ou plutôt que le changement d'organes entraîne avec lui le changement des facultés correspondantes. Quel ouvrage aurait ce chirurgien merveilleux, et avec quelle fiévreuse anxiété ses clients viendraient des quatre coins du monde lui demander, celui-ci de la mémoire, celle-là de la persévérance, un troisième telle autre aptitude dont il se sentirait bien décidément dépourvu!

Ce serait alors le cas de juger expérimentalement de la doctrine des phrénologistes. Dans le crâne de chacun, tout juste à l'endroit voulu, une bosse vicieuse ou insuffisante serait remplacée par une bosse de qualité supérieure. L'on se ferait ainsi peu à peu inoculer toutes les qualités imaginables, et il n'y au rait plus ni lâches, ni égoïstes, ni menteurs, ni perfides, ni ava- res, ni pédants, ni envieux, ni sots... Je me trompe, les sots sont toujours contents d'eux.

Mais il ne s'agit point de cela. Ce qu'il nous importe d'établir, c'est l'analogie frappante qui existe entre ce procédé chirur- gical que nous venons d'imaginer et la greffe végétale. Ici, comme là-bas, c'est, avec l'infusion d'une nouvelle séve, l'inoculation de facultés supérieures. L'arbre greffé n'est plus lui-même, il a changé d'individualité ; ses sucs se sont épurés, ses fleurs se sont transformées, et ses fruits, fruits généralement pierreux, acides ou insipides, pendant que le sujet vivait d'une vie sau- vage dans les forêts, deviennent au verger ces fruits énormes, ces pulpes succulentes et parfumées dont chacun a cent fois ap- précié la haute et délicate saveur.

Toutes les facultés et qualités du végétal auquel on a em- prunté la greffe viennent appartenir désormais au végétal trans- formé. L'héritage est entier et la transmission parfaite. La séve du vieil arbre monte jusqu'à la ligne de suture, et là, par un phénomène à jamais inexplicable, se transforme en cette autre séve supérieure qui donne à la partie greffée ses qualités et ses vertus.

Et ce n'est pas seulement un seul individu qu'on peut ainsi superposer à un autre, c'est deux, c'est dix ou davantage. Des arboriculteurs ont pu, en greffant d'une façon différente toutes les branches de certains sujets, réunir, sur un petit nombre de Poiriers ou de Pommiers, une nombreuse collection de variétés de poires ou de pommes.

Tous les jours on voit chez les horticulteurs des plantes qui, portant des fleurs simples sur quelques-unes de leurs branches, en portent de doubles sur certaines autres, ou qui, se parant d'un côté de corolles rouges, couvrent de corolles blanches les tiges opposées, puis complètent le spectacle en se panachant au milieu de fleurs moitié rouges et moitié blanches[1].

[1] Ce n'est pas seulement par la greffe que de semblables résultats peu-

Il ne faudrait pourtant pas se figurer que la greffe végétale s'applique en toute circonstance et ne connaisse pas de limite. Elle ne peut unir que des végétaux rendus analogues par le plus grand nombre de rapports possible. Ce n'est qu'entre gens de la même famille, après tout, que s'accomplissent ces associations extraordinaires, et le jardinier naïf qui s'imaginerait, comme cela est arrivé déjà, pouvoir obtenir des roses vertes, en greffant un Rosier sur la tige d'un Houx, ou des grains de raisin gros comme des noix, en implantant une Vigne sur un Noyer, serait et demeurerait le plus mystifié des jardiniers.

Des Poiriers sur des Coignassiers, à la bonne heure, ou bien des Abricotiers, des Pêchers, des Pruniers et des Amandiers entre eux. Et voyez un peu quelle bizarrerie ! le Pommier et le Poirier, qui ont tant de points d'analogie, languissent et finissent par mourir quand on les réunit par la greffe, tandis qu'entre le Poirier et le Néflier, et même l'Aubépine, se cimentent les plus fécondes associations.

Associations, c'est quelquefois trop dire. Ce n'est pas toujours sans protestations que le sujet se soumet à des rapprochements de ce genre. Ces protestations sont muettes, mais combien sont-elles tenaces et patientes ! Tel arbre enté depuis longtemps paraît complétement soumis; depuis des années la greffe devenue grosse branche ou tête entière pousse, fleurit et fructifie, sans que la tige nourricière paraisse se rappeler que c'est un étranger qu'elle nourrit, et voilà qu'un beau jour la mémoire lui revient tout à coup. C'est sous la forme d'un bourgeon, puis d'une pousse que ce vieux souvenir se manifeste.

Sournoisement, tout près de la terre et quelquefois cachée dans l'herbe, cette pousse s'allonge, s'étale et détourne à son

_____

vent être obtenus. La nature elle-même, plus ou moins influencée par la culture, se plaît à nous offrir des singularités végétales d'autant plus remarquables qu'elles sont souvent spontanées. C'est ainsi que, sous les noms de *dimorphisme* et de *dichroïsme*, on a catalogué nombre de phénomènes par suite desquels on voit, sur les mêmes végétaux, tantôt des feuilles de type complétement différent, tantôt des fleurs dont les colorations sont très-diverses.

profit la séve maternelle dont se nourrit là-haut le fils de l'étranger. Avec quelle avidité elle la boit, cette séve! « Ah! on veut me faire porter de gros fruits mous et douceâtres, murmure le tronc rebelle? Ah! on veut m'améliorer, me civiliser, comme ils disent, et me faire oublier mes forêts et ma vie indépendante? Eh bien, moi, je proteste et je refuse! Ai-je donc besoin de travailler pour les autres? Mes fleurs ne sont-elles pas pour moi, pour moi mes fruits et mes graines? » Et, ce disant, le rebelle allonge et fait grossir sa branche, tandis que la pauvre greffe, là-haut, languit, s'affaisse et meurt de faim.

Mais voici qu'un matin le jardinier, faisant sa ronde, aperçoit le rameau improvisé. « Qu'est ceci? » se dit-il, et d'un coup de serpe aiguisée il fait rouler dans la poussière tous les projets du révolté.

CHAPITRE XIII

ARBRES CÉLÈBRES.

Terminons ce chapitre de la tige par l'énumération des végétaux que leur taille colossale a rendus plus ou moins célèbres dans les annales de la Botanique.

Hauteur, diamètre, c'est là tout le végétal. Tandis que dans le règne animal chaque individu atteint un maximum d'accroissement limité par les proportions normales de l'espèce, la plante, elle, semble n'avoir pas de limite et croîtrait indéfiniment si des accidents de toutes sortes ne venaient lentement tarir ce flot de vives énergies qui chez certains végétaux peuvent se perpétuer pendant des siècles.

De là résulte, nous venons de le dire, un accroissement à peu près indéfini. Une certaine humidité, jointe à un degré de chaleur considérable et à peu près constante, présente les conditions les plus favorables au développement végétal. Les forêts de l'Inde et de l'Amérique méridionale sont peuplées d'arbres qui, par leur port et leurs dimensions gigantesques, laissent bien loin derrière eux tous ceux de nos climats tempérés. Et encore la terre est-elle parvenue à une phase qui ne paraît plus que médiocrement apte à favoriser l'exubérance de la végétation.

Lorsqu'on se trouve en face de l'un de ces colosses du règne végétal actuel, l'on recule en imagination, l'on se transporte dans ces âges lointains de l'histoire géologique houillère, — il y a des milliers de siècles, peut-être des millions d'années, — et l'on voit dans les brumes chaudes qui alors enveloppaient presque perpétuellement la surface de la terre se tordre des formes étranges et s'élever des forêts incomparables dont les végétaux de nos jours n'auraient formé que les broussailles.

Toutefois, demeurons dans la réalité. Le règne végétal contemporain nous offre encore d'assez beaux spécimens de ce que peut son énergie productrice, et nous trouvons dans les ouvrages de Botanique une liste d'arbres célèbres dont nous dirons quelques mots en passant.

Il est des arbres qui ne croissent qu'avec une extrême lenteur : tels sont, par exemple, le Chêne, l'Orme, le Noyer, l'If ou le Buis. D'autres, au contraire, les arbres à bois tendre, tels que les Peupliers, les Aunes et les Sapins, s'élèvent en quelques années à une hauteur considérable. Il est enfin d'autres végétaux, véritables improvisateurs, dont la rapidité d'accroissement tient du prodige. Aux exemples remarquables précédemment cités, ajoutons-en un autre, l'un des plus extraordinaires. M. Achille Richard nous parle d'Agaves américains qu'il a vus sur les rochers du golfe de Gênes et sur les côtes de la Sicile pousser avec une telle fougue, que quarante jours leur suffisaient pour élever leur tige jusqu'à trente ou quarante pieds de hauteur.

A la tête des arbres célèbres par leurs énormes dimensions, l'on doit placer parmi les arbres indigènes le fameux Châtaignier du mont Etna, désigné en Sicile sous le nom de *Châtaignier des cent cavaliers*. Le tronc de cet arbre phénoménal, — dont il ne reste plus aujourd'hui que quelques débris, — n'avait pas moins, selon quelques voyageurs, de cent soixante pieds de circonférence, et ce chiffre concorde avec celui de M. Houel qui, de son côté, affirme qu'il avait cinquante pieds de diamètre. Son nom lui fut donné par la reine Jeanne d'Aragon qui, surprise par un orage, trouva sous l'immense dôme de verdure un abri suffisant pour elle et son escorte composée de cent cavaliers. Ce Châtaignier, visité en 1834 par M. A. Richard, ne formait pas un seul tronc, d'après le témoignage de ce dernier, il était la réunion de sept tiges distinctes partant d'une souche commune et laissant à leur centre un espace libre d'une douzaine de pieds de diamètre.

Chacune d'elles prise isolément constituait un arbre gigantesque. Une entre autres mesurait, en 1834, quarante-trois pieds de circonférence. Que l'on juge de l'effet que devait produire la réunion de ces colosses.

Le Chêne d'Allouville, près d'Yvetot, passe avec raison pour le doyen des Chênes de Normandie. Depuis près de deux siècles sa cime a été disposée en chapelle. En 1843, son tronc avait une circonférence de vingt-sept pieds environ, son âge est évalué à plus de huit cents ans. C'est donc vers l'an 1000, c'est-à-dire en plein moyen âge, qu'il aurait été planté, sous le règne de Hugues Capet ou de Robert le Pieux.

Le cimetière de la commune de Haie de Routot, dans l'Eure, est presque entièrement couvert, ainsi qu'une partie de l'église, par deux Ifs monstrueux qui, l'un et l'autre, avaient, en 1832, une trentaine de pieds de circonférence.

Dans le département des Deux-Sèvres, au château de Chaillié, près de Melles, on voyait un Tilleul qui, en 1804, avait quarante-cinq pieds de circonférence et devait avoir onze cents ans environ.

Pline parle d'un Platane qui existait en Lycie et dont le tronc présentait une cavité de quatre-vingts pieds de circonférence. Le consul Licinius Mutianus y coucha avec dix-huit personnes.

Un voyageur rapporte qu'à Bujukderé, près de Constantinople, il y avait un Platane de quatre-vingt-dix pieds de hauteur et de cent cinquante de circonférence. Il était intérieurement creusé d'une cavité occupant un espace de cinq cents pieds carrés.

Il y avait en Lorraine, à Saint-Nicolas, une table d'un seul morceau de Noyer qui avait vingt-cinq pieds de largeur sur une longueur proportionnée. En 1479, Frédéric III, empereur d'Allemagne, avait donné un repas somptueux sur cette table colossale. L'arbre d'où ce bloc avait été tiré avait environ neuf cents ans.

La France possède encore, près de Saintes (Charente-Inférieure), le plus grand Chêne de l'Europe. Il mesure sur une hauteur de près de soixante pieds un diamètre de vingt-huit pieds environ. Dans la partie détruite du tronc se trouve creusée une chambre de dix pieds sur douze de superficie. Cette chambre est éclairée par une fenêtre et ses parois sont tapissées de Lichens et de Fougères. On évalue à dix-huit cents ans l'âge de cet arbre magnifique.

L'Allemagne a son Tilleul à Neustadt, dans le Wurtemberg. Il est âgé de près de sept cents ans. Son couronnement décrit une circonférence de quatre cents pieds ; il fut étayé en 1831 au moyen de 106 colonnes.

Des Noyers atteignent aussi parfois un développement considérable. Dans la plaine de Baidar, près de Balaklava, en Crimée, l'ancienne Tauride, où se trouvait le temple dont Iphigénie fut la prêtresse, on rencontre un de ces arbres dont l'âge paraît remonter au temps où les colonies grecques faisaient le commerce des noix avec Rome. Ce Noyer porte annuellement de 70 à 80,000 noix. Il appartient à cinq familles tatares qui se partagent ses produits.

Près du lac d'Howell, dans la Caroline du Sud, se trouve un énorme Sycomore dont le tronc mesure soixante-douze pieds de circonférence. Il est creux à l'intérieur et offre une cavité dans laquelle on a fait entrer une fois sept hommes à cheval. D'après la tradition, cet arbre aurait servi de refuge, pendant les guerres de l'indépendance, à plusieurs familles de réfugiés.

Le célèbre Dragonier des Canaries, presque adoré par les anciens indigènes de ces îles, avait en 1799, d'après le rapport de Humboldt, quarante-cinq pieds de circonférence à sa base. Or, comme en 1402, lors de la première expédition de Bethencourt, il avait à peu près la même grosseur, l'on peut juger par là de la lenteur de sa croissance et conséquemment de sa haute antiquité. Il a été récemment renversé par un ouragan.

Rumphius cite des Figuiers du Malabar qui ont une cinquantaine de pieds de circonférence. L'un de ces arbres, qui croît sur le bord du Nerbuddah, dans l'Inde, a été connu d'Alexandre le Grand. Un seul pied s'est étendu au point qu'il offre maintenant 350 gros troncs et environ 3,000 petits [1]. Ces troncs offrent

[1] L'on sait que ces sortes de Figuiers (voyez fig. 24) émettent de chacune de leurs branches des appendices perpendiculaires qui plongent dans la

ensemble une circonférence de six cents mètres; ils forment à
eux seuls une petite forêt sous l'ombrage de laquelle peut s'abriter une armée de six à sept mille hommes.

Les Cèdres du Liban étaient autrefois célèbres par leur âge et
leurs dimensions; mais ils ont presque tous disparu. C'est à peine
s'il en existe encore sept ou huit, dont le plus âgé a moins de
mille ans.

Les Malvacées, entre toutes les familles végétales, se distinguent par l'énormité de leurs représentants. Tout le monde connaît, au moins de nom, les incomparables Baobabs découverts
par Adanson au Sénégal et dans les îles de l'Afrique tropicale.
Celui du village de Grand-Galargues, en Sénégambie, paraît être
le plus antique monument végétal du monde entier. On lui attribue l'âge prodigieux, mais admissible, de cinq à six mille ans.
La tige de cet arbre est basse, elle s'élève à peine à la hauteur
de dix à douze pieds; en revanche elle en a quatre-vingt-dix de
circonférence. Et il ne lui faut rien moins que cette énorme base
pour supporter son gigantesque dôme de feuillage. La branche
centrale s'élève perpendiculairement jusqu'à la hauteur de
soixante pieds, tandis que les branches latérales s'éloignent
d'autant, ce qui forme une coupole dont le diamètre dépasse
cent soixante pieds. Les nègres ont orné de sculptures l'entrée
de la cavité qui s'est creusée dans la tige de cet arbre extraordinaire, et ils tiennent dans l'intérieur, qu'ils ont transformé en
salle de conseil, leurs assemblées générales.

Des appendices perpendiculaires se forment parfois aux branches des Baobabs et descendent vers le sol, comme les colonnes
que nous avons déjà vues dans ces Figuiers indiens dont un seul
individu forme une forêt entière.

L'on a récemment entretenu le public, dit M. Ch. Müller, d'un
végétal inconnu appelé Arbre-Mammouth. D'après la chronique,
cet arbre fut découvert par le naturaliste Lobb sur la Sierra
Nevada, en Californie, vers les sources des fleuves Stanislas et
Saint-Antoine. Il appartient à la famille des Conifères et atteint

_____

terre, se transforment en troncs supplémentaires et étendent ainsi la voûte
de verdure à des distances considérables.

l'incroyable hauteur de quatre cents pieds, tandis que son diamètre en a de vingt-cinq à trente!

L'écorce, d'une épaisseur énorme, est de couleur cannelle; le
bois est rougeâtre, mou et léger. L'âge de l'un de ces arbres
abattus s'élevait à plus de trois mille ans. L'on a exposé à San-
Francisco l'écorce évidée de la partie inférieure de l'un de ces
géants. Elle formait une chambre dans laquelle furent placés un
piano et des siéges pour quarante personnes.

Ces arbres, auxquels l'on a d'abord donné le nom botanique
de *Wellingtonia,* puis celui de *Sequoia gigantea,* se trouvent au
nombre de quatre-vingt-dix à cent sur un espace très-resserré.
Ils sont groupés par deux ou trois sur un sol fertile et noir, ar-
rosé par un ruisseau. Les chercheurs d'or eux-mêmes leur ont
accordé quelque attention et leur ont attaché des qualifications
bizarres. Ainsi l'un de ces arbres porte chez eux le nom de *Mi-
ner's cabin* et possède une tige de trois cents pieds de hauteur
dans laquelle s'est creusée une large excavation. Les *Trois sœurs*
sont trois arbres, issus d'une seule et même racine. Le *Vieux cé-
libataire,* échevelé par les ouragans, croît loin des autres, solitaire. La *Famille* se compose d'un couple de vieux arbres et de
vingt-quatre rejetons. Enfin l'*École d'équitation* est un gros tronc
renversé et creusé par le temps, dans la cavité duquel on peut
entrer à cheval jusqu'à une distance de soixante-quinze pieds.
— L'on a récemment abattu un autre de ces colosses, dont la
hauteur était de trois cent vingt-cinq pieds et la circonférence
de cinquante. L'écorce était, en de certains endroits, d'une épaisseur de près de deux pieds. Il était âgé de trois mille cent années.

LE
POÈME SILENCIEUX

CHAPITRE XIV

LA FLEUR.

L'on pourrait croire le drame terminé. La plante est là devant
nous, verte, feuillée, vivace, ayant parcouru, ce semble, tout le
cycle de ses développements. La graine a germé. Le germe a
végété. La radicule, d'une part, s'est allongée sous la terre; la
tigelle, de l'autre, s'est élevée vers le ciel; ses rameaux se
sont étalés à l'air libre, et chacune de ses feuilles flottante, bai-
gnée d'air, y respire comme un poumon la haute vie des espèces
animales.

Ce n'est pourtant pas là le dernier mot de notre plante. Nous
n'avons étudié jusqu'ici que ses organes de conservation; mais

il ne suffit pas de vivre, il faut encore transmettre la vie reçue. Nous sommes au dernier acte et voici le dénoûment.

Ces feuilles, dont nous avons dit l'importance essentielle et dont nous avons vu la spirale monter, s'épanouir sans cesse de la base au sommet de la tige, eh bien, elles continuent leur guirlande ascensionnelle; mais la guirlande se fait couronne, cette couronne s'appelle *fleur*, et chaque feuille nouvelle dans ce magique épanouissement devient un pétale qu'imbibent parfois des huiles parfumées, que nuancent des couleurs inattendues.

Que s'est-il passé? Il serait vraiment difficile de le dire. Le papillon frais éclos, nouveau phénix échappé de son sépulcre,

n'est pas plus différent de la chenille où dormaient ses ailes soyeuses, que ne l'est de la feuille grossière le pétale éclatant et velouté. Où est-il, le chimiste habile qui pourrait nous dire de quelle source et par quels canaux ont jailli ces parfums et ces couleurs; nous dire surtout comment il se fait que cette même séve, d'où sont sortis la rude écorce, et le bois, et les rameaux noueux, élabore en même temps les plus fines essences?

Avant ce dernier prodige, la plante s'est comme recueillie. Sollicités par un reste d'énergie, les anneaux ou verticilles foliacés se sont encore étagés, se superposant les uns aux autres, mais toujours en se rapprochant, toujours en raccourcissant le pas de leur spirale. L'on voit qu'ils sont sortis d'une tige épui-

sée, d'une tige qui ne peut plus grandir et qui, en face du grand
œuvre, s'est arrêtée fatiguée ou hésitante. — Hésitation charmante, fatigue pleine de promesses!

La fleur, c'est un poëme tout entier. Voix silencieuse et pourtant éloquente, elle semble chanter sourdement et exprimer à
l'œil la fête de l'épanouissement, de la jeunesse, de la vie.

Je n'exagère point. Voyez la Tulipe, le Lis, l'éblouissant Cactus ou l'opulente fleur du Magnolia : ne semblent-elles pas toutes, alors surtout qu'un rayon de soleil les pénètre d'ardentes
lueurs, entonner sous leur auréole de lumière je ne sais quel
hymne triomphal ou quelle muette fanfare?

Et encore que savons-nous des fleurs? Nous n'en pouvons
admirer que l'ensemble. Que serait-ce si nous en connaissions
toutes les merveilles secrètes?

Chaque corolle est un sanctuaire. Au fond de chacun de ces
petits tabernacles, s'accomplissent des mystères tout autrement
respectables que ceux que dérobait au vulgaire le voile des anciens temples. Ce n'est pas vainement que de tous temps et en
tous lieux les fleurs ont été prises pour symboles. Une idée,
une signification se cache dans chacune de ces petites conques
colorées, pavillons d'or, d'azur, de pourpre ou de neige où se
résout la question par excellence, celle de la vie et de l'éternelle
renaissance. Une fleur est une famille, une image résumée de
la vie sociale, et toutes ces charmantes aigrettes d'étamines et
de pistils dont se hérisse l'intérieur de la corolle forment un
peuple de petits personnages dont il est vraiment bien difficile
d'admettre l'indifférence ou l'insensibilité, tant le milieu qu'ils
occupent est un brûlant foyer, tant leurs fonctions sont importantes, tant sont délicates surtout leurs situations respectives.

De quelle vilaine jalousie, en effet, ne pourrait-on pas suppo-
ser remplies toutes ces étamines rivales qui, devant un seul et
même objet, doivent confondre leurs adorations? De quelle coquetterie sans pareille aussi ne pourrait-on croire animé ce pistil
qui, centre unique de toutes les tendresses, pourrait si bien se
laisser corrompre par ses adulateurs?

Trève de fantaisies. Rentrons dans la réalité. Non, ni jalousie ni haine, ni amour, nulle passion dans notre corolle innocente. Rien qu'une rêverie, peut-être, mêlée d'adorations exquises ou de contemplations sereines, mais rêverie si vague qu'elle s'arrête au dehors de la sphère de nos appréciations et demeure flottante dans ces limbes de la préexistence où dorment encore en germes les sentiments, même les plus obscurs, d'une vie supérieure.

La fleur, nous l'avons dit et répété, n'est, d'après les lois curieuses de la morphologie végétale, qu'un assemblage de feuilles modifiées... que dis-je? *dégénérées,* — s'il faut en croire certains savants rigoristes qui n'entendent pas raillerie en matière de transformation.

Laissons-les dire toutefois et n'en croyons pas un mot. La fleur est un ensemble de feuilles, je le veux bien, mais de feuilles admirablement perfectionnées.

Une gradation pleine de mesure et de grâce préside à cette merveilleuse métamorphose. Des feuilles florales ou *bractées* sont la première tentative. Elles ont franchi le premier degré. La bractée, feuille encore, revêt des airs d'élégance dont on n'aurait pas cru capable son ancienne congénère. Elle se contourne avec coquetterie, se fait svelte, aérienne, s'effile, se frange, se colore quelquefois... et nous arrivons au *calyce* par une transition insensible.

Le calyce, organe noble et d'une haute importance caractéristique, s'apprécie à sa valeur, malgré sa modestie apparente. Sachant se contenter d'un rôle secondaire lorsque la perfection de la corolle l'y a relégué, il sait aussi, quand il le faut, se mettre au premier rang, où, prenant hardiment la livrée de celle qu'il remplace, il éclate en couleurs magnifiques.

Remarquez bien ceci : le calyce est toujours la seconde enveloppe, l'enveloppe extérieure des fleurs à double périanthe ; mais il est quelquefois aussi l'enveloppe unique qui, dans toute une classe de plantes, protége les étamines et le pistil. Si donc il faut incontestablement donner le nom de calyce à ce petit capuchon de folioles vertes qui dans la Violette ou la Giroflée entoure la base des pétales, il faut aussi appeler calyce la blanche couronne du Lis et l'éclatante campanule de la Tulipe. Ces

fleurs n'ont pas de corolle, elles n'ont qu'un calyce, calyce co-
rollin ou pétaloïde, qui ne diffère en rien, on le voit, des corolles les plus éclatantes.

Toutefois, au détriment de celles-ci, n'exagérons point les
mérites du calyce, quelque nombreux qu'ils puissent être. La
corolle existe le plus souvent, et le plus souvent aussi c'est elle
qui constitue la vraie physionomie de la plante, elle qui, proté-
gée par le calyce, protège à son tour, recouvre les étamines, le
pistil, l'ovaire, et leur forme cette tente splendide où s'écoule
leur vie fugitive.

L'*étamine*, voilà le triomphe de la feuille transformée, l'apogée de la métamorphose. L'étamine est l'organe le plus élevé,
le plus compliqué, le plus parfait. C'est lui qui, avec le *pistil*,
assure l'avenir en rallumant le foyer de vie. Ce dernier, dressé
sur l'*ovaire*, lui transmet le *pollen*, germe mystérieux dont re-
naîtra périodiquement le phénix de chaque année nouvelle.

Reprenons maintenant avec quelque détail.

PÉDONCULE. — BRACTÉES, — INFLORESCENCE.

Il est rare que la fleur émerge immédiatement de la tige ou
du rameau florifère. Le plus souvent elle s'ouvre à l'extrémité

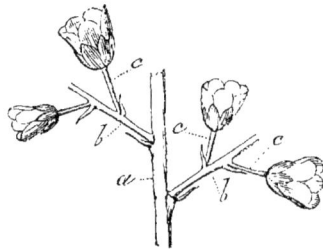

Fig. 95. — *a*, tige ; *b b*, pédoncules : *c c*. pédicelles.

d'une tigelle spéciale, qui la porte et parfois la balance dans
l'espace comme un encensoir parfumé ; cette tigelle, c'est le *pédoncule* dont les ramifications s'appellent *pédicelles* (fig. 95).

Le pédoncule ou le pédicelle est à la fleur ce que le pétiole
est à la feuille. La feuille sans pétiole est dite *sessile ;* sessile
aussi est la fleur qui manque de pédoncule. Le pédoncule offre

deux situations caractéristiques. Si d'ordinaire il trône au plus
haut sommet de la plante qu'il domine, d'où son nom de *terminal*, souvent aussi, plus modeste, il sort de la tige ou axe végétal, le long duquel il s'échelonne, et s'appelle alors *axillaire*. Il
porte une ou deux ou trois fleurs, ou beaucoup plus, et se
nomme alors, selon le nombre, *uniflore*, *biflore*, *triflore* ou *multiflore*.

Le pédoncule n'est pas toujours isolé sur la tige. Une ou
plusieurs feuilles l'accompagnent parfois, feuilles spéciales ser-

Fig. 96. — Bractée de Tilleul   Fig. 97. — Calyce de Scabieuse. (L'in-
chargée de sa grappe florale.   volucre qui l'entourait est étalé.)

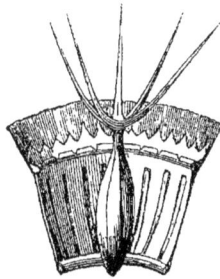

vant de transition, véritables anneaux de la série morphologique et qu'on appelle, nous l'avons dit plus haut, *feuilles florales*
ou *bractées*. Ces feuilles florales, en se rapprochant de la fleur,
se rapetissent, se contractent, mais épurent leurs lignes, per-
fectionnent leurs formes, et quelquefois, voulant servir d'introduction sans doute, se colorent des teintes les plus vives comme
de véritables pétales (Sauge, Polygala).

Les variétés innombrables que nous avons trouvées dans les
racines et les tiges, plus que jamais nous allons les retrouver
ici dans les formes et les couleurs de la fleur et de ses organes
voisins ou constitutifs. Les bractées participent à cette richesse.
Il en est de toutes sortes, depuis la barbe filiforme qui accom-
pagne les fleurs sèches et parcheminées des Graminées, depuis

la membrane jaunâtre de la fleur du Tilleul (fig. 96), jusqu'à ces larges spathes des Aroïdées ou celles plus admirables encore du Palmier qui, rétrécies aux deux extrémités, s'effilent en élégantes nacelles.

Simple ou composée, herbacée, sèche ou ligneuse, la spathe a des aspects fort différents. Quelquefois les bractées circulairement réunies en collerette (fig. 97) entourent d'une enveloppe complète ou *involucre* un assemblage de fleurs dont la nature semble avoir voulu faire un bouquet, c'est ce qui arrive dans

 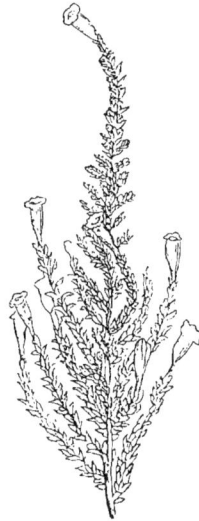 

Fig. 98. — Fleurs solitaires   Fig. 99. — Fleurs solitaires   Fig. 100.
et axillaires.   et terminales.

toutes les plantes de la famille des Composées (fig. 98). L'involucre ne se ramifie pas, mais il semble se dédoubler; se répéter en miniature au bout de chaque pédicelle ; il devient alors un *involucelle*, ainsi qu'on le voit dans les Ombellifères. Il se double, se festonne, se frange, s'imbrique comme les tuiles d'un toit, écarte ses folioles ou les soude, les durcit ou les étale en limbes foliacés, varie sans épuisement ses combinaisons toujours élégantes, et nous présente tous les types imaginables, depuis le *calycule* de l'Œillet et la collerette festonnée du Narcisse jusqu'à

la robe verte de la noisette, la cupule du gland, la pomme conique du Pin, les écailles du Chardon et la cuirasse hérissée de la
châtaigne.

On appelle *inflorescence* la disposition des fleurs sur la tige ou
le groupement des fleurs entre elles.

Je disais tout à l'heure que les deux positions caractéristiques de la fleur sont d'être axillaire ou terminale, c'est-à-dire
située le long de la tige ou à son sommet. Les fleurs sont-elles
axillaires, l'inflorescence est dite *indéfinie*, par la raison toute
simple que les pédoncules commençant par le bas de la tige,
où ils naissent à l'aisselle des feuilles, montent, se superposent

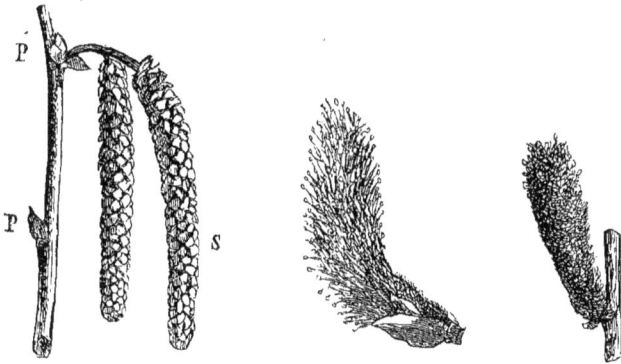

Fig. 101.

Coudriers. — *s*, chatons staminés ;   Chaton pistillé   Chaton staminé
p, chatons pistillés.   de Saule.   de Saule.

sans cesse et prolongent le rameau floral, sans qu'une cause
nécessaire vienne entraver leur développement ascensionnel
(fig. 98).

Il n'en est point ainsi quand la fleur est terminale. L'inflorescence s'appelle alors *définie*, et l'on comprend pourquoi, puisque la fleur en terminant la tige vient l'arrêter dans sa croissance
(fig. 99).

Comme toujours, les noms abondent avec les variétés diverses. Non-seulement chaque fleur diffère de sa voisine, mais encore chaque espèce offre une disposition florale particulière qui
en constitue le caractère et la physionomie. Nous aurons donc

une foule d'inflorescences, et, pour nous borner aux principales, nommons en passant l'*épi* (fig. 100), le *chaton* (fig. 101), le
spadice (fig. 102), le *cône* (fig. 103), le *capitule* (fig. 104), la *grappe*

Fig. 102. — Spathe de
Gouet contenant son
spadice.

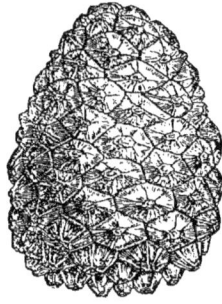

Fig. 103. — Cône de Pin.

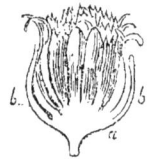

Fig. 104. — Capitules
d'Estragon.— *a*, ré-
ceptacle; *b*, folioles
de l'involucre.

(fig. 105), l'*ombelle* (fig. 106), le *corymbe* (fig. 107), la *panicule*
(fig. 108), la *cyme* (fig. 109), sans compter que certaines de ces
formes se compliquent de façons fort diverses, de telle sorte que,

Fig. 105. — Grappe de Groseillier.

Fig. 106. — Ombelle du
Chœrophyllum.

si nous voulions tout dire, nous serions obligés de parler encore
des épis composés, des grappes agglomérées, des grappes scor-
pioïdes (en queue de scorpion), des ombelles à rayons, des co-

rymbes à branches multiples, des capitules en grappe, des grap-

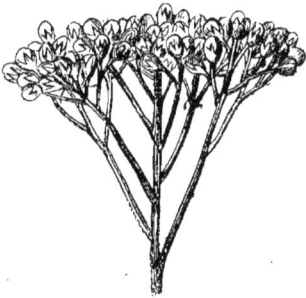

Fig. 107. — Corymbe de l'Alisier.

Fig. 108. — Panicule de Marronnier.

Fig. 109. — Cyme de l'Érythrée.

pes de cymes, des ombelles de cymes, des épis de cymes... Mais, si vous m'en croyez, nous en resterons là.

Le sommet de l'axe dilaté sur lequel repose la fleur se nomme *organe florifère* ou *réceptacle*. C'est un des organes végétaux les plus variables, les plus enclins à de perpétuelles métamorphoses. Habituellement plane dans la grande majorité des fleurs,

Fig. 110.
s, fleurs staminées; au-dessous, fleurs pistillées; au-dessus, fleurs stériles.

il s'allonge, se raccourcit, se contracte, se creuse, se retourne à l'intérieur et offre des transformations tellement disparates qu'à l'une des extrémités de la série nous trouvons le spadice du Gouet dressé en longue colonnette (fig. 110), et à l'autre le réceptacle renversé de la Figue (116), entre lesquels se placent comme transitions intermédiaires la Matricaire dont l'organe florifère est encore allongé (fig. 111), le Souci où il est convexe (fig. 112), l'Aster où il est plane (fig. 113), la Centaurée où il est concave (fig. 114) et le Dorsténia où il est encadré dans une sorte de boîte que forment ses propres bords redressés (fig. 115).

Vous saurez donc, maintenant, retrouver partout le réceptacle malgré les innombrables déguisements sous lesquels il se dissimule. C'est lui que vous mangez dans la figue et dans la fraise, et voyez pourtant quelle différence. Dans la première il s'allonge, puis se renfle, se creuse et se tapisse à l'intérieur d'une granulation singulière qui n'est autre chose, ne vous déplaise, que la fleur même du Figuier[1]; dans la seconde, au con-

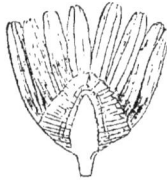

Fig. 111.

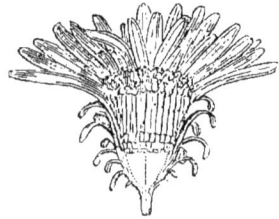

Fig. 112.

---

[1] Les fleurs à étamines sont en haut, les fleurs à pistil en bas, c'est-à-dire du côté du pédoncule.

traire, il se gonfle, se fait convexe, conique, et se couvre à
l'extérieur d'une inflorescence dont vous retrouvez la graine
ou le fruit dans ces petits pepins qui craquent sous la dent.
Vous faut-il un autre exemple? Prenons l'Artichaut. Celui-là nous
convient d'autant mieux qu'il sert d'intermédiaire aux deux au-

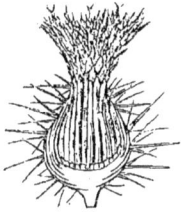
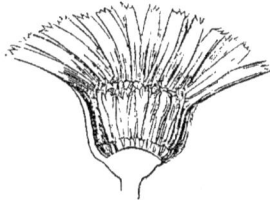

Fig. 113.　　　　　　　　Fig. 114.

tres. Ici, en effet, le réceptacle est plane. Il est plane ou lége-
rement concave, large, épais, charnu, — on l'appelle vulgairement *fromage,* — et vous le mangez, en détail d'abord, au bas
de chaque écaille de l'involucre dont la base en emporte un
fragment, dans sa totalité ensuite, après avoir eu la précaution d'en arracher cette *barbe* qui le recouvre et qui n'est autre

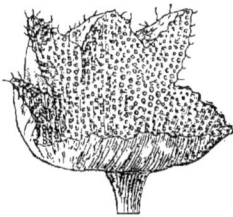
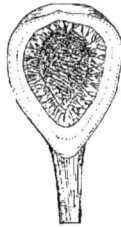

Fig. 115.　　　　　　　　Fig. 116.

chose que l'agglomération des fleurs et des paillettes, dont se compose l'inflorescence. Ces fleurs sont de petits tubes contenant
chacun étamines et pistil, ces paillettes sont des folioles calycinales ou tout simplement des bractées qui, par défaut d'énergie vitale et resserrées comme elles le sont, sont demeurées
étroites, incolores et membraneuses.

Ces exemples pourraient être fort nombreux si nous voulions passer en revue les physionomies diverses de notre organe florifère; mais ceux-là suffiront, à coup sûr, pour apprendre aux plus inexpérimentés à se défier d'abord, — premier mouvement de tout sage observateur, — puis à reconnaître bientôt dans les plus étranges bizarreries de la nature les modifications de formes déjà connues.

Ce n'est pas seulement quand la fleur est épanouie qu'elle se présente à nous revêtue de ses caractères spéciaux, c'est avant cet épanouissement lui-même. Les divers organes constitutifs de la fleur occupent déjà dans le bouton un arrangement particulier auquel l'on a donné le nom de *préfloraison*, comme on a donné celui de *préfoliation* à celui de la jeune feuille dans le bourgeon. Gracieusement repliés sous les valves vertes du calyce, comme les ailes du papillon dans la chrysalide, les pétales affectent des formes diverses. Plissée, repliée, tordue, enroulée de cent façons, mais toujours les mêmes dans chaque espèce, la fleur offre avant l'ouverture de la corolle des caractères fixes qui aident à sa classification.

CHAPITRE XV

———

LE CALYCE.

Le *calyce*, nous l'avons dit, c'est l'enveloppe extérieure de la fleur, quand la fleur a deux enveloppes, — et ce calyce remplace la corolle elle-même, — quand la fleur n'en a qu'une seule.

Les botanistes ont eu à ce sujet de longues querelles. Tournefort et Linné appelaient cette enveloppe unique *calyce* quand elle était verte, et *corolle* quand elle était colorée; mais cette distinction n'avait pas sa raison d'être [1]. Il est de toute évidence que la couleur n'est pas un caractère essentiel et qu'un organe peut en changer sans changer de nature. Il a donc été décidé par M. A. Laurent de Jussieu, et tous l'ont adopté après lui, que l'on appellerait calyce toute enveloppe unique, — fût-elle colorée comme elle l'est dans le Lis, la Tulipe, la Jacinthe et une foule d'autres fleurs appartenant au vaste embranchement des Monocotylédonées.

Le calyce, seconde transformation de la feuille, se compose de diverses folioles calycinales qu'on appelle *sépales*. Ces sépales, qui, chose caractéristique, sont toujours sessiles, sont libres ou soudés entre eux. Libres, ils constituent un calyce à plusieurs

---

[1] Outre que ce mode d'appellation n'a rien de philosophique et ne se justifie par aucune loi, il prêtait encore à l'équivoque. Comment appeler par exemple, d'après ce système, l'enveloppe unique de l'Ornithogale, qui est verte à l'extérieur et blanche à l'intérieur?

folioles ou *polysépale* (fig. 117) ; soudés, un calyce *monosépale*
(fig. 118), calyce qui revêt des formes nombreuses et dont le tube
ou la cloche peut être ouverte ou fermée, cylindrique, comprimée
ou anguleuse, campanulée, cupuliforme, vésiculaire ou membraneuse, régulière ou irrégulière, nue ou munie d'éperon (fig. 119).

L'analogie que nous avons déjà signalée entre les feuilles et
les bractées, nous la retrouvons entre les bractées et le calyce
qui, à son tour, sert d'introduction à la corolle. — Nous sommes
ici en pleine morphologie.

Il est une plante, gracieuse entre toutes, où cette analogie est
frappante : c'est l'Anémone des bois ou Sylvie. A une assez

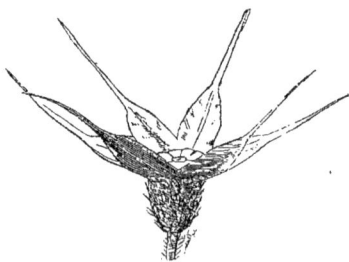

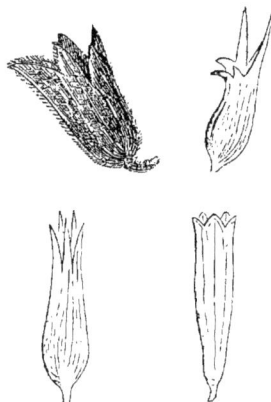

Fig. 117.   Fig. 118. — Calyces monosépales.

grande distance de l'enveloppe florale qui est blanche, s'arrondissent autour de la tige trois feuilles vertes (fig. 120).

Ici se présente une confusion charmante. Que sont ces feuilles
vertes ? Tout ce qu'il vous plaira. Voulez-vous appeler corolle
les six folioles blanches qui entourent les étamines ? Nos trois
feuilles vertes deviennent alors un calyce, — calyce timide qui
n'ose approcher sans doute. Préférez-vous, au contraire, en
vous conformant au précepte de Laurent de Jussieu, laisser le
nom de calyce aux sépales pétaloïdes qui constituent la fleur ?
Nos trois feuilles vertes demeurent alors de simples bractées,
et des bractées si peu métamorphosées qu'on les prendrait pour

de véritables feuilles. Feuilles, bractées, sépales, puis pétales, telle est donc la marche ascensionnelle de cette série morphologique qui du plus humble bourgeon foliacé nous amènera, par une gradation insensible, aux organes les plus parfaits et les plus complexes de la fleur.

A l'état de développement complet, le calyce se compose de sépales parfaitement distincts et même quelquefois disposés sur deux ou plusieurs rangs; mais souvent aussi il arrive que ces sépales se rapprochent et paraissent se souder plus ou moins par leurs bords, formant dans certains cas un *tube* ou partie rétrécie et un *limbe* ou partie étalée (fig. 121). En général la soudure confond

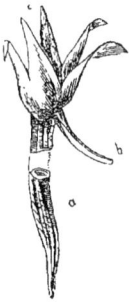  

Fig. 119. — Calyce monosépale éperonné. — *a*, éperon; *b*, pédicelle; *e,* division du limbe.   Fig. 120.   Fig. 121.

à tel point les folioles calycinales qu'on ne saurait les disjoindre sans déchirement; mais il y a des plantes où elle demeure fort légère et où des lacunes même se montrent le long des sutures, rendant manifeste la façon presque artificielle dont semblent être construits les calyces monosépales.

· Il est d'usage en Botanique d'appeler simplement *réguliers* ou *irréguliers* le calyce et la corolle, selon qu'ils présentent une disposition plus ou moins circulaire de leurs folioles rangées autour d'un point central. De là l'application du mot *régulier* faite à certains calyces rayonnants, tels que celui du Fraisier, de la Renoncule ou de la Giroflée, et celle d'*irrégulier* appliquée à

certains autres, tels que celui du Trèfle, du Pois ou de la Scro-
fulaire.

L'on trouve en fait de formes calycinales toutes les nuances

Fig. 122.

Fig. 123. — Calyce
dentée de la Pri-
mevère de Chine.

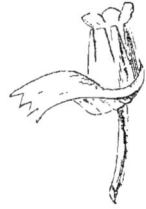

Fig. 124. — Calyce
irrégulier de l'Œ-
nothère.

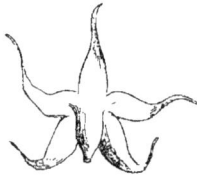

Fig. 125. — Calyce du Rosier
du Bengale.

Fig. 126. — Calyce
denté du Marrube.

Fig. 127.
Calyce irrégu-
lier du Trèfle
rouge.

Fig. 128. — Calyce de Rosier
avec appendices.

Fig. 129. — Calyce quinquéfide
de la Nielle des blés.

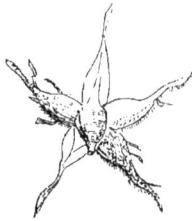

Fig. 130. — Calyce
de Potentille à
dix dents.

possibles entre la régularité la plus parfaite et l'irrégularité la
plus sensible depuis les formes rayonnées à lobes inégaux jus-

qu'aux formes binaires qui simulent deux lèvres et que l'on nomme pour cette raison *bilabiées*.

Les folioles du calyce se transforment parfois en pointes ou en épines, et nous avons alors des folioles *mucronées*, quand la pointe est demeurée courte, ou des folioles *épineuses*, quand la nervure s'est faite aiguillon.

Il lui arrive bien pis encore à cette nervure. Elle demeure parfois toute seule, entièrement dénudée. Le parenchyme est alors nul, et le calyce, réduit aux nervures médianes, ne présente, comme dans quelques Acanthées, qu'un épanouissement d'arêtes ou d'épines.

Dans la grande famille des Composées ce phénomène se renouvelle d'une manière régulière. Les petites fleurs dont se compose chaque tête florale (une tête d'Artichaut, par exemple) sont tellement rapprochées et serrées les unes contre les autres que leurs enveloppes, avortées le plus souvent, se simplifient au point de disparaître presque en entier, et nous arrivons ainsi à ne plus trouver à côté de chacun de nos fleurons qu'un mince débris calycinal ou bractéal qui, sous le nom général de *paillette* (fig. 122), cache de singulières infortunes. Ici ce n'est plus qu'une écaille, là qu'une lamelle membraneuse, plus loin qu'une simple nervure ramifiée ressemblant à une plume garnie de ses barbes, ailleurs encore qu'un assemblage de deux ou trois soies revêches et piquantes... Arrêtons-nous, car il en est où plus rien ne reste et où le dernier vestige de la paillette emporte avec lui toute trace de foliole calycinale.

Le calyce revêt des formes innombrables. Il est globuleux, cupuliforme, conique, urcéolé, campanulé, renflé, comprimé, infundibuliforme ; il s'incline, se courbe ou se redresse, rapproche ses folioles en cloche, les étale en roue, les soude en bosse ou en poche, les prolonge en éperon, ou bien encore les renverse et les reploie comme une collerette rabattue. (Fig. 123 à 130.) D'autres fois, il abdique tout simplement, se fane, tombe avant la fin de l'épanouissement, laissant entièrement nue la pauvre corolle frissonnante. Pourquoi cette fantaisie de mauvais goût? Dans ces cas il s'appelle *caduc*, et certes il mérite bien cette qualification peu flatteuse.

Plus avisé, il demeure parfois sur la tige et s'appelle alors *persistant*, faisant dans ce cas ce qu'il devrait faire toujours. Il enveloppe l'ovaire, préserve le fruit, le sauvegarde de l'atteinte des insectes, du froid, des longues pluies d'automne, et permet à la graine d'accomplir paisiblement sa lente maturation.

Ce rôle de protecteur, il le remplit quelquefois à merveille. Pendant la fécondation d'une foule de fleurs et chez la plupart des Alsinées, par exemple, les sépales s'étalent en collerette tout autour de la fleur ; mais, sitôt les pétales tombés, notre calyce rapproche ses folioles en voûte et fait le plus charmant nid aux ovaires qui y mûrissent en sécurité. Chez un grand nombre de Labiées, des poils naissent au sommet du tube calycinal ; ces poils, qui jusque-là avaient été retenus par la corolle, s'étendent horizontalement à la chute de celle-ci, se croisent, s'entremêlent, se feutrent et rendent impénétrable aux plus petits insectes l'entrée du sanctuaire où reposent et grossissent les graines molles et délicates. La Davilla rugueuse fait mieux. Les deux folioles supérieures de son calyce, ouvertes comme les trois autres pendant l'épanouissement, se rapprochent peu à peu après l'émission du pollen, s'appliquent l'une contre l'autre, étroitement, solidement, recouvrent tendrement l'ovaire, croissent avec lui, se creusent, se durcissent comme une carapace, s'ouvrent à la maturité du fruit, laissent tomber la graine, puis se referment... dans le sentiment d'un devoir accompli et d'une bonne œuvre menée à point.

Certains calyces vont plus loin encore. Il en est qui, non contents d'avoir favorisé la maturation de la graine, la sèment quand elle est mûre. Une Urticée du Brésil, l'Elasticaria, présente un calyce à trois parties charnues, qui longtemps demeurent infléchies comme les doigts d'une main fermée ; le jeune fruit grossit au milieu d'elles, puis le moment venu elles se redressent soudain comme des ressorts détendus, et lancent au loin la graine qu'elles ont laissée mûrir.

CHAPITRE XVI

Voici la *corolle*. Métamorphose splendide de la feuille, elle couronne la tige d'un véritable diadème. Éclatante et parfumée, offrant à l'œil toutes les beautés de la ligne que rehaussent tous les charmes de la couleur, elle semble de prime abord terminer la série des transformations. Plus tard, il est vrai, nous la verrons, se perfectionnant encore, former des étamines, des pistils, des ovaires; mais pour le moment arrêtons-nous ici, pour la contempler, pour l'étudier avec amour.

La corolle dans les fleurs complètes et dans l'ordre de la végétation se présente après le calyce et avant les étamines; elle est la seconde enveloppe de la fleur et entoure sans nul autre intermédiaire les organes de la reproduction.

La corolle, pas plus que le calyce, ne forme un organe simple. Elle est l'assemblage plus ou moins intime de feuilles métamorphosées et assez rapprochées pour paraître placées dans un même cercle [1]. L'analogie de ces folioles, auxquelles l'on donne le nom de *pétales*, avec les feuilles véritables est si frappante, même pour les personnes les plus étrangères à la Botanique, qu'elle a été en quelque sorte consacrée par certaines expressions vulgaires, telles que *les feuilles* de la Rose, *effeuil-*

---

[1] L'on ne doit point perdre de vue que les pétales d'une fleur, comme les feuilles mêmes de la tige, forment autour de l'axe floral une spirale continue dont la courbe ascendante échappe à l'œil par suite du rapprochement des éléments qui la constituent.

ler une Marguerite, et que longtemps avant qu'on eût conçu l'idée de la morphologie végétale, Duhamel disait déjà que les pétales étaient à la fleur ce que sont à la tige les feuilles ordinaires.

Il n'est du reste rien d'absolu dans le caractère des divers organes floraux. Si généralement la corolle se distingue du calyce par les couleurs et la délicatesse de ses tissus, il arrive aussi, nous l'avons déjà vu, que le calyce est parfois coloré. Il arrive surtout, qu'au lieu d'être mince et presque transparente, la corolle offre une consistance charnue comme dans le Stapelia, coriace comme chez le Tulipier, et que toute une classe de fleurs, telles que celles de la Vigne, des Rhamnées, des Térébinthacées et des Araliacées, nous présente des pétales verts qui ne se distinguent en rien des folioles calycinales.

Comme dans les feuilles, il faut distinguer dans les pétales la base, le sommet, les bords, la surface supérieure et la surface inférieure.

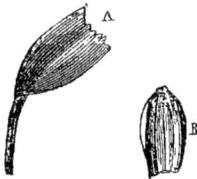

Fig. 131. — *a*, pétale avec onglet; *b*, pétale sessile.

Sous beaucoup de rapports, les calyces se rapprochent plus des feuilles que les pétales, mais ceux-ci toutefois présentent un caractère que n'offrent jamais les sépales. Je veux parler du rétrécissement que l'on désigne sous le nom d'*onglet* (fig. 131) et qui nous rappelle par la plus complète des analogies le pétiole des feuilles.

Les diversités que nous allons voir abonder dans la corolle, nous commençons à les trouver ici dans les pétales isolés. Fendus, échancrés, frangés, dentelés, laciniés, étalés, chiffonnés, tordus, réfléchis, canaliculés, éperonnés, bordés ou écailleux, les pétales, considérés même isolément, se présentent à nous de cent façons diverses et préludent aux innombrables aspects que nous offrira la fleur dans son opulente complexité.

Le nombre des pétales varie avec les espèces, depuis l'unité jusqu'à douze et au delà, bien au delà..... Qui ne connaît la Rose à cent feuilles, appelée de la sorte par suite du nombre illimité de ses pétales ?

Le nombre des pétales est l'un des caractères fondamentaux de la fleur. L'unité et les nombres deux et trois ne caractérisent qu'un petit nombre de genres. Le nombre quatre est constant dans la famille des Crucifères ; cinq caractérise des familles entières, telles que celle des Violariées, des Malvacées ; six se trouve chez les Salicariées, les Liliacées ; les pétales nombreux constituent la riche inflorescence des Rosacées. Toutefois il serait difficile et peu scientifique de baser de rigoureuses classifications sur ce caractère quelquefois indécis.

Une chose remarquable qui donne à réfléchir et à laquelle nous reviendrons plus tard, c'est que la perfection, privilége

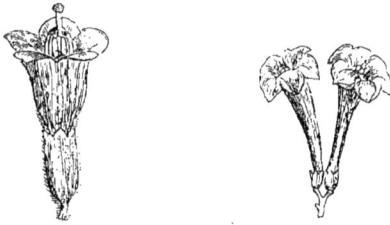

Fig. 132. — Corolles monopétales.

glorieux mais fatal, entraîne avec elle l'épuisement. La perfection semble être l'ennemie de la vie. C'est aux dépens de la force que la forme s'épure, au détriment de la vitalité que la ligne s'idéalise, et de la base au sommet de la série organique végétale s'étendent deux courants inverses, l'un de force vitale, l'autre de beauté, qui font que la racine est plus vivace que la tige, la tige plus robuste que la feuille, la feuille moins éphémère que la fleur.

De même qu'il y a des feuilles qui se réunissent par leur base et deviennent embrassantes, des bractées et des folioles calycinales qui forment des coupes ou des tubes, de même aussi les pétales se soudent par leurs bords et forment des corolles d'une seule pièce appelées corolles *monopétales* (fig. 132), par opposition aux corolles *polypétales* (fig. 133), qui se composent de folioles libres, c'est-à-dire séparables sans déchirement.

Toutefois ne les opposons pas trop l'une à l'autre; elles se ressemblent plus qu'il n'y paraît au premier abord, s'il faut en croire certains botanistes, et des plus autorisés.

En principe, disent ces auteurs, comme tout calyce est poly- sépale, toute corolle est polypétale, et la corolle monopétale

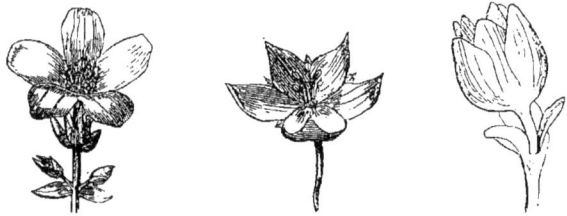

Fig. 133. — Corolles polypétales.

ne se distingue de ce type essentiel que par la soudure rela- tive, arbitraire et plus ou moins complète de ses folioles corol- lines.

C'est maintenant qu'il faudrait parcourir toutes les séries, épuiser toutes les comparaisons, pour donner la nomenclature

Fig. 134. — Corolles urcéolées.   Corolle tubuleuse.

même approximative des innombrables figures que revêt la co- rolle. Plus encore que la racine, que la tige, que la feuille et que le calyce, elle excelle en métamorphoses. Elle est globuleuse, ovoïde, urcéolée, campanulée, capuchonnée, éperonnée. Elle se rétrécit en tuyau, s'étale en limbe ou en roue, s'aplanit comme dans le Myosotis, se creuse comme dans la Primevère, se dé-

ploie comme dans la Pervenche ou se crispe et s'infléchit au re-
bours comme dans le Cyclamen (fig. 134 à 147).

Et encore, si toutes ces formes étaient tranchées! si elles for-

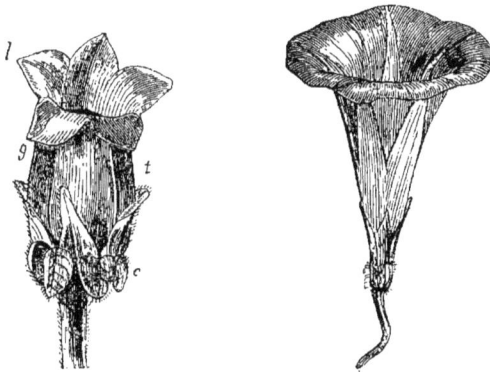

Fig. 135. — Corolles campanulées. — c, calyce;
g, gorge; l, limbe; t, tube.

maient par la régularité de leur aspect des types pouvant se
ranger en séries! Mais ce qui l'emporte ici, c'est la différence;

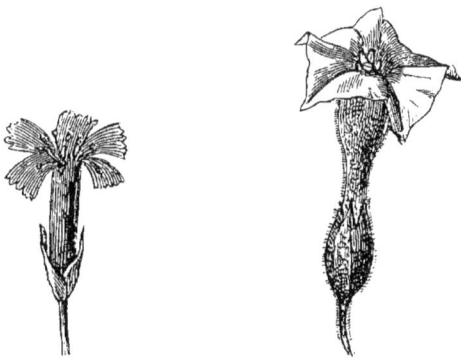

Fig. 136. — Corolles infundibuliformes. — c, calyce;
g, gorge; t, tube.

ce qui fait loi, c'est l'exception. Une échelle de dégradations
presque insensibles nous amène de la corolle rayonnante à ces

bizarres figures dont les variétés nous entraînent en dehors de
toute classification.

C'est ici que s'ouvre la grande famille des fleurs bilabiées et

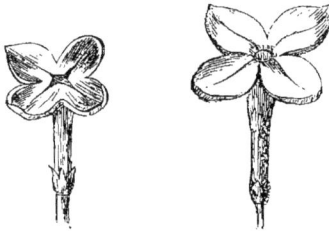

Fig. 137. — Corolles hypocratériformes.   Fig. 138. — Corolle tubuleuse.

Fig. 139. — Corolle à capuchon.   Fig. 140 — Corolle éperonnée.

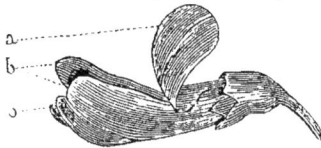

Fig. 141. — Corolle papillonacée. — *a*, éten-
dard; *b*, ailes; *c*, carène.

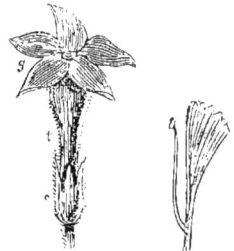

Fig. 142. — Corolle caryophyllée.
— *a*, un des pétales avec une
étamine.

personnées, où la corolle rappelle bien moins une fleur qu'une
création de pure et capricieuse fantaisie. Lions héraldiques,
monstres apocalyptiques, dragons légendaires, chimères byzan-

lines, gorgones étrusques, tous les symboles se retrouvent dans
le rictus de ces gueules au gothique profil d'où s'élancent, comme
des dards ou des langues recourbées, les étamines chargées de
leurs anthères.

Aux bizarreries de la ligne s'ajoute le prestige de la couleur.

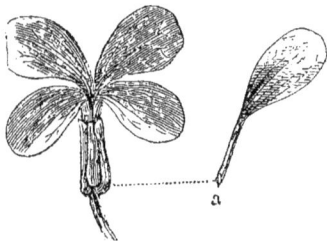

Fig. 143. — Corolle cruciforme.
a, un des pétales.

Fig. 144. — Corolle rosacée.

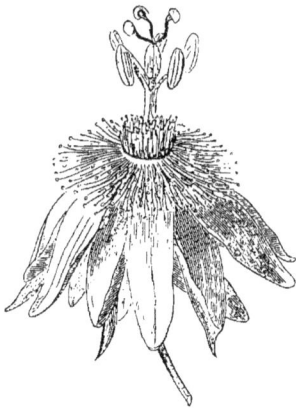

Fig. 145. — Fleur de l'assiflore.

Fig. 146. — Fleur double de Cerisier.

Qui dira les rubis enchâssés d'émeraude, les saphirs encadrés
d'or, les améthystes rehaussées de grenat? L'on a dit que certains insectes brillants ressemblent à des fleurs qui volent, l'on
peut dire aussi que certaines fleurs ressemblent à des papillons
immobiles. Lorsque, sous un rayon de soleil, on regarde au mi-

croscope le tissu d'une fleur quelconque, de la plus humble en
apparence, l'on demeure surpris, aveuglé. Ce ne sont plus des
couleurs, mais un foyer lumineux, un éblouissement continu
d'où par éclairs s'échappent des jets de flammes colorées. La
couleur et la lumière, ces deux éléments inséparables de toute

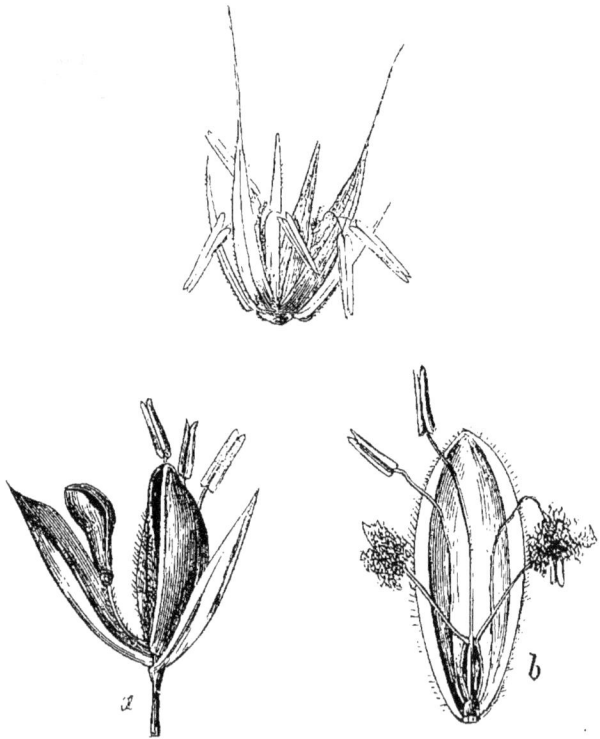

Fig. 117. — Fleurs de Graminées. — *a*. épillet composé de deux fleurs, l'une
inférieure, fertile et sessile, l'autre pédicellée et rudimentaire. — *b*. fleur
fertile dont on a enlevé la valve interne de la glume pour faire voir le
pistil (à deux branches) et les étamines.

beauté, plus que jamais paraissent là merveilleusement confon-
dues.

L'éclat de l'une s'achève dans le miroitement de l'autre. Telle
lueur blanche qui tombe sur un tissu en ressort incandescente,
transfigurée. L'or du rayon s'incorpore à toute nuance, et l'on

ne sait plus si c'est la fleur ou la lumière qui vous renvoie le plus de reflets.

Ce qu'il faut voir, pour se faire une idée approximative des

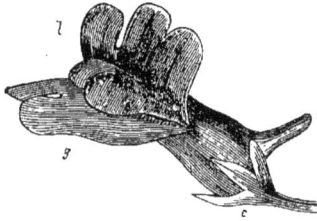

a, éperon; *c*, calyce; *g*, gorge; *l*, limbe.

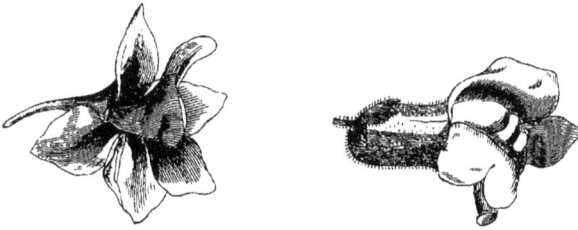

Fig. 148. — Corolles personnées.

Fig. 149. — Corolles labiées.

éclatantes manifestations de la corolle, c'est la flore d'Afrique ou des vallées de l'Inde ou des forêts vierges de l'Amérique équatoriale. Mais à quoi s'arrêter et que choisir dans ce chaos luxuriant? Sera-ce la royale Victoria qui couvre les fleuves de ses éblouissants pétales, ou les Magnoliacées splendides qui blanchissent les massifs de leurs grandes étoiles parfumées, ou bien les Cactées éclatantes, ou bien plutôt encore les Orchidées, particulièrement originales, élégantes et hardies?

Je ne sais en vérité. Depuis les larges conques vénéneuses où le colibri tout entier plonge et disparaît les ailes étendues, dans un nuage de pollen capiteux, jusqu'au dernier des Myosotis dont on distingue à peine dans la verdure le petit œil tendrement azuré, la liste est longue et le choix difficile.

La corolle, c'est la fantaisie par excellence, fantaisie de forme, fantaisie de couleur. En même temps qu'il est une foule d'êtres ou d'objets qui ont dans le monde des corolles leur copie ou leur parodie, il n'est guère de matière qui n'y soit également représentée. Voulez-vous des diamants, de l'or, de l'argent, des velours, des soies moirées, des gazes fines, des métaux, des tissus, des ailes d'abeilles ou des plumes d'oiseaux, — tout est ici dans la prairie, là-bas sur le coteau, plus loin, dans la forêt lointaine, où règne la corolle sans partage et sans rivalité. C'est là son empire. En tapis, en guirlandes, en grappes colossales, elles émerveillent le regard et enivrent le cerveau de leurs senteurs délicieuses ou empoisonnées. Orchidées, Bignoniacées, Pandanées, Euphorbiacées, lianes de toute famille, élèvent là jusqu'aux plus hauts sommets leurs incomparables édifices, et c'est là qu'il faudrait pouvoir errer à l'aventure, pour se faire une idée de ce qu'est et de ce que peut la corolle.

Il est une certaine inflorescence qui, par son originalité, se distingue des autres et appartient à la plus élevée des familles du règne végétal. Je veux parler des *Composées*.

L'*anthode* ou le *capitule*, ou plus simplement la *tête florale*, dans la famille des Composées (appelées encore *Synanthérées*, dont le nom signifie réunion de fleurs), est en effet un assemblage, une agglomération de fleurs diverses supportées par le même pédoncule.

Se souvient-on de ce que nous avons dit du réceptacle ou or-

gane florifère? C'est ici que nous le retrouvons dans toute son
importance. Habituellement large et plane, il se couvre d'une
infinité de petits tubes presque microscopiques qui,
pris à part, constituent une fleur complète et monopétale.

— Savez-vous bien, chère lectrice, ce que c'est
qu'une Pâquerette?

— Si je le sais? Mais c'est une fleur apparemment.

— Erreur, madame; c'est un bouquet. Tous ces petits points jaunes qu'entoure cette couronne de blanches languettes dont abusent les pensionnaires et
que vous-même peut-être... autrefois... sont les extré-

Fig. 150.

mités de petits tubes contenant chacun cinq étamines du milieu
desquelles s'élève un style qui les surmonte (fig. 150). Une Pâ-

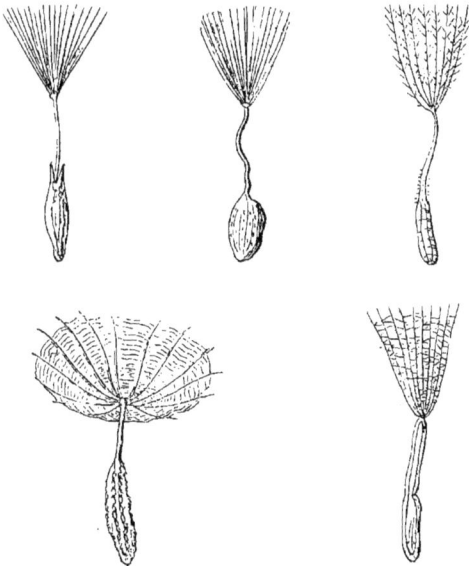

Fig. 151. — Aigrettes.

querette n'est donc pas une fleur, mais une infinité de fleurettes,
de même que le Chardon, l'Artichaut, le Souci, le Seneçon, la
Chicorée, le Pissenlit et tant d'autres.

Toutes ces fleurettes, pressées les unes contre les autres et
fort souvent entremêlées de soies ou de paillettes qui ne sont
autre chose, vous le savez, que des bractées avortées ou que
des folioles calycinales qui ont pâti des inconvénients du pha-
lanstère, constituent donc un anthode ou un
capitule qu'entourent les nombreuses folioles
d'une enveloppe imbriquée. La graine est souvent couronnée d'une *aigrette* rameuse, plu-
meuse ou barbue (fig. 151).

Songez à un Artichaut; le réceptacle, c'est le
fromage; l'enveloppe florale ou involucre sont
ces feuilles dont vous sucez la base charnue, les
fleurs et les paillettes sont ces barbes, ce *foin*
que vous arrachez de la surface du réceptacle.

Fig. 152. — Fleu-
rons.

Eh bien, ce tube floral, cette petite corolle dont nous venons
de parler, présente divers aspects, revêt diverses formes.

On l'appelle *fleuron* (fig. 152), lorsque le tube soudé dans

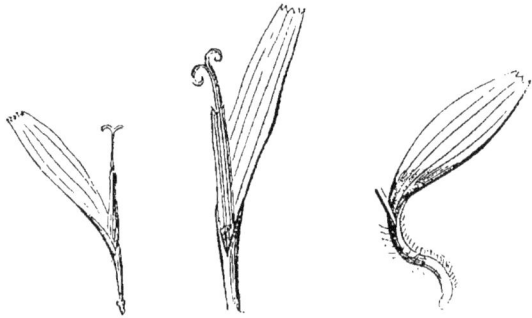

Fig. 153. — Demi-fleurons.

toute sa longueur forme une corolle rayonnante ou bilatérale[1],
et *demi-fleuron*, lorsque le tube incomplétement soudé forme une
corolle ouverte et déjetée latéralement en forme de languette
plane (fig. 153).

De là trois grandes classes dans la famille des Composées :

[1] La corolle rayonnante se termine par cinq lobes égaux et régulièrement
disposés; la corolle bilatérale est à deux lèvres.

les *Flosculeuses*, uniquement composées de fleurons (fig. 154), les *Semi-flosculeuses*, uniquement composées de demi-fleurons (fig. 155), et les *Radiées* enfin, avec des fleurons au centre et des demi-fleurons à la circonférence (fig. 156).

Nous avons parlé de la couleur de la corolle. Ajoutons ici quelques détails.

Les teintes des pétales varient et se nuancent depuis le blanc le plus pur jusqu'au pourpre le plus foncé, presque noir; mais le noir sans mélange, et les diverses combinaisons de noir et de blanc purs ne se sont encore jamais vues sur aucune espèce de

Fig. 155. — Chicorée.

Fig. 154. — Centaurée.

Fig. 156. — Pâquerette.

fleurs. Sauf cette combinaison, toutes les autres se rencontrent et se multiplient indéfiniment. Sur le même pétale ou sur des pétales différents, les couleurs s'amalgament, se juxtaposent, se strient, se panachent de mille façons diverses. Elles changent parfois et passent dans la même fleur par des teintes variables suivant l'âge de la plante, son état de santé ou les modifications diverses que peuvent lui faire subir le milieu qui l'entoure ou la culture dont elle est l'objet. Une Mélastomée du Brésil présente sur le même pied toute une série de fleurs diversement colorées. L'on trouve des Violettes blanches, des Campanules blanches, des Fritillaires blanches, alors que toutes les autres fleurs de la même espèce conservent la couleur qui leur est propre. La

Vipérine offre parfois, sur des épis de fleurs bleues, des corolles couleur de chair ou du rose le plus tendre. Il y a bien plus, les pétales de l'*Hibiscus* changeant, qui le matin sont d'une blancheur de neige, se colorent bientôt du plus tendre incarnat pour devenir, le soir, d'un rouge carminé.

Il est cependant des corolles dont la couleur ne varie jamais, ce sont celles des fleurs jaunes. C'est en vain que la culture double et redouble certaines Renoncules, la teinte reste immuable. Le rouge et le bleu seuls sont susceptibles de variations nombreuses, avec cette réserve toutefois que le bleu ne passe presque jamais au jaune, pas plus que le jaune ne passe au bleu, bien que ces deux couleurs puissent se rencontrer sur la même corolle.

Aimez-vous la statistique? Modérément, n'est-ce pas. N'importe, écoutez ceci : Schubler a calculé que, parmi les deux mille cinq ou six cents plantes phanérogames de la flore d'Allemagne, il y en a environ 600 à fleurs verdâtres, 667 jaunes, 536 blanches, 189 rouges, 210 bleues et 6 grises ou noirâtres. Il a constaté en outre que la couleur blanche devient plus commune à mesure que l'on s'avance vers le pôle, et enfin, qu'en Laponie, sur 500 plantes phanérogames, il y en a 178 de verdâtres et 109 de blanches.

La durée des corolles est fort inégale. Il y en a qui se conservent plusieurs jours sur leur réceptacle, et qui pendant ce temps restent toujours ouvertes ou bien s'ouvrent et se ferment tour à tour. D'autres, au contraire, tombent le jour même où elles se sont épanouies. Celles des Lins et des Cistes durent à peine quelques heures. L'Hélianthème taché, extrêmement commun dans les champs de la Sologne, se couvre dès le matin d'un nombre infini de fleurs dont les pétales charmants, à midi, jonchent déjà la terre. Il en est d'autres plus éphémères. la fleur de la Vigne, par exemple, qui se détache au moment même où elle vient de s'épanouir.

La corolle donc, plus encore que le calyce, est tombante, *caduque*, bien rarement elle persiste, elle meurt à la fécondation. Symbole éclatant de beauté, de gloire, d'amour, elle est éphé-

mère comme l'amour, comme la gloire, comme la beauté. —
Quelle ironie de la nature que la fragilité de cette fleur qui,
pendant des semaines, des mois, des années quelquefois, se
prépare avec une lente majesté... pour resplendir une heure, et
mourir !

CHAPITRE XVII

Au-dessus de la corolle vient l'*étamine;* c'est l'élément de la troisième enveloppe florale dont l'ensemble s'appelle *androcée* (fig. 157), c'est l'organe fécondant. Aussi ne manque-t-il jamais. L'on trouve des espèces phanérogames auxquelles font défaut soit la corolle, soit le calyce, soit l'une ou l'autre enveloppe; il n'en n'est pas qui soit sans étamines, ou du moins sans ce qu'elles présentent de plus essentiel.

L'étamine dans son état complet se compose d'un *filet* et d'une *anthère* ou *tête d'étamine* (fig. 158).

Le filet est un support, une mince colonnette, le plus souvent filiforme, au sommet de laquelle l'anthère se trouve attachée.

L'anthère, seule partie indispensable de l'étamine, est une sorte de petite poche ou sachet qui renferme le *pollen* ou poussière fécondante, et se compose habituellement de deux loges parallèles. L'on distingue dans l'anthère le dos et la face; c'est au dos communément que s'attache le filet.

Les étamines, que nous allons considérer d'abord d'une manière générale, varient en nombre depuis un jusqu'à cent environ, selon les espèces, les genres et les familles. Ces chiffres toutefois n'ont rien de rigoureux; aussi se contente-t-on de dire que les étamines sont *nombreuses* ou *indéfinies* dès qu'elles dépassent le nombre de vingt et même celui de douze.

Les étamines peuvent être égales ou inégales. Cette inégalité.

parfois peu sensible et variable, constitue dans certaines familles un caractère spécial d'une grande importance. C'est ainsi
que, chez certaines Labiées, nous trouvons deux étamines
toujours plus longues que les deux autres (*didynames*) (fig. 159),
et que chez les Crucifères nous en trouvons six dont quatre
égales entre elles et deux latérales plus courtes (*tétradynames*)

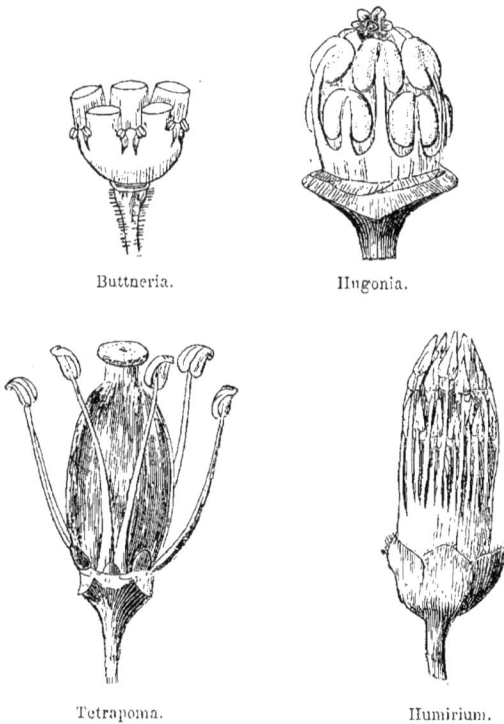

Buttneria.   Hugonia.

Tetrapoma.   Humirium.
Fig. 157. — Androcées.

(fig. 160). Certaines étamines font plus encore que d'être inégales, elles offrent dans la même fleur des formes complètement différentes.

Nous ne pouvons du reste passer en revue toutes les diversités. Placées sur un rang, sur deux, sur plusieurs, étalées,
dressées, unilatérales, écartées, rapprochées, imbriquées, sou-

dées plus ou moins (fig. 161 à 166), libres ou complétement
isolées (fig. 167 à 170), les étamines renouvellent devant vous

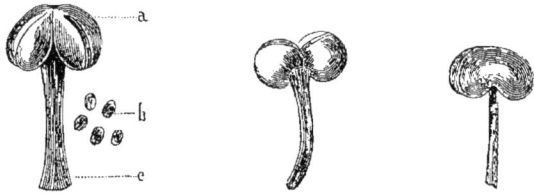

Fig. 158. — *a*, tête d'étamine ; *b*, pollen ; *c*, filet.

ces éternelles séries qui font de la variété la loi fondamentale de
la création.

Le filet des étamines, cette mince colonnette cylindrique qui

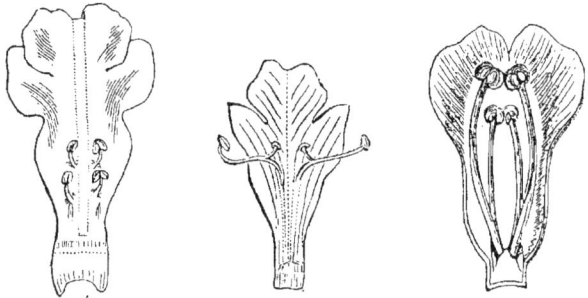

Fig. 159. — Étamines didynames.

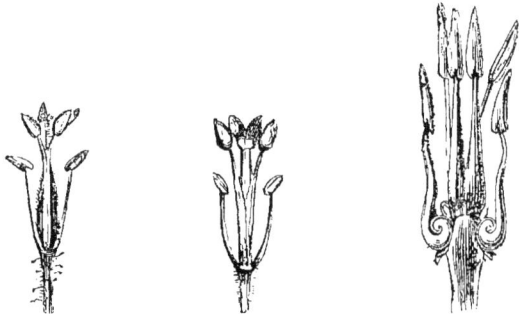

Fig. 160. — Étamines tétradynames.

supporte l'anthère, est le plus souvent grêle, quelquefois filiforme, ce qui ne l'empêche point d'être çà et là plus ou moins

renflée en massue ou aplatie, si aplatie même qu'elle arrive

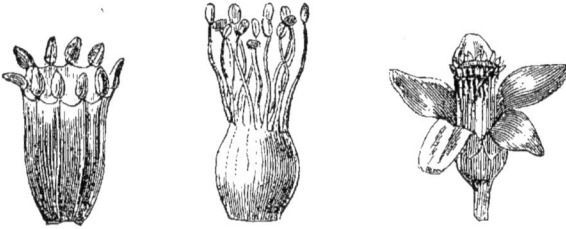

Fig. 161. — Étamines monadelphes.

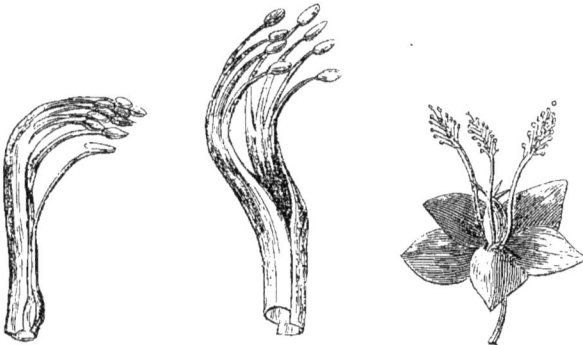

Fig. 162. — Étamines diadelphes.

Fig. 163. — Étamines triadelphes

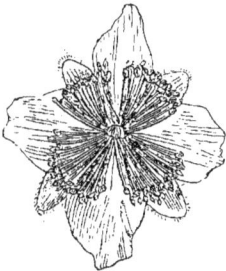

Fig. 164. — Étamines tétradelphes.

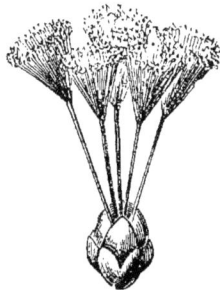

Fig. 165. — Étamines polyadelphes.

par degrés à n'être plus, pour la plus grande gloire de la morphologie, qu'un véritable pétale chargé d'une anthère à son ex-

trémité. Du reste, pas le moindre souci de demeurer semblable à elle-même.

Le filet se charge de dentelures, d'éperons, d'écailles, de

Fig. 166. — Étamines réunies par leurs anthères.

Fig. 167. — Étamine de Lierre.

Fig. 168. — Étamine d'Iris.

pointes, de becs ; il se dresse, s'infléchit, se tord de mille façons, s'articule, s'allonge, se raccourcit, si bien qu'il disparaît souvent et laisse l'anthère *sessile*, c'est-à-dire comme assise ; d'au-

Fig. 169. — Étamine d'Azalée.

Fig. 170. — Étamine de Xylopia.

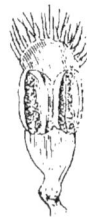

Fig. 171. — Étamine de Pervenche.

tres fois, quittant sa livrée blanche habituelle, il se pare, s'irise, prend les couleurs des organes qui l'entourent. — le tout avec cette charmante indépendance dont jouit chaque individualité dans la belle république végétale.

Du filet passons à l'anthère. Aussi bien la transition est facile, car les deux ne font qu'un. A eux deux, ils ne forment qu'un simple pétale dont l'onglet ou partie rétrécie est devenu le filet, et dont le limbe ou partie étalée est représenté par l'anthère.

Avec la fine pointe d'une aiguille prenez une anthère, ouvrez-la. Il en est même qui s'ouvrent toutes seules (fig. 171 à 174).

Fig. 172. — Étamine d'un Berberis.   Fig. 173. — Étamine de Persea.   Fig. 174. — Étamine de Monimia.

De part et d'autre d'une cloison transversale, qui n'est que le prolongement du filet, s'allongent en berceau ou en nacelle deux

Fig. 175. — Transformation d'un pétale en étamine dans le Nénuphar blanc.

loges, deux nids charmants remplis d'une poussière merveilleuse, le pollen dont nous parlerons tout à l'heure.

La métamorphose du pétale en étamine serait peut-être restée douteuse malgré les affirmations de la morphologie, si la nature ne se complaisait elle-même à nous rendre manifeste cette curieuse transformation. Les exemples abondent. Dans la fleur du Nénuphar, entre autres, la métamorphose se fait comme à l'œil (fig. 175). C'est tout un cours de Botanique rendu palpable et réalisé par la gradation régulière avec laquelle on voit le pétale devenir étamine ou l'étamine redevenir pétale. L'élargissement et la diminution du filet sont tels qu'il arrive un moment où l'on hésite. Est-ce un limbe rétréci, est-ce un filet membraneux? A-t-on sous les yeux une étamine qui cherche à se donner l'ampleur d'une foliole corolline, ou un simple pétale qui a eu la fantaisie luxueuse de se terminer par une anthère? L'on ne sait en vérité. tant la progression est insensible.—Voyez encore fig. 176 et 177.

Ce qui se passe naturellement dans cette fleur se réalise dans une foule d'autres par les moyens artificiels de la culture. Une nourriture abondante prive les fleurs de nos jardins de leurs

Fig. 176. — Pétale de Gui couvert de pollen.

Fig. 177. — Pétale d'une rose double à demi transformé en étamine.

Fig. 178. — Étamine de la Canne indienne qui est pétale d'un côté et anthère de l'autre.

étamines qu'elle métamorphose en pétales; c'est là ce qu'on appelle rendre les fleurs *doubles*.

Eh bien, vous le dirai-je, madame? malgré toute l'admiration que vous avez évidemment pour vos Œillets doubles, vos Renoncules doubles, vos Anémones doubles et tout ce qu'il peut y avoir de double dans votre parterre, y compris vos Roses à cent feuilles, c'est là une dérogation aux lois naturelles de la végétation. Une fleur double est un *monstre:* un monstre charmant, je le veux bien; mais un monstre incontestable au point de vue organique, et pour lequel le vrai botaniste n'éprouve qu'un sentiment de vague bienveillance... tempérée même par une légère dose de dédain. — Ah! qu'ils sont plus élégants les sveltes Bleuets des champs, plus gracieuses les Lychnis grêles

et découpées que balance la brise parmi les hautes herbes, et
combien je préfère, à toutes vos pensionnaires bouffies et malsaines, la plus maigre fleurette couronnant un vieux mur ou ac-
crochée aux fentes d'un rocher !

Les gradations curieuses que nous avons vues dans le Nénuphar, nous les retrouvons dans l'Ancolie, dont les pétales éperonnés et en cornet sont pourtant bien loin de ressembler à ses
étamines si grêles ; nous les retrouvons dans la Rose, dans les
Anémones, dans toutes les fleurs qui doublent par la culture.
La Canne indienne fait mieux encore (fig. 178) ; elle nous montre, à l'état habituel, un organe fécondant qui d'un côté est un

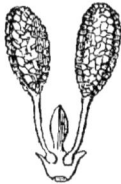
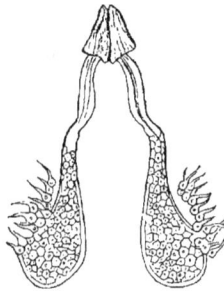

Fig. 179. — Tube pollinique   Orchis.   Asclépiade.
sortant d'un grain de pol-   Fig. 180.
len vu au microscope.   Masses cireuses de pollen.

pétale, tandis qu'il est réduit de l'autre à une simple anthère à
une loge. C'est là évidemment le sublime du genre, et la dé-
monstration palpable de la Canne indienne convaincrait les plus
obstinés.

Résumons donc en quelques mots. L'étamine n'est qu'un pétale métamorphosé, c'est-à-dire une feuille. Le filet de l'étamine,
c'est l'onglet du pétale ou le pétiole de la feuille ; l'anthère, c'est
le limbe de cette dernière ou la lame du pétale, et la substance
enfin qui se trouve entre les deux surfaces de la feuille ou le
parenchyme devient la poussière fécondante dont se remplissent
les loges de l'anthère.

Les étamines, et c'est ici une importante remarque à faire,

n'atteignent pas toujours le degré de perfection auquel elles doivent normalement atteindre. Dans les fleurs dites femelles ou *pistillées,* c'est-à-dire qui n'ont d'essentiel que le pistil, l'on trouve quelquefois des anthères, mais elles ne contiennent pas de pollen ; d'autres fois elles ne présentent à leur extrémité qu'une masse globuleuse, chiffonnée, sorte de glande pétaloïde plus ou moins arrondie ; ailleurs, enfin, plus rien n'existe de l'étamine qu'un simple filet avorté, stérile, impropre à tout usage et qui n'est là que comme une sorte de mémento ou de jalon pour servir de point de repère, sans doute, dans la série morphologique.

Du reste, quelque superflus que puissent paraître ces pauvres filets stériles, ils se comportent comme les autres dans le petit ménage de la corolle. Symétriquement rangés et toujours alternes avec les fertiles auxquels ils se soudent même parfois, ils occupent leur place avec conscience et semblent protester, par la régularité de leur tenue, contre la fatalité qui les a rayés sur la liste des membres actifs de la république.

Maintenant que nous connaissons le filet et l'anthère, ouvrons le petit sachet dont se compose cette dernière et voyons ce qu'il renferme. Nous le savons déjà, cette poussière qui s'en échappe, c'est du *pollen.* Ce pollen se forme dans les utricules qui constituent la substance intérieure de l'anthère, et en général,— voyez jusqu'où sont allées les observations des patients naturalistes !— en général, dis-je, chaque cellule en fournit quatre grains. Ces utricules, appelées polliniques, ne tardent pas à mûrir ; elles se séparent alors, se déchirent et laissent passer le pollen qui, libre désormais, s'échappe de l'anthère, grandement aidé dans cet acte d'indépendance, soit par le mouvement des valves de l'anthère elle-même, soit bien plus souvent encore par le vent ou par la visite des insectes. Il est cependant des fleurs qui se passent fort bien de tout secours étranger, témoin le pollen du Broussonetia papyrifera qui bruyamment s'élance en jets élégants et comme en vaporeuses fusées.

L'on ne saurait imaginer quelles prodigieuses quantités de grains de pollen contiennent généralement les anthères. Les blancs pétales du Lis sont quelquefois tout maculés de taches jaunes. Au lever du soleil, dit Duhamel, l'on voit sur les champs de Froment en floraison comme un brouillard, comme un véritable nuage qui s'en élève et flotte à leur surface : c'est le pollen que secouent les épis. Celui des Cyprès forme autour de chaque arbre une sorte de colonne de fumée, et les Sapins livrent aux vents d'orage une si incroyable masse de poussière pollinique, que celle-ci, emportée au loin, a donné lieu à la tradition bien connue de ces fameuses pluies de soufre dont tant de gens autrefois se sont épouvantés.

Mais ce brouillard, cette fumée, ces nuages impalpables, fixons-les, résolvons-les ; prenons-en quelques grains et regardons-les au microscope. Le spectacle est vraiment admirable. Chaque grain de pollen, considérablement grossi, devient diaphane et réfracte la lumière. L'on voit alors que chacun d'eux se compose d'une membrane et le plus souvent de deux (quelquefois même de trois), qui, immédiatement appliquées l'une sur l'autre, forment de leurs parois transparentes une cavité remplie de *fovilla*, liquide mucilagineux au milieu duquel nagent, parmi des gouttelettes d'huile, des corpuscules inconnus. Cette fovilla s'échappe aisément des grains du pollen. Dès que celui-ci se trouve en contact avec une surface humide, il se déchire, éclate et tantôt laisse écouler le liquide, tantôt donne naissance à certains *tubes polliniques* (fig. 179), dont nous raconterons plus loin le rôle capital.

Les grains de pollen varient singulièrement. Il en est d'arrondis, d'ovoïdes, d'ellipsoïdes, de triangulaires ; il y en a qui sont couverts de papilles, d'autres de tubercules ou de petites épines, d'autres enfin dont la membrane, élégamment réticulée ou piquetée, se dessine en lignes sombres sur les teintes plus claires du liquide qu'elle contient.

Le pollen des Orchidées et des Asclépiadées se distingue par son aspect tout particulier ; les grains polliniques, au lieu d'être libres comme dans les autres plantes, sont ici agglutinés en une seule masse d'une consistance analogue à celle de la cire (fig. 180).

CHAPITRE XVIII

LE NECTAIRE.

Nous avons passé en revue les trois premières enveloppes florales, c'est-à-dire le calyce, la corolle et les étamines ; disons un mot du quatrième verticille ou rangée circulaire d'organes : il s'agit du *disque* ou *nectoire* [1].

L'on donne ce nom à tout verticille complet ou incomplet, et de forme quelconque, qui se trouve situé entre les étamines et l'ovaire. Organes appendiculaires, comme les folioles calycinales et comme les pétales, les pièces du nectaire se présentent parfois sous une apparence foliacée ou pétaloïde. Toutefois l'on y reconnaît bien vite les symptômes de l'épuisement de la fleur. Ce qui, chez quelques plantes, est encore une sorte de petit pétale chiffonné et plus ou moins coloré (Ancolie), n'est déjà plus chez d'autres qu'une simple écaille qui se dérobe dans l'inflorescence ou enfin que de véritables glandes microscopiques (Giroflée violier).

Les pièces réunies du nectaire, toutefois, forment dans certaines fleurs une sorte de bourrelet, d'anneau, de cupules ou de tube, parfois même de poche qui enveloppe entièrement le fruit (Pœonia).

---

[1] C'est généralement de cet organe que s'écoule le liquide plus ou moins sucré que sécrètent certaines plantes (Chèvrefeuille, Primevère. Trèfle, etc.). bien connu sous le nom de *nectar* et particulièrement apprécié par les abeilles, qui le sucent avec avidité. puis qui le transforment en miel.

CHAPITRE XIX

—

Voici enfin le *pistil*, le cinquième verticille [1] qui couronne le réceptacle et occupe le centre de l'axe floral. Le pistil ou réunion des organes dits femelles est également connu en Botanique sous le nom de *gynécée* (fig. 181) : c'est l'expansion dernière de la tige, c'est le terme de la végétation.

Le pistil simple, ou *carpelle* (du mot grec *karpos* qui signifie fruit), se compose essentiellement d'une colonnette ou filet supérieurement renflé en glande et inférieurement terminé par une cavité qui contient de jeunes semences. Ces jeunes semences sont les *ovules*, cette cavité c'est l'*ovaire*, cette colonnette qui s'élève sur l'ovaire c'est le *style*, et enfin cette glande qui termine le filet, c'est le *stigmate* ou *tête de style* (fig. 182). Ce dernier organe, d'une nature habituellement

Fig. 181. — Androcée et gynécée de Malesherbia.

spongieuse, et presque toujours humide ou visqueux, est destiné à retenir les granules polliniques qui s'échappent du sachet des étamines. Le style n'est pas absolument nécessaire ; le stigmate immédiatement situé sur l'ovaire est dit alors *sessile*, et n'en remplit pas moins bien son rôle dans l'œuvre de la fécondation.

Il est maintenant aisé de comprendre que les pistils, quelque-

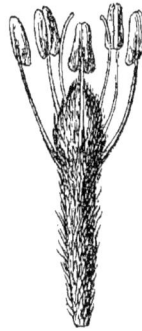

---

[1] Le pistil n'est ordinairement que le quatrième verticille, par suite de l'absence habituelle du disque.

fois très-nombreux, sont, par rapport au gynécée, ce que les
étamines sont à l'androcée, ce que les pétales sont à la corolle
et ce que les sépales enfin sont au calyce, c'est-à-dire l'élément
isolé d'un verticille. D'autre part, l'on se souvient du rôle important que joue en Botanique le phénomène appelé soudure.

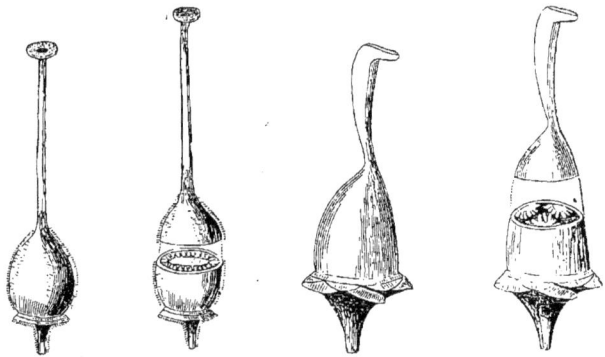

Fig. 182.

Pistils de Primevère.   Pistils de Violette.

Si donc l'on vient nous dire qu'à l'imitation des étamines, des
lobes du nectaire, des pétales et des sépales, l'on voit souvent
les pistils se réunir et s'agglomérer, nous n'en serons nullement
surpris. Nous comprendrons que lorsqu'un ovaire à plu-

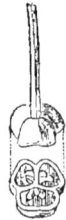  

Fig. 183.   Fig. 184.   Fig. 185.

sieurs loges se trouve surmonté par une colonnette unique et
centrale (fig. 182), cela provient tout simplement de la soudure
de plusieurs pistils en un seul, et quand nous verrons un style
bifide (fig. 183), ou trifide (fig. 184), ou beaucoup plus fide encore, c'est-à-dire couronné par plusieurs lobes étalés, nous sau-

rons nous garder de toute hérésie morphologique et nous nous hâterons de nous rappeler qu'il ne s'agit pas le moins du monde ici de la division d'un style unique, mais, tout au contraire, d'une soudure inachevée, ou bien encore d'une dessoudure demeurée incomplète (fig. 185 à 188).

Les pistils font plus que de se souder, ils disparaissent, ils s'atrophient et ne se révèlent plus, quelquefois, que par une trace à peine visible. Ce phénomène se reproduit régulièrement et sur une grande échelle dans certains genres et même dans

Fig. 186. — Styles soudés dans toute leur longueur.

Fig. 187. — Style tripartite.

Fig. 188. — Style quinquéfide.

des familles d'une grande importance. Les fleurs ainsi dépourvues de pistils sont nommées *staminées*, de même que sont appelées *pistillées*, nous l'avons dit plus haut, celles où une atrophie devenue normale fait régulièrement disparaître tout vestige d'étamine.

Le pistil, vous le devinez sans peine, n'est comme tous les autres organes de la fleur que notre éternelle feuille, dont les diverses transformations successives sont couronnées et dépassées par la dernière, la plus admirable de toutes. Le pistil est si bien une étamine transformée, qu'il est, dans certaines plantes, remplacé par une étamine centrale. Si donc le pistil n'est que la modification de l'organe qui le précède, il rentre en plein dans la série que vous savez, et, comme tel, est soumis à cette fameuse loi des reculs qui, sous l'influence d'une alimentation énergique, ramène de proche en proche, par progression inverse, le carpelle jusqu'à la feuille.

Écoutez ceci, du reste : c'est la plus gentille leçon de morphologie que l'on puisse imaginer, et c'est le Merisier double qui nous la donne.

A l'état sauvage, le Merisier présente dans sa fleur un carpelle unique. Si l'on examine celle d'un Merisier double, l'on y verra, au milieu d'une multitude de pétales d'une blancheur de neige, deux ou trois petites feuilles vertes, ordinairement dentées comme celles de la tige dont elles offrent une charmante miniature. Ces petites feuilles sont repliées par le milieu, leurs bords sont rapprochés, sans soudure toutefois, et de plus elles

Fig. 189.   Fig. 190.   Fig. 191.   Fig. 192.

se terminent par un long filet chargé à son extrémité d'une petite glande globuleuse (fig. 189). Eh bien, savez-vous ce que sont ces petites feuilles? Ce sont de véritables ébauches de carpelles. La plante a essayé et n'a pas réussi. Elle a tâché de souder ses bords dentelés en les rapprochant l'un de l'autre, elle a prolongé en style sa nervure médiane, l'a même munie à l'extrémité d'un petit renflement qui simule, à s'y méprendre, un stigmate ordinaire... vains efforts, tentatives superflues. Elle était trop matérielle encore, cette fleur double et engraissée, pour arriver à la sublime défaillance de ces organes qui s'idéalisent jusqu'à l'étamine, jusqu'au pistil; — et ce carpelle, doué de trop de vitalité encore, riche de sucs trop grossiers, est resté vert, c'est-à-dire feuille.

Organe bizarre et complexe, demi-pistil et demi-feuille, blanc et vert, rempli d'un côté de sucs merveilleusement affinés et

puissants, et de l'autre de cette séve commune qui remplit toutes les feuilles du monde. Pour ma part, je vous l'affirme, je ne
connais rien en Botanique de plus extraordinaire. J'ai déjà eu
l'occasion de le dire dans les pages qui précèdent; mais je le
répète ici, parce que je crois devoir insister un instant sur l'ex-
position de ce phénomène, et d'autant plus que cette exposi-
tion a été l'objet de certaines protestations dont je ne veux ni
ne puis contester la portée.

L'une d'elle est signée George Sand, le grand nom que chacun connaît. Mme George Sand, dans un remarquable article de
fantaisie botanique[1], m'adresse le reproche, — reproche en-
châssé, il est vrai, dans une phrase si aimable qu'elle en devient
embarrassante pour moi, — d'avoir « fait acte de soumission
presque complète aux arrêts des savants sur la loi de la vie
dans le végétal ».

J'en demande bien pardon à mon illustre critique, mais c'est
bien moins aux arrêts des savants que je me soumets qu'aux
arrêts de la nature elle-même. Moi aussi je proteste; mais qu'y
faire, cependant, quand les faits sont là, patents, irrécusables et
formulant eux-mêmes les conclusions avec une netteté presque brutale? N'est-il pas vrai que, suivant l'intensité de la vie,
nous voyons les métamorphoses monter ou descendre? N'est-il
pas vrai qu'il est impossible de mettre en corrélation directe
cette intensité de la vie avec une gradation ascendante des organes?

Voyez ce que nous dit le Merisier à fleurs doubles : c'est
lorsqu'il est très-richement nourri, qu'il n'a pas fini de croître,
en un mot quand la vie surabonde encore en lui, que se montrent en pleine floraison les pistils à folioles vertes. Cet exemple n'est pas unique; il est des Rosiers appelés *prolifères* qui
nous révèlent le même phénomène. En pleine floraison, eux
aussi, et du milieu de leurs pétales roses, ils émettent un rejet,
une pousse verte, une véritable tige qui d'abord chargée de
feuilles finit par se couronner de roses de seconde génération.
Conçoit-on une superposition plus bizarre : une tige verte, des

<hr>

[1] *Revue des Deux-Mondes,* 1er juin 1868.

feuilles, puis une nouvelle tige verte et des roses au second étage?

Que prouve donc cela? sinon que la vie intense produit des feuilles et non des fleurs, et qu'en dépit de toute vraisemblance, c'est par suite d'une sorte d'alanguissement que la floraison s'opère. Un végétal trop bien nourri multiplie ses rameaux, mais ne fleurit pas, et ce n'est que lorsque la vie s'est en quelque sorte atténuée, que se montre la couronne calycinale surmontée de la couronne corolline.

Voilà ce que disent les faits. Eh bien, je me soumets si peu à cette prétendue loi d'*avortements successifs* que soutiennent certains savants sans délicatesse, et dont s'offusque, à si juste titre Mᵐᵉ George Sand, que je me demande si l'on peut réellement donner le nom de défaillance à la langueur sublime qui amène la fleur et que, tout en reconnaissant que la floraison est incontestablement liée à une sorte de décadence apparente, je ne puis que protester contre la théorie qui ne craint pas d'appeler crument *dégénérescence* le phénomène qui élève la plante à son apothéose. Est-ce bien s'amoindrir que de ne plus se développer au simple point de vue des dimensions extérieures? La création du plus petit pétale coloré ou parfumé ne suppose-t-il pas une dépense de vitalité tout au moins égale à celle dont le résultat est un gros paquet de feuilles vertes? Outre que l'importance d'un produit ne doit avoir d'autre mesure que sa propre valeur intrinsèque, n'est-il pas aisé de comprendre que telles qualités élevées proviennent beaucoup plutôt d'une concentration de forces que de forces exubérantes?

Alors donc que nous disions tout à l'heure qu'il est inexact de mettre en corrélation la gradation des organes avec l'intensité de la vie, c'est d'une vie exubérante, d'une vie de croissance que nous voulions parler. Grande et belle sans doute est la force qui multiplie rameaux et feuilles, mais plus grande et plus belle encore est celle qui multiplie fleurs et fruits.

Qu'il n'y ait donc point d'équivoque : lorsque nous parlons des défaillances de la plante qui fleurit, il s'agit des défaillances de la force vive et un peu brutale qui pousse devant elle d'intarissables flots de sève; mais non des défaillances de cette vitalité exquise et supérieure qui se recueille et se concentre pour créer une fleur.

Revenons maintenant au style, à son stigmate et à l'ovaire qui leur sert de base.

Les styles — droits, infléchis ou contournés, épais ou filifor-

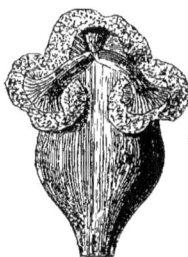

Fig. 193.

Stigmate trilobé.

Styles terminés par un stigmate pelté.

mes, cylindriques ou coniques, ovoïdes, en toupie, en massue ou en entonnoir, et enfin courts, moyens ou très-longs, — ont pour caractère essentiel d'êtres *libres,* c'est-à-dire indépendants

Fig. 194.

Fig. 195.

Fig. 196.

les uns des autres, ou *soudés,* c'est-à-dire réunis entre eux par la base. L'on sait ce qu'il faut penser des divisions apparentes du style qui le plus souvent ne sont que des soudures incomplètes; cependant il est des cas où ces divisions existent réellement et où il faut se garder de prendre pour des styles soudés ensemble les divisions d'un même et unique style. En règle gé-

nérale, l'on peut établir qu'il y a autant de styles que d'ovaires,
et lorsque nous verrons (fig. 190) un seul ovaire surmonté par
deux styles, ou bien encore (fig. 191) trois ovaires couronnés
par une expansion de six lobes, nous pourrons affirmer hardiment que ces bifurcations n'infirment en rien l'unité des styles
qui en sont pourvus.

Le stigmate est la partie du pistil qui, ordinairement humide,
dépourvue d'épiderme et garnie de glandes ou de papilles, est
destinée à recevoir et à retenir la poussière fécondante échappée
des anthères.

Le stigmate, toujours placé à l'extrémité du style quand celui-ci existe, est parfois sessile et naît immédiatement sur l'o-
vaire, quand le style est absent (fig. 192). Tantôt *complet,* c'est-
à-dire distinct au-dessus du style dont il domine l'extrémité
(fig. 193), tantôt *incomplet,* c'est-à-dire naissant simplement à la
surface d'une portion du style, le stigmate fort variable de
forme, quelquefois terminal, d'autres fois latéral, est dans certains cas si gros, si charnu, si épaté qu'on le cherche, alors
qu'il écrase de sa masse exagérée toute l'extrémité du style
comme dans le Mirabilis Jalapa (fig. 194). Dans le Pavot, il
s'étale en rayons glanduleux sur la surface d'un style aplati en
bouclier (fig. 195), et dans l'Iris, il se dessine modestement sur
la surface postérieure des larges folioles bifides et pétaloïdes
qui constituent les styles de cette fleur opulente (fig. 196).

Il existe enfin des plantes où le stigmate ne s'aperçoit que difficilement, et l'on en rencontre quelques-unes où nul encore n'a
pu le découvrir.

L'ovaire, partie inférieure et creuse du carpelle, est la cavité
qui renferme les jeunes semences ou ovules. Simple ou composé, comprimé, déprimé, globuleux, ovoïde, elliptique, cylindrique, oblong, obovale ou en cône renversé, il dépend toujours, pour sa forme, de la feuille carpellaire dont il est formé.

quand il est simple (fig. 197), ou des carpelles divers qui le constituent, quand il est composé (fig. 198).

L'ovaire composé offre des coques, des lobes ou des côtes suivant que les carpelles qui le constituent sont plus ou moins soudés entre eux, et chaque loge d'un carpelle se forme généralement par la soudure des bords de la feuille carpellaire qui, offrant tous les degrés possibles de courbure, varie à l'infini et la forme des loges et le nombre des cloisons intermédiaires et la nature de ces mêmes cloisons dont le tissu a plus ou moins d'épaisseur, plus ou moins de consistance.

Arrivons maintenant à l'ovule, la dernière des productions de la fleur. L'ovule, nous l'avons dit, est au placenta ce que sont les bourgeons à la tige et au rameau. Comme eux, il se compose d'un axe et d'organes appendiculaires, et comme eux encore il est un élément de vie et de reproduction. Ici toutefois s'arrêtent les ressemblances. Si le bourgeon multiplie l'individu, c'est en le continuant; dans l'ovule, au contraire, finit toute évolution de l'individu végétal, et ce dernier périrait sans reproduction d'aucune sorte, si, par le concours de deux organes étrangers qui le fécondent n'était rallumée en lui cette vie menacée de s'y éteindre.

Fig. 197. Fig. 198.
Ovaire simple. Ovaire composé.

En revanche, qu'arrive-t-il? C'est que cette fécondation venant du dehors l'enrichit de vertus spéciales. Le bourgeon répète l'individu par la production d'un individu absolument identique, tandis que l'ovule perpétue l'espèce elle-même et peut donner naissance à la variété. Même différence dans la manière dont ils se comportent. Esclave du rameau qui lui a donné naissance, le bourgeon, — sauf dans quelques cas fort rares, — reste attaché à cette plante dont il n'est que le prolongement; l'ovule, au contraire, créateur d'une individualité nouvelle, se dégage au plus tôt, essaie de cette liberté dont il porte le germe, s'affranchit de toute entrave et prend le nom de *graine* dès l'heure de son émancipation.

Cette heure toutefois est difficile à fixer. L'état d'ovule n'a rien de permanent. Depuis l'instant de sa naissance obscure au fond des tissus qui le procréent, jusqu'au jour où se formule en lui une vie indépendante, s'opèrent de perpétuelles modifications qui font que l'on se demande où l'ovule finit et où commence la graine.

CHAPITRE XX

———

Nous voici parvenus au grand mystère, — le mystère de la fécondation. Notre plante a germé, elle a poussé, elle a fleuri ; ses pétales se sont étalés au grand soleil, elle a doucement frémi sous la brise qui s'est parfumée de ses aromes ; pendant quelques jours, tout au moins pendant quelques heures, elle a joui de la vie suprême, sorte d'idéal après lequel elle soupirait et dont elle rêvait sans doute alors que, toute verte encore, elle sommeillait au milieu d'obscurs tressaillements. Aussi quelles énergies nous voyons se manifester en elle ! Enfiévrée de vie exubérante, elle exhale ses parfums avec une inconcevable prodigalité ; elle s'exalte, s'échauffe même matériellement, on le sait, et ses étamines agitées par des mouvements spasmodiques se sont redressées et rapprochées du pistil livrant aux vents et aux insectes la poussière odorante et colorée dont leurs petites feuilles polliniques étaient remplies.

L'histoire des observations relatives à la fécondation chez les plantes, dit M. Duchartre, comprend trois périodes, dont la succession marque les progrès accomplis peu à peu dans la connaissance de ce grand phénomène. La première commence à l'antiquité grecque et finit avec le dix-septième siècle ; la seconde s'étend jusqu'à la découverte du tube pollinique faite il y a quarante ans environ par MM. Amici et Brongniart ; la troisième comprend ces quarante dernières années, pendant lesquelles des recherches patientes et habiles ont finalement conduit les botanistes, que divisaient les théories les plus divergentes, à

une opinion à peu près unique que s'est hâtée d'enregistrer
l'histoire des sciences naturelles.

Le phénomène offre deux phases bien distinctes : la pénétration du tube pollinique dans le style, d'abord, puis son influence fécondante sur les tissus de l'ovaire, en second lieu.

Commençons par le trajet du tube. Généralement, avons-nous

dit, le stigmate est enduit d'une humeur visqueuse qui transsude de ses propres cellules superficielles. Si donc le pollen
tombe, et il en tombe toujours quelques grains, nous sommes
sûrs de le voir se fixer à la surface de l'organe intéressé. Ceci
est comme le prologue du curieux petit drame qui va se jouer
sous nos yeux. Mais voici l'action qui déjà s'engage. Un grain

tombé depuis peu a été mis en contact avec l'humidité gluti-
neuse du stigmate. Vous devinez ce qui doit se passer en pareille circonstance. Il est très-rapidement gonflé ; la membrane
extérieure s'est rompue presque subitement, tandis que l'enveloppe intérieure, dont l'élasticité est extrême, sortant par la déchirure s'est paisiblement allongée en tube pollinique.

Puis le voilà, ce tube, qui sans perdre de temps pénètre dans
les cellules lâches du style. Pourquoi ? Comment ? Ils ne le savent
pas, ceux-là même qui l'ont découvert. Il y pénètre cependant,
démesurément s'allonge, et comme une véri-
table racine s'enfonce et descend le long des
tissus conducteurs (fig. 198).

Où va-t-il ? Soyez sans crainte ; il trouvera son
chemin, — chemin mystérieux toutefois, étrange
voyage ! Bref, il arrive ; quelques heures parfois lui suffisent, et le voici qui frappe à la porte
de l'ovule appelée *micropyle*. C'est par là qu'il
passera pour atteindre le *sac embryonnaire*. Ce
sac est une petite cavité, une pochette microscopique qui s'est formée dans l'ovule ; l'ovule ou
petit œuf est contenu dans l'ovaire, et l'ovaire,
vous ne l'ignorez pas, se trouve situé à l'extrémité inférieure du pistil.

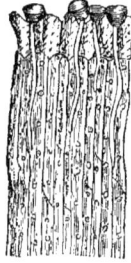

Fig. 199. — Tubes
polliniques s'al-
longeant dans le
tissu du stigmate
et se dirigeant
vers les ovules.

Ce sac, est-il besoin de le dire ? c'est encore et toujours une
cellule, qui peu à peu s'allonge, s'élargit et finit par former au
milieu de l'ovule une cavité dernière, profonde, où va s'accomplir le mystère des mystères, la naissance de l'embryon !

L'embryon, mais le voici ! Où donc était-il tout à l'heure ? Qui
saurait le dire ? Ici balbutie toute science humaine. Il faut se
taire et s'incliner. Tout ce que je puis vous dire, c'est que le
tube pollinique que nous avions laissé à la porte de l'ovule l'a
franchie et s'est dirigé vers le sac embryonnaire. Là il y a eu
comme un épatement de son extrémité sur la membrane de ce
sac, et puis...

— Et puis ?

— Et puis c'est tout ! Le sac embryonnaire est là, vide, di-

sent les uns, contenant quelques vésicules, disent les autres.
Cela n'importe guère, après tout. Le tube pollinique s'applique
à l'extérieur de la membrane... et voilà que dans le sac, et parfois tout à l'opposé de l'endroit qu'a touché le tube, commence à
se développer la première cellule de l'être nouveau qui désormais possède la vie.

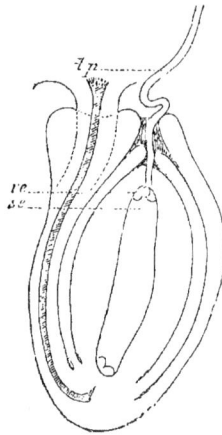

Fig. 200. — Coupe d'un ovule de Pensée. — *t, p,* tube
pollinique qui, à travers le micropyle, se prolonge
jusqu'aux vésicules embryonnaires *v e* que contient
le sac embryonnaire *s e.*

Que peuvent en cela tous les microscopes possibles et tous les
savants du monde? Que devient-elle, où passe-t-elle, cette fovilla
fécondante dont on voit jusqu'à ce moment suprême s'agiter les
globules dans le tube pollinique? Y a-t-il pénétration des tissus,
mélange de la fovilla avec le liquide du sac embryonnaire, ou bien
fécondation à distance et choc électrique? Autant de questions
pour lesquelles il n'existe pas de réponse.

Ce qu'il y a de certain, c'est que le domaine entier des sciences naturelles ne peut fournir rien de plus admirable que l'histoire de la naissance de la première utricule embryonnaire. Les
origines de la vie sont partout extraordinaires, sans aucun
doute; mais celles de la vie végétale ont je ne sais quoi de particulièrement pur et de spécialement incompréhensible. L'on

comprend qu'il s'opère dans le monde animal où fonctionnent les chairs palpitantes et le sang chaud, des fermentations puissantes et de fécondes combinaisons; mais là, dans les calmes tissus de la plante, voir l'étincelle de vie jaillir, un peu plus pâle peut-être, bien que tout aussi énergique, voir des cellules inertes en apparence, engendrer d'autres cellules, et cette séve, cette froide séve, acquérir sous l'incubation de la vie tant de vertus procréatrices, elle qui a commencé par n'être qu'une simple et limpide goutte d'eau!... Voilà certes des merveilles incomparables.

On se plaît à jeter alors sur la vie végétale tout entière un regard rétrospectif. On aime à se la représenter, dans ses débuts, si faible et si élémentaire. Vous souvenez-vous de la radicule, et de la tigelle, et des cotylédons, puis de la tige et de ses feuilles si habiles déjà dans l'art de manipuler les gaz? Par ici l'acide carbonique, par là-bas l'oxygène, plus loin la soute au charbon... Vous vous rappelez, n'est-ce pas, la gentille usine aux cellules vertes? Et combien sont rapides les évolutions de la vie! Après les feuilles, voici les bractées, parfois le calyce lui-même tout rutilant de couleurs, puis l'éclatante corolle, et l'étamine savante, et le pollen fécondateur, et le style, et l'ovaire, au fond duquel attend la vésicule embryonnaire.

Demeurons encore ici. Volontiers l'on s'attarde dans la comtemplation de semblables spectacles; aussi bien n'avons-nous pas tout dit. Le chapitre de la fécondation pourrait à lui seul remplir tout un volume. Outre que les opérations fondamentales, et pour ainsi dire typiques, que nous avons racontées, se modifient sensiblement presque dans chaque espèce, ou bien s'effectuent chez certaines d'entre elles dans des conditions tout à fait extraordinaires [1], il est un ensemble de circonstances entourant le mystère de la reproduction qui, pour être normales, n'en valent pas moins la peine d'être spécialement mentionnées.

---

[1] Ainsi il est des fleurs, la Digitale pourpre entre autres, où la longueur du style est telle, que les tubes polliniques doivent, pour le parcourir en entier, acquérir en longueur plus de onze cents fois le diamètre du grain de pollen dont ils sont sortis.

Ainsi nous disions tout à l'heure que des cellules froides engendrent d'autres cellules. Ce n'est point toujours ainsi que les choses se passent. Il est des végétaux où s'effectue, pendant la fécondation, un dégagement de calorique relativement considérable. C'est particulièrement dans les plantes de la famille des Aroïdées que ces faits bizarres ont été observés. Une fièvre,

une véritable fièvre caractérisée par des accès périodiques, se manifeste dans l'ensemble des organes floraux, dans les étamines surtout, où s'opère une absorption d'oxygène rapide et considérable, où s'effectue, en d'autres termes, une combustion abondante de matériaux organiques. Voulez-vous des chiffres? Soixante-dix grammes d'une pâte formée, avant la fécondation,

par les organes fructificateurs de l'Arum d'Italie et traités chimi-
quement, ont donné trois grammes de fécule, tandis qu'une
même quantité de pâte, provenant d'organes pareils, mais après
la fécondation, n'en ont plus fourni que vingt-cinq centi-
grammes.

Pourquoi cette différence? Parce qu'une combustion s'est
opérée pendant la fécondation. Voilà donc la plante qui, dans
ce moment suprême, vit d'une vie animale et s'exalte jusqu'au
point d'acquérir momentanément l'une des propriétés des organismes animaux, la chaleur. Ce fait que l'on voit se produire,
lors des premières évolutions de la germination et que nous
retrouvons ici au plus haut degré de l'évolution florale, prouve
qu'un dégagement de calorique est bien le signe caractéristique
d'une vitalité plus intense.

Voyez de quelle prévoyante sollicitude de la part de la nature
ce phénomène de la fécondation a été l'objet. Quel luxe de précautions prises pour que le pollen arrive sur le stigmate et y
demeure attaché.

Voici que toutes choses et toutes créatures sont mises en réquisition : zéphyrs, petits oiseaux, menus coléoptères, abeilles
et papillons légers. Ceux-là, sur leur bec, et ceux-ci sur leurs
pattes ou leurs ailes, emportent du pollen aux fleurs lointaines,
ou isolées ; les vents eux-mêmes se font commissionnaires et
transportent, nous l'avons dit plus haut, des nuages de pollen à
travers des distances considérables[1].

Au surplus, ne croyez pas que la fleur se borne à attendre
l'intervention des objets extérieurs. Un autre phénomène, non

[1] Sans y mettre autant de poésie, l'homme s'est également fait un agent
de fécondation artificielle. Nous voulons parler de l'opération qui, en Algérie
et dans tout l'Orient, se pratique dans les plantations de Dattiers. Les
spathes staminales sont fendues au moment où une sorte de crépitation
qu'elles produisent sous le doigt qui les presse indique la maturité du pollen.
La grappe est alors divisée par fragments portant chacun sept ou huit fleurs.
Un ouvrier en remplit le capuchon de son burnous, puis, s'appuyant sur un
cercle de corde embrassant à la fois son corps et le tronc d'arbre, il grimpe
ainsi avec une agilité merveilleuse jusqu'au sommet du Dattier qu'il s'agit
de féconder, se glisse avec adresse entre les pétioles des feuilles, et, après
avoir fendu avec un couteau la spathe pistillée, il y enfonce l'un des fragments staminés qu'il a emportés avec lui.

moins étrange que celui de la production du calorique, vient se
manifester dans la fleur enfiévrée : c'est la faculté de se mouvoir. Ici ce sont des étamines qui, se dégageant comme un ressort, lancent leur pollen aux stigmates ; celles-ci s'inclinent,
celles-là se redressent; c'est parfois le style isolé qui se penche, tantôt la fleur tout entière qui se renverse. Que faut-il faire,
monter, descendre, s'élancer du fond des eaux comme la Vallisnérie, flotter à leur surface comme l'Utriculaire, se faire, au
sein même de l'onde, une petite atmosphère factice au moyen
d'une bulle d'air distillée tout exprès comme l'Alisma, l'Illécè-
bre ou tels autres?... La fleur inventera tout, réalisera tout, et
la fécondation s'opérera.

La fécondation directe, nous la connaissons. Une fleur se féconde elle-même, ou féconde sa voisine de face ou d'à côté,
c'est à merveille. Mais les fécondations croisées, mais ces pous-
sières de toutes sortes qui flottent, se combinent, fécondent à
droite et fécondent à gauche; ces plates-bandes des parterres
qui font assaut de politesse et qui échangent leurs pollens,
comme d'autres échangent leurs compliments ou leurs cartes de
visite... Voilà qui multiplie singulièrement les liens de famille
et embrouille terriblement les généalogies!

Ne plaisantons pas ; la question est fort sérieuse. Il existe
parmi les plantes des *espèces* et des *variétés*. Les espèces sont
des types nettement tranchés, et les variétés des formes végétales un peu moins précises que les premières dont elles tirent
leur origine. Eh bien, l'hybridation, c'est-à-dire le croisement,
peut également s'opérer entre les espèces et entre les variétés,
seulement le nom des produits diffère.

Le croisement de deux espèces produit un *hybride*.

Le croisement de deux variétés ne produit qu'un *métis*.

Quelques mots sur le premier. L'hybride réunit certains caractères de la plante qui a fourni le pollen à certains autres appartenant à celle qui a donné la graine. Parfois intermédiaire
entre les deux, plus habituellement réunissant leurs traits sans
les fondre, l'hybride ne présente aucun caractère fixe qui
puisse servir de base aux classificateurs. Né par accident, c'est
au hasard qu'il doit ses qualités d'aventures et ses facultés

d'emprunt. L'espèce est chose tenace. Deux espèces violentées par la nature ne s'amalgament pas, elles se juxtaposent. Qu'en résulte-t-il? C'est que l'hybride ne peut faire souche. Chacun des éléments qui le constituent cherchant, pour s'isoler, à rompre l'association qui lui a été imposée, la descendance d'un hybride tend toujours à la disjonction, à la bifurcation des caractères, et par suite à la neutralisation, pour ne pas dire à l'anéantissement de l'hybride lui-même.

Le seul moyen qui reste aux horticulteurs pour conserver artificiellement les hybrides, c'est de les reproduire non par le semis de leurs graines, mais par divers procédés de multiplication bien connus, tels que le bouturage, le marcottage, la greffe ou la division des pieds.

La conclusion philosophique à tirer de tout cela, c'est que la nature, en favorisant par tous les moyens possibles le phénomène de la fécondation, a, par contre, donné à chaque espèce la forte empreinte de sa caractéristique. Il n'y aurait, sans cela, dans la création, que désordre et diffusion de types. Ce n'est point que les espèces ne puissent se modifier à la longue et que les races elles-mêmes ne subissent de lentes métamorphoses[1], mais il faut pour cela d'incalculables séries de siècles et un concours de circonstances durables dont la multiplicité nécessaire prouve quel prix la nature attache à la conservation de ses moules.

[1] Claude Bernard, *Rapport sur les progrès de la physiologie.*

PARTHÉNOGÉNÈSE.

Ici, ouvrons une parenthèse et parlons d'une question délicate et curieuse entre toutes : il s'agit de *Parthénogénèse*.

Parthénogénèse signifie création sans fécondation préalable, et la question, en effet, a été ainsi posée par quelques physiologistes de nos jours : la fécondation est-elle toujours nécessaire pour déterminer la formation d'un embryon? — Question grave autant que difficile à résoudre.

Dès 1694, Camérarius s'étonnait d'avoir vu fructifier des Chanvres pistillés entièrement séparés des pieds à fleurs staminées. Toutefois de nombreuses expériences furent faites et les doutes étaient entièrement dissipés, lorsque Spallanzani vint tout remettre en question. A diverses reprises, il avait isolé des individus pistillés d'Épinard et de Chanvre, et avait recueilli des semences fécondes. On lui objecta que des grains de pollen pouvaient avoir été transportés par le vent, par des insectes, par un intermédiaire quelconque : alors que fit-il? En plein hiver il éleva dans une serre chaude des pieds de Melons d'eau, il en retrancha soigneusement toutes les fleurs staminées..... et cette fois encore, il recueillit des fruits mûrs et des graines fertiles.

Pour le coup le problème se compliquait et la divulgation de ce fait dans le monde savant produisit une immense sensation. Deux camps se formèrent alors, et un assez grand nombre de botanistes prirent fait et cause pour le phénomène de la parthénogénèse.

On se passionna. Les débats s'envenimèrent. Les observations furent reprises, recommencées, modifiées de cent façons, et les doutes subsistaient toujours. En 1815 et en 1820, M. Lecoq fit des expériences multiples sur le Chanvre, l'Épinard, la Mercuriale et diverses autres plantes, et toutes, à l'exception de deux, produisirent des graines fertiles.

Ce n'est pas tout. La question déjà singulièrement complexe le devint bien davantage encore. Un phénomène plus merveilleux que tous les autres fut offert par la Cælébogyne à feuilles de

Houx, Euphorbiacée d'Australie que fit connaître M. John Smith. Cette plante, en effet, est dioïque, c'est-à-dire que certains pieds n'ont que des fleurs staminées et les autres rien que des fleurs pistillées. Or le seul échantillon staminé que l'on ait jamais connu a été recueilli par Cunningham, et se trouve dans l'herbier de M. Hooker. Des pieds pistillés sont cultivés en Angleterre, à Berlin et à Paris. Ils n'ont jamais présenté de fleurs staminées, ce qui n'empêche pas que depuis 1829, en Angleterre, l'on recueille chaque année de bonnes graines fertiles d'où sont nés d'autres pieds à fleurs pistillées.

Ce fait extraordinaire, dûment constaté et vérifié de plusieurs façons, servit à M. A. Braun, dans le trente-deuxième congrès des naturalistes allemands tenu à Vienne en 1856, pour édifier complétement la théorie nouvelle de la parthénogénèse dans la discussion de laquelle nous trouvons les plus grands noms : MM. Naudin, Decaisne, Thuret, Seemann, Ch. Robin, etc. L'on fit des allusions, des rapprochements. L'on se fonda en particulier sur des phénomènes analogues observés dans le règne animal sur les psychés, les abeilles, les pucerons, les bombyx et certains mollusques.

Tout allait donc pour le mieux dans la plus constatée des théories possibles, lorsque... on finit par découvrir un beau jour sur ces plantes à fleurs pistillées, quelques fleurs staminées qui se faisaient petites, petites, qui se déguisaient même sous des formes anormales, mais qui n'en étaient pas moins la cause de tout le scandale. — Voyez-vous ces sournoises qui cachaient des étamines et qui n'en disaient rien !

Qui fut grandement mystifié dans l'affaire? Ce furent les braves et loyaux défenseurs qui, d'une façon si chevaleresque, avaient pris fait et cause pour toutes ces petites vertus calomniées.

Une fois l'éveil donné, les découvertes se succédèrent rapidement. Après M. Radlkofer, qui avait trouvé un grain de pollen sur le stigmate d'un Cœlébogyne, vinrent MM. Deecke, Baillon, Chatin, Schenk, Regel et Karsten particulièrement, qui constata que les fleurs stamino-pistillées ne sont pas rares sur cette plante. Tous reconnurent des fleurs staminées au milieu de toutes celles que l'on avait crues si parfaitement isolées ; la fraude fut ainsi découverte, et la théorie de la parthénogénèse attend pour être remise en honneur la découverte de quelque phénomène inconnu.

Quelques détails rapides avant de passer à la fécondation chez les Cryptogames.

Si l'on ouvre un ovaire vers l'époque de la fécondation (fig. 201), l'on y trouve rangés le long du placenta un ou plusieurs petits corps globuleux, oblongs ou ovoïdes qui, quelquefois sessiles, c'est-à-dire immédiatement attachés aux surfaces placentaires où ils s'enfoncent même souvent, sont d'autres fois retenus par un mince filet que l'on a nommé *trophosperme,* ou mieux et par analogie *cordon ombilical,* le point par lequel l'ovule se rattache au placenta s'appelle *hile* ou bien encore *ombilic,* si l'on veut maintenir le rapprochement entre les deux règnes végétal et animal.

Remontons plus haut encore, car à l'époque de la fécondation l'ovule a déjà subi quelques métamorphoses. Primitivement l'ovule n'est qu'une petite masse celluleuse dépourvue de toute enveloppe comme de toute ouverture. C'est une simple proéminence, parfois à peine visible. Mais son aspect change bien vite ; il grandit, se mamelonne et se présente bientôt sous la forme d'un cône, ainsi que nous en voyons cinq se profiler dans la figure 202. Ce cône, c'est la *nucelle* ou petit noyau vital dans les tissus microscopiques duquel se cache le germe futur qui, après avoir été fécondé, passera dès lors à la dignité..... d'embryon.

Mais notre ovule s'est encore modifié (fig. 203). Ce n'est plus un simple cône nu comme il était tout à l'heure. Voilà qu'il lui pousse une enveloppe, deux enveloppes, et c'est au bas de la

Fig. 201.

Fig. 202. — Ovules naissants de Concombre.

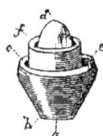

Fig. 203. — *a*, hile ; *b*, primine ; *c*, secondine ; *d*, nucelle ; *e*, ouverture de la primine ou micropyle extérieur ; *f*, ouverture de la secondine ou micropyle intérieur.

première, c'est-à-dire de la plus extérieure, que se rattache le cordon ombilical.

L'enveloppe extérieure s'appelle *primine*, l'intérieure *secondine*. Le point d'attache entre la primine et la secondine est la *chalaze*. L'ouverture de la primine se nomme *micropyle extérieur*, celle de la secondine enfin, *micropyle intérieur*.

Toutes sortes de modifications s'opèrent dans notre organe

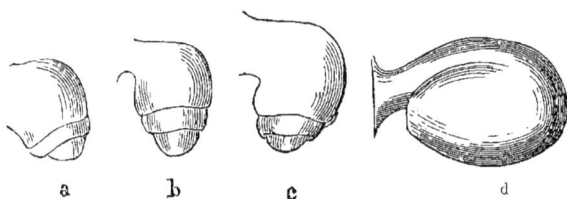

a   b   c   d

Fig. 204. — Développement de l'ovule de la Chélidoine. — *a*, *b*, *c*, premiers âges de l'ovule composé de ses deux membranes largement ouvertes et montrant le sommet de la nacelle ; *d*, ovule ayant exécuté un demi-mouvement de rotation.

microscopique (fig. 204) ; mais tout cela devient si petit, si insaisissable, qu'il a bien fallu, en vérité, toute la merveilleuse habileté des observateurs qui ont découvert ces métamorphoses pour pouvoir arriver à les formuler d'une manière quelconque.

En résumé, l'ovule n'est pas autre chose qu'une branche en miniature composée de son axe et d'organes appendiculaires. Cet axe ou tige c'est le placenta ; ces organes appendiculaires ou rameaux, ce sont les ovules. Tantôt des feuilles naissent de la base même du rameau, ce sont des ovules sessiles ; tantôt la jeune branche offre un intervalle quelconque entre le point où elle prend naissance et les premiers appendices, c'est l'ovule porté par le cordon ombilical. La primine et la secondine sont les organes appendiculaires du jeune rameau ; le point où l'axe de l'ovule produit la première gaîne, c'est le hile ; celui d'où naît la seconde, c'est la chalaze, et la nucelle enfin, aux premières heures de sa formation, représente l'extrémité de l'axe floral et rappelle tel organe florifère qui, dans le Gouet, par exemple, se prolonge en spadice ou colonnette obtuse... mais là s'arrêtent les analogies. Notre nucelle en effet se creuse, son tissu s'organise, et dans l'intérieur de sa cavité créatrice apparaît l'embryon, trésor de vie future, mystérieux dépositaire des destinées entières du végétal qu'il représente et perpétue.

CHAPITRE XXI

———

Les Cryptogames, vous les connaissez, vous savez combien sont mystérieux et bizarres tous les phénomènes relatifs à la vie de ces végétaux. Leurs modes de germination, en particulier, sont chose fort obscure, et je vous affirme que leurs modes de fécondation ne sont pas chose beaucoup plus claire.

Ces Cryptogames toutefois n'ont pu réussir à tout dérober aux regards clairvoyants de leurs observateurs. Bien que ceux-ci n'aient pas tout vu, ils ont constaté de merveilleux détails, et c'est un rapide résumé de ces découvertes que je voudrais tenter de vous donner ici. Mais je ne vous cacherai point mon embarras.

Honnêtes Phanérogames! Et moi qui tout à l'heure trouvais difficile le récit de votre simple et loyale histoire! Quoi donc! un grain de pollen, puis un tube pollinique qui, sans tergiverser, va droit devant lui, frappe au micropyle, entre dans l'ovule et s'applique tout franchement au sac embryonnaire! En vérité, quoi de plus simple et de plus naïf?

Tandis qu'ici!... La voyez-vous, cette ronde fantastique où tourbillonnent follement dans une goutte d'eau spores, zoospores et anthérozoïdes?... Et les sporanges, et les anthéridies, et les microspores, et les macrospores, et les thèques, et les générations alternantes, et les exceptions à toutes les règles, et les fantaisies de la nature, et les terminologies des auteurs qui, profitant des obscurités de la question, ont perpétré dans les ténèbres des synonymes par douzaines!

Sans doute, nous trouverons des analogies entre ce monde nouveau et celui que nous venons de quitter, mais ces analogies sont lointaines, tandis que les différences sont profondes et nombreuses. Il n'y a plus ici ni étamines, ni pollen, ni stigmates, et cependant quelque chose de tout cela, —je ne sais quelles parodies du règne supérieur combinées à des phénomènes tout végétaux. Du reste, nulle loi générale. Autant de familles, et l'on pourrait presque dire autant d'espèces, autant de modes de fécondation. Voici les Algues, les Champignons et les Lichens, parmi les Cryptogames cellulaires ; les Mousses, les Équisétacées, les Lycopodiacées, les Fougères, etc., parmi les Cryptogames vasculaires ou tubulaires. Que vous dirai-je de ce vaste groupe ? Rien de général qui puisse s'appliquer à tous... Un mot donc sur chacun d'eux.

ALGUES.

Bizarres entre les bizarres sont ces premiers-nés de la création. C'est ici particulièrement que se développe, avec toutes ses péripéties, ce que j'appellerais volontiers le roman de la science.

Ce roman comprend tous les modes de fécondation des Cryptogames, mais l'un des plus curieux chapitres est peut-être celui qui concerne les Algues.

Jugez-en vous-même. La fécondation chez ces végétaux peut s'opérer de *trois* manières ! Les Algues se multiplient par *reproduction sexuelle*, par *reproduction ombiguë*, ou enfin par *reproduction non sexuelle*. Cette dernière est le modèle du genre.

La première, du reste, est loin de manquer d'imprévu. Point d'anthères, mais des *anthéridies*. Point de pollen, mais de petits granules extraordinaires nommés *anthérozoïdes*, qui, doués d'une vitalité problématique, s'agitent au sortir de la poche de l'anthéridie, comme les plus vivants, comme les plus fantasques, comme les plus fiévreux des animalcules infusoires. Quant au stigmate, au style et à l'ovaire, ne les cherchez point ici. En revanche voici une *spore*, c'est-à-dire une sorte d'ovule, mais quel ovule ?... Tenez, les définitions ne sont rien en de semblables circonstances. Voyez vous-même et contemplez le drame.

Connaissez-vous les Vauchéries ? Pas de nom, peut-être, mais de vue, à coup sûr. Ce sont ces longs et minces filaments si soyeux et si souples qui, dans les mares chères aux grenouilles ou dans les ruisseaux de nos plaines, ondulent au courant comme une verte chevelure. Prenons l'un de ces fils, c'est une Algue, une Algue complète, bien qu'elle ne soit composée

que d'un tube grêle formé d'une seule cellule. Plaçons-la sous le microscope. Tout le long du tube vous voyez ces inégalités. Les unes sont crochues, tandis que les autres forment de simples éminences ou des mamelons, mais toujours le petit mamelon se développe à côté de l'une des cornicules.

Eh bien, voilà les personnages. Le mamelon est une *sporange*, la cornicule est une *anthéridie*.

La sporange contient des spores, — tout comme l'ovaire, si vous voulez des rapprochements, renferme des ovules.

L'anthéridie contient des anthérozoïdes, — tout comme l'anthère renferme des grains de pollen.

— Que vois-je? des granules verts, des granules blancs qui s'agitent?

— Vous voyez les anthérozoïdes qui, échappés de l'anthéridie, fourmillent autour de la sporange. Que veulent-ils? Entrer. Tout comme le tube pollinique qui, lui aussi, voulait pénétrer dans l'ovule. Mais quelle étrange complication ici! Quelle fougue et quelle vie brûlante! Quelle passion dans ces bâtonnets microscopiques qui, à tout prix, malgré tout obstacle et tant que leurs forces le leur permettront, feront d'opiniâtres efforts pour pénétrer dans la sporange dont l'extrémité s'est ouverte!

Ils sont entrés. Combien? Quinze, vingt, trente, peu importe. Deux ou trois... un seul suffirait peut-être. Et là, que font-ils, poussant du nez le mucilage de la sporange? Ils font ce que faisait là-bas le tube pollinique, s'épatant contre le sac embryonnaire. Ils donnent, ils transmettent la vie!

Et la preuve, c'est que sur le mucilage de la sporange se montre une mince pellicule. Cette pellicule est une membrane, cette membrane enveloppe une spore, et cette spore, désormais fécondée, vivante et individuelle, va s'organiser, puis germer....

— Germer?

— Sans doute; ne sommes-nous pas dans le monde végétal? Cette spore, cette grosse cellule va se séparer de la plante mère pour reproduire à côté d'elle une nouvelle plante, une jeune Vauchérie, tout aussi Vauchérie que maman Vauchérie.

— Et les anthérozoïdes?

— Les anthérozoïdes ont disparu; plus rien. La sporange les a mangés, ou du moins absorbés.

Mêmes choses extraordinaires se passent dans d'autres Algues, avec cette particularité toutefois que dans chacune les faits principaux sont plus ou moins et diversement modifiés. Chez l'OEdogonium, l'apparition des anthéridies se complique d'une façon singulière, par la présence d'un organe préparatoire, et dans les Fucus, d'énormes spores, entourées d'anthéro-

zoïdes, se mettent tout à coup à tourner sur elles-mêmes, em-
portées par un mouvement de rotation rapide dont nul n'a
encore su expliquer ni la nature ni l'origine.

Les Algues auraient pu s'en tenir là, ce semble. Eh bien, cela
ne leur a pas suffi. Il est un groupe appelé Conjuguées ou Zyg-
némées, également composées de longs filaments grêles ; un
autre, non moins célèbre, comprenant des Algues microscopiques appelées Diatomées, chez lesquels s'opère la fécondation
dite *ambiguë*. Voici en quoi elle consiste. Deux longs filaments
se rapprochent parallèlement, comme les deux montants d'une
échelle. Ces deux filaments sont admirables ; dans chacune des
cellules qui les constituent se trouve une sorte de ruban poin-
tillé, décrivant une verte spirale dont il serait impossible de
décrire l'élégante et délicate beauté. Puis voici que deux cellules voisines se renflent et émettent, vis-à-vis l'une de l'autre,
deux petits mamelons obtus. Tandis que ces deux mamelons se
rapprochent, en s'allongeant l'un vers l'autre, les spirales vertes
se font boules, puis les boules s'allongent, se touchent, se soudent et forment bientôt un seul globule qui d'une cellule passe
dans la voisine de face. L'échelle est maintenant complète et les
globules passent d'un montant dans l'autre, grâce aux barreaux
qui sont devenus canaux de communication.

— Et ces globules ?....

— Ces globules sont des spores, et des spores fécondées, qui
plus est. Laquelle des deux a fécondé l'autre ? Je l'ignore[1], mais
ce qu'il y a de bien sûr, c'est que le résultat est une spore
vivante, et la preuve, c'est que, comme toutes les spores fécondes, elle s'isole, germe et reproduit un filament, c'est-à-dire
une Algue, fille de celles dont nous venons de raconter les hauts
faits.

Nous avons vu la reproduction sexuelle, puis la reproduction
ambiguë. Il nous reste maintenant à voir la reproduction non
sexuelle.

[1] L'on est amené a penser, dit M. Germain de Saint-Pierre, que dans les
cas où l'absence de sexualité parait tout à fait évidente, elle peut être remplacée par l'équivalent de la *double action* (phénomène qui me paraît se
produire sous une influence électro-magnétique).

Celle-ci, je vous l'ai dit, est l'idéal du genre. Les deux autres ne sont pas faciles à saisir ; cette dernière est parfaitement incompréhensible. La fécondation est manifeste chez la première, vraisemblable dans la seconde, mais absolument nulle chez la troisième. Dans une Algue remplie de matière verte, on voit tout à coup cette matière qui s'isole à l'un des bouts, se fonce, sort du tube de l'Algue maternelle, puis s'arrondit en une spore vivante qui, sitôt libre, se met paisiblement à germer. Ne cherchez pas à comprendre, vous n'y parviendriez jamais.

CHAMPIGNONS.

Êtes-vous sûr, mais là, bien sûr de savoir ce que c'est qu'un Champignon ?

Généralement, l'on s'imagine que tout le Champignon consiste dans cette expansion bien connue, comestible ou non, que chacun a vue cent fois dans les prés, dans les bois ou ailleurs, ne fût-ce même que chez la fruitière du coin. En cela gît une très-grosse erreur. Le Champignon proprement dit se compose de filaments plus ou moins ramifiés, poussant sous terre le plus souvent, tandis que l'expansion extérieure généralement constituée par une sorte de tige coiffée d'un chapeau, n'est que l'organe fructificateur du Champignon souterrain, dont le nom scientifique est *mycelium* ou *byssus*.

Le mycelium naît d'une spore, pousse, s'allonge et se ramifie plus ou moins promptement, tandis que l'organe fructificateur surgit presque tout à coup et se développe avec cette rapidité proverbiale qui a donné lieu à tant de fables. Cet organe revêt toutes les formes. C'est tantôt un filament plus ou moins renflé au sommet, tantôt un chapeau avec une tige plus ou moins longue comme le Bolet comestible et l'Agaric de couches si connu des Parisiens, tantôt un tubercule comme la Truffe. Mais assez d'exemples comme cela et trève de séries, surtout ici, car le terrain brûle. Apprenez en effet que la *Mycologie*, c'est-à-dire la partie de la Botanique qui traite des Champignons, est peut-être celle où la calamité des nomenclatures a le plus particulièrement

sévi et que je pourrais vous montrer dix colonnes de dictionnaire [1] en très-petits caractères, uniquement remplies des définitions et des synonymes de la terminologie mycologique.

Les Champignons, piqués au jeu par les Algues, ont tenu à
montrer qu'ils ne sont en rien inférieurs aux Cryptogames les

plus opulents, en fait de modes de fécondation. C'est vous dire
qu'eux aussi en ont trois.

Commençons par la *reproduction non sexuelle*. Nous retrouvons
ici les spores, seulement les sporanges ou poches contenant les
spores ne s'appellent plus sporanges, mais *thèques*. Chaque thè-

[1] D'Orbigny, article *Mycologie*, vol. VIII p. 477.

que, qui n'est pas autre chose qu'une cellule mère, produit généralement dans son intérieur, nous disent les savants, huit
cellules filles, quand elles n'en produisent pas deux, ou bien
encore quatre, parfois neuf, à moins que cela ne soit seize ou
même beaucoup plus. Vous voyez que la chose est fort précise.

Mais voici que le mode vient de changer. Ce sont deux Mu-
corinées, c'est-à-dire deux Moisissures, qui nous en offrent le
spécimen. Il s'agit ici de *reproduction ambiguë,* toujours comme
chez les Algues. Deux petits mamelons sortant de deux filaments voisins se renflent, s'allongent, se soudent, puis au point
de contact s'arrondissent en globule, ce globule est une spore
vivante ; nous connaissons cela.

Après la reproduction ambiguë, voici enfin la *fécondation
sexuelle.* Celle-là ne présente plus la moindre équivoque. Vers un
filament renflé en *oogone,* — prononcez sporange, — s'avance un
autre filament renflé en *paraphyse,* — prononcez tube pollinique ;
— le contact s'opère et l'oogone fécondée se couvre d'une
membrane, de cette fameuse membrane qui caractérise toute
spore individuelle.

Plus qu'un mot sur les Champignons. Je viens de vous énumérer, dans un certain ordre, des particularités bien distinctes.
Celles-ci appartiennent à telles espèces, celles-là à des espèces
différentes. C'est clair, positif et bien entendu.

Eh bien, mettons que je n'ai rien dit, et jetez, pêle-mêle, au
hasard, catégories et particularités. Écoutez le savant M. Duchartre : « Une même espèce de Champignons, dans le cours
de son existence, peut le plus souvent développer, l'une après
l'autre, parfois même simultanément, plusieurs des différentes
sortes de corps reproducteurs, que les observateurs se sont
efforcés de reconnaître dans la famille entière. Par là, son
aspect, ses caractères les plus frappants se modifient à ce point,
que la même espèce, sous ses différents états, a été prise
presque toujours pour tout autant d'espèces, trop souvent
même, pour tout autant de genres distincts et séparés. »

Rien de particulier à dire sur la fructification des Lichenées.
Chez elles comme chez les Champignons, nous trouvons des thèques, — remercions les auteurs de ne pas leur avoir donné un
autre nom, — des thèques, autrement dit cellules-mères, où se
forment des cellules-filles en nombre indéterminé, toujours comme
chez les Champignons. Si ces thèques n'ont rien de neuf à nous
offrir, toujours est-il qu'elles se distinguent par certaines tendances vraiment artistiques. Nombreuses, pressées, elles se
groupent avec un goût parfait et forment, sur certains points de
la membrane des Lichens, de charmants petits disques ou
écussons appelés *apothécies*, appelés aussi *scutelles*, appelés
encore... Et nous, qui félicitions tout à l'heure les savants!
Écoutez-les : la réunion des thèques, avec les *paraphyses* entremêlées, forme l'*hymenium* ou *lame proligère* ou *thalamium*, reposant sur une assise de cellules très-fines appelées *hypothe-
cium*. Quant à la lame proligère elle-même, elle est comme
encadrée dans une lame de tissus, à laquelle on a donné le nom
d'*excipulum*...

Je pourrais, de ce style-là, vous remplir deux ou trois pages
consécutives.

Toutes les Mousses ne fructifient pas. Comme beaucoup
d'autres végétaux, même supérieurs, elles se reproduisent par
de petits bourgeons ou bulbilles qu'on a nommés *propagines*
et qui, émettant des racines à leur partie inférieure, peuvent ensuite se développer et fournir un nouveau pied.

Mais revenons aux Mousses qui fructifient par voie de fécondation. Fécondation est le mot, car ces Cryptogames sont fort
explicites. Leurs organes sont parfaitement caractérisés, si bien,
même, que l'un d'eux rappelle par sa configuration le pistil des
Phanérogames. Ce *pistil*, non, cette *sporange*, non, cette *urne*,
non, cette *capsule*, non ; — je dis non, c'est oui qu'il faudrait
dire, car ces quatre mots sont employés, — cette sporange, donc,

se remplit de séminules ou spores innombrables généralement
appelées *archégones*.

L'organe fécondateur a conservé son nom. C'est une *anthéridie* dans laquelle naissent comme dans les Algues les *anthérozoïdes*. Ces anthéridies sont des sacs oblongs, rétrécis en pédicelle,
dans la cavité desquels sont contenues de petites cellules arrondies, renfermant chacune un anthérozoïde. A l'heure dite,
l'anthéridie s'ouvre, la cellule se fond, disparaît et l'anthérozoïde, sorte de filament enroulé, se met à nager au moyen de
ses deux longs cils vibratiles, avec cette ardeur singulière que
nous avons déjà eu lieu de remarquer chez ses petits confrères
des Algues.

ÉQUISÉTACÉES, LYCOPODIACÉES, FOUGÈRES.

Deux mots seulement sur les Équisétacées dont le nom provient de *Equisetum*, signifiant en latin queue de cheval. Or,
Queue de Cheval est en effet le nom vulgaire d'une plante maré-
cageuse assez commune, appelée en français Prêle. Cette Prêle
est une plante invincible. Profondément enfoncée dans les terres
grasses, elle y allonge et multiplie sans mesure ses rhizomes
souterrains. Tout cela n'empêche point que la Prêle ne soit une
plante déchue. Herbe insignifiante aujourd'hui, elle était autrefois de haute taille, et, mêlée aux grandes Calamites, hérissait de
ses énormes tiges les fanges du monde primitif.

Ces tiges, si frêles de nos jours, ne sont pas toutes fertiles.
Les plus longues, les plus rameuses, ne fructifient jamais, tandis
que celles qui demeurent à peu près simples nous offrent, sous
une forme originale, les cercles parallèles de leurs corps reproducteurs. Le tout forme comme un épi dont les anneaux sont
composés de sporanges, et de ces sporanges sortent tout naturellement des spores, dont la germination, remarquez bien ceci,
amène la fécondation.

Oui, c'est là ce que nous réservaient, pour la surprise de la
fin, nos Cryptogames vasculaires.

Voici une séminule, une spore, si vous l'aimez mieux. Cette
spore, lancée par la plante mère elle-même, ou bien tout sim-

plement emportée par le vent, est tombée sur un terrain favo-
rable, — et tous le sont ou peu s'en faut, car les spores ne sont
pas difficiles.

Elle va germer, et germer au plus vite. C'est-à-dire que
la cellule vitale de la séminule grossit, déchire la spore,
s'échappe par la déchirure, et sans perdre de temps se prolonge
en une radicelle par l'une de ses extrémités, tandis qu'à l'autre
elle accumule un tas de cellules qui ne tardent pas à former une
sorte de petite feuille verte.

J'appelle cela une feuille ; mais gardez-vous bien de me croire
sur parole. Cette prétendue feuille est un *prothalle*, un *proem-
bryon*, un *sporophyme*, ce sera tout ce que vous voudrez, car
vous êtes parfaitement libre, vous aussi, de lui donner un nom.
Toujours est-il que ce prothalle n'est pas une feuille proprement
dite ; et la preuve, c'est que dans ses tissus se montrent..... se
montrent des anthéridies et des archégones ! Oui, et cela à
la naissance, au sortir de terre ; en sorte que c'est au berceau
que se fécondent ces étranges Cryptogames. Quant à la fructification, elle se montre plus tard sur la plante devenue adulte.

Lorsqu'on est cryptogame au point d'en agir de la sorte, il n'est
pas étonnant qu'on rende plus mystérieux et plus incompréhensible que jamais le procédé de la fécondation ; aussi a-t-il été
fort difficile de l'étudier dans les familles qui nous occupent.
Dans les Fougères, on le pressent ; dans les Équisétacées, on le
suppose ; mais dans les Lycopodiacées, on n'a même pas la
consolation d'en concevoir la possibilité.

Tout cela n'empêche point la chose de s'accomplir. Archégones
et anthéridies sont situées tout près les unes des autres, sur
cette singulière expansion verte qui simule une feuille nais-
sante. Les archégones, — que j'appellerais volontiers sporanges,
si je ne comprenais qu'il vaut mieux réserver ce terme pour la
fructification, — sont constituées par un amas de cellules variables, au milieu desquelles se tient la cellule vitale ou vésicule
embryonnaire. Les anthéridies, que nous connaissons depuis
longtemps, sont comme toujours de petits corps plus ou moins
globulaires, remplis de cellules d'une infinie délicatesse. Chacune
de ces cellules contient un anthérozoïde, et, quand l'heure de la

liberté a sonné, l'on voit tous ces petits êtres agiter, au moyen de leurs cils vibratiles, le filament, ou le mince ruban dont se compose leur individualité problématique. Vivaces, violents, passionnés, ils se tortillent avec une ardeur infatigable, comme s'ils ne devaient pas, pauvres atomes, disparaître à tout jamais, sitôt leur union accomplie.

Et cette union ne tarde guère à s'effectuer. Une goutte d'eau de pluie ou de rosée sert de véhicule aux anthérozoïdes, et l'archégone fécondée, suivant le mode employé en pareille circonstance, se hâte de produire cette double expansion qui, radicule par la base et tigelle par le haut, constitue pour chaque végétal la période dite germinative.

Voilà donc par quel mode singulier de reproduction se perpétuent les Cryptogames vasculaires. Résumons-le en deux mots. Une spore est semée, elle germe, produit un prothalle ou sorte de feuille verte sur laquelle se montrent les organes reproducteurs, puis, la fécondation opérée, la plante germe de nouveau, et cela définitivement pour produire un végétal, Prêle, Lycopode ou Fougère qui, dans son âge adulte, se chargera de sporanges[1], d'où s'échapperont de nouvelles spores qui, à leur tour, recommenceront l'étrange cycle d'évolution.

Est-il besoin maintenant de nous retourner et de jeter, sur le monde cryptogamique, un rapide et dernier coup d'œil? Est-il besoin de commenter les modes bizarres de fécondation qu'ils nous offrent? A quoi bon? Qui ne se souviendra de la *reproduction non-sexuelle*, avec ses zoospores spontanées; de la *reproduction ambiguë*, avec ses mamelons convergents et bientôt soudés en un tube commun, au milieu duquel naît la spore; de la *reproduction sexuelle*, enfin, où spores et anthérozoïdes, agités, fourmillants, jouent sur le seuil du règne animal je ne sais quel drame incompréhensible?

Et encore n'avons-nous pas tout dit, pour ne pas compliquer

---

[1] Dans les Équisétacées, les sporanges, nous l'avons dit, entourent la tige d'anneaux parallèles; dans les Lycopodiacées, elles se trouvent à l'aisselle des feuilles, et, chez les Fougères, elles forment, contre le revers de la feuille elle-même, ces rangées symétriques de taches brunes que chacun a pu remarquer.

une question déjà si complexe ; mais il a été découvert, dans ces dernières années, que se manifeste chez certains Cryptogames (Champignons, Fougères, etc.) l'un des phénomènes biologiques les plus extraordinaires et que l'on désigne sous le nom de *géné-ration alternante*.

Ces générations alternantes des Cryptogames rappellent celles qui ont été également observées dans certaines classes infé-rieures du règne animal.

Une Cryptogame produit des spores, ces spores germent et la plante qui naît de ces semences n'offre aucun rapport avec la plante mère. Cette plante nouvelle fructifie à son tour, et ses spores reproduisent la plante première ou plante grand'mère.

Et telles sont les différences de structure de ces êtres, nés ce-pendant les uns des autres, que si l'on n'avait suivi leur filiation, on les considérerait non-seulement comme espèces distinctes, mais comme espèces appartenant à des ordres entièrement différents.

Nous ne pouvions, à coup sûr, clore par un fait plus bizarre la série si étrange des phénomènes qui constituent le chapitre de la fécondation des Cryptogames.

CHAPITRE XXII

C'en est fait maintenant ; chez les Cryptogames comme chez les Phanérogames, la fécondation est accomplie. L'embryon, cet être nouveau pour la formation duquel se sont succédé tant d'admirables phénomènes et qui déjà vit d'une vie qui lui est

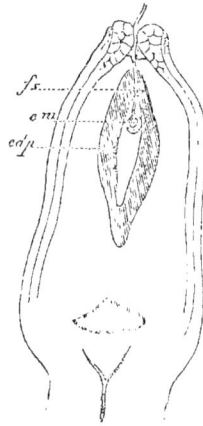

Fig. 205. — Coupe longitudinale d'un ovule de Polygonum. — *em*, embryon naissant ; *fs*, fil suspenseur ; *edp*, enveloppe de la graine future ou sac embryonnaire.

propre, bien qu'il faille le chercher avec le microscope dans les tissus du sac embryonnaire, s'est développé graduellement sous nos yeux (fig. 205). D'abord attachée à son fil suspenseur et remplie d'un liquide plein de granulations, la vésicule, qui désormais s'appellera le *fruit*, s'est insensiblement subdivisée, cloisonnée, puis condensée en une petite masse de tissus cellulaires dont chaque utricule contient un point vital, un *noyau*, comme disent les physiologistes. Tout cela est vivant. Tout cela va recommencer, avec l'ardeur caractéristique des jeunes existences, la série de tous les faits curieux que nous avons successivement étudiés.

Quant à la plante mère, la voilà devant vous, inerte, déssé- chée. Sa corolle est fanée, ses pétales se sont envolés, non comme des papillons, mais comme de pauvres feuilles mortes que réclame la poussière et que la boue ensevelit. Tout est fini : couleurs, parfums ont disparu ; les étamines fécondes qui ont donné la vie sont les premières à mourir. Le pistil, lui-même, tombe désormais inutile ; mais là, tout au fond, la base demeure, c'est l'ovaire, — c'est là qu'est cachée l'étincelle, dans la cellule primordiale de l'embryon.

Le fruit n'est donc pas autre chose que l'ovaire fécondé.

Il est le véritable but de la plante, en même temps qu'il en est la partie essentielle au point de vue pratique et utilitaire. Dans certains végétaux d'agrément ou de luxe, la fleur est tout ; mais chez tous ceux dont le rôle est marqué dans les cadres de l'économie industrielle, c'est le fruit qui importe. Si les corolles du Lis ou du Camellia nous suffisent, que pourrions-nous faire des fleurs du Froment ou de celles de la Vigne ?

Le fruit ou l'ovaire n'est pas toujours isolé. Il est des cas où le nom de fruit s'applique, non-seulement à cet ovaire, mais encore à certaines parties de la fleur, telles que le calyce, par exemple, qui en font partie intégrante ; il en est d'autres, où l'on désigne par le nom collectif de fruit certaines agglomérations résultant de plusieurs fleurs d'abord distinctes, mais qui, rapprochées les unes des autres, paraissent se souder entre elles et forment un tout commun, tel que les cônes des Pins et des Sapins, les Figues, les Mûres, etc., etc.

Le fruit se compose de deux parties : de l'enveloppe extérieure ou *péricarpe* qui, formé de deux mots grecs, signifie autour du fruit, et de ce fruit lui-même, appelé *graine*, qu'enveloppe le péricarpe.

Le péricarpe, c'est l'ovaire.

La graine, c'est l'ovule fécondé.

Le péricarpe, étant la partie formée par la paroi de l'ovaire, existe dans tous les fruits. Toutefois, quand ces derniers sont à une seule loge et contiennent une seule graine, le péricarpe est quelquefois d'une si minime épaisseur, qu'il se soude complétement avec la graine. Telle est la mince pellicule du grain de blé qui, enlevée par le frottement de la meule, constitue le résidu appelé son.

Le péricarpe, quelle que soit l'épaisseur de ses parois, se compose, comme la feuille dont il est la dernière métamorphose, de deux feuillets entre lesquels existe une couche celluleuse qui rappelle le parenchyme des organes foliacés. Certes, il y a loin des succulents tissus de la pêche ou de l'orange à cette mince membrane verte que recouvre l'épiderme transparent de la feuille ; mais qu'importe à qui sait ce dont est capable la merveilleuse fée Morphologie ?

La membrane extérieure ou *épicarpe* est une simple pellicule d'épaisseur variable que l'on enlève avec facilité sur certains fruits succulents tels que la cerise ou la prune, mais c'est, dans d'autres cas, une membrane plus épaisse en laquelle se sont soudés ensemble le calyce et l'épiderme de l'ovaire, ainsi qu'on le remarque dans la groseille ou la grenade. La membrane intérieure ou *endocarpe* revêt des aspects fort divers ; parcheminée dans le pois ou la fève, elle devient parfois dure, ligneuse, osseuse même et prend alors le nom bien connu de *noyau*.

Entre les deux se trouve, nous l'avons déjà dit, l'ancien parenchyme de la feuille ; ici, c'est la pulpe fine de la cerise, là les tissus massifs de la courge ou du melon, ailleurs les cellules fondantes de la pomme ou de la poire, partout c'est le *sarco-carpe;* quand on a dit un mot grec, on a tout dit — et l'Académie est satisfaite.

Toutefois, prévenons une confusion facile. Il faut bien se garder de confondre avec l'immense majorité des fruits charnus semblables à ceux que nous venons de nommer, certains autres dont la pulpe a une tout autre origine, tels que la mûre et l'ananas où elle n'est que le calyce transformé. le fruit du Genévrier composé d'écailles devenues charnues, la fraise et la

figue, enfin, où la pulpe cellulause n'est pas autre chose que
l'organe florifère ou réceptacle devenu succulent et comestible.

Quand les fruits sont parvenus à leur maturité complète, le
péricarpe s'ouvre généralement et livre passage aux graines,
qui en sortent et se répandent sur le sol. Il est d'autre part une

Fig. 206. — Nuculaine du Lierre.   Fig. 207. — Baies du Groseillier.

classe de fruits qui demeurent toujours clos. Les premiers,
ceux qui s'ouvrent, s'appellent *déhiscents*. Les seconds sont *in-*
déhiscents.

Voulez-vous des péricarpes *indéhiscents*, qui, jaloux de conserver leurs graines à l'abri de tout danger ou de toute tentative

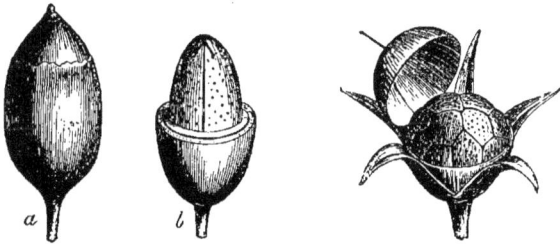

Fig. 208. — Carcérules du Fissilia. — *a*, fruit   Fig. 209. — Fixide du Mouron
entier ; *b*, fruit coupé transversalement.   rouge.

précoce de germination, les entourent de doubles et triples
enveloppes; en voici : ce sont des pommes, des poires, des
cerises, tous les fruits charnus, plus ceux de vastes familles telles
que les Graminées, les Cypéracées, les Polygonées, les Composées et bien d'autres.

Voulez-vous au contraire des péricarpes *déhiscents*, c'est-à-dire
qui s'ouvrent et laissent échapper leurs graines, dès leur matu-

rité ; en voici encore de toutes sortes. Ceux-ci appartiennent à
des végétaux vivaces qui, pressés de se voir renaître, se hâtent
de jeter à tous les vents leurs graines impatientes. Ceux-là se
perforent de trous, tels que les Résédas , les Campanules , les

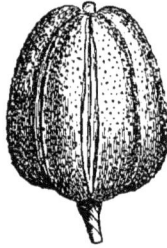

Fig. 210. — Élatérie du Ricin.

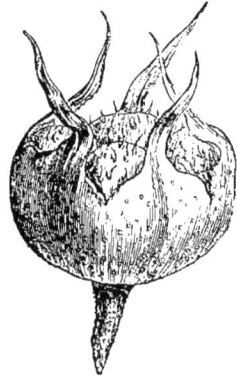

Fig. 211. — Mélonide du Néflier.

Lychnis, les Céraistes, les Pavots ; les autres se fendent de mille
manières, ce sont les Colchiques, les Scrofulaires, les Liliacées,

Fig. 212. — Syncarpe
de Renoncule.

Fig. 213. — Capsule
du grand Muflier.

Fig. 214. — Capsule
d'Alsine.

les Éricacées, les Légumineuses; d'autres péricarpes, enfin, plus
ardents encore, font plus que de s'ouvrir, ils lancent eux-mêmes
leurs graines, en se partageant avec la soudaine élasticité d'un
ressort. Qui ne connaît la Balsamine de nos jardins surnommée

l'*Impatiente*? Qui ne l'a vue, ne l'a sentie sous ses doigts, contracter rapidement sur elles-mêmes les valves élastiques et comme
nerveuses de son péricarpe velu? La Clandestine en fait autant.
L'Ecballium de nos contrées méridionales fait mieux encore ; son
péricarpe éclate comme une bombe et lance ses graines mûres
dans un jet de liquide âcre. Mais que sont l'Ecballium, et la
Clandestine, et la Balsamine la plus impatiente, à côté de
l'étrange Sablier d'Amérique? Déjà, à l'époque de la fécondation, il a manifesté la violence de son caractère, en rapprochant,
dit-on, ses branches qui craquent et mettent leurs fleurs en
contact, et voilà maintenant le fruit né sous ses ardents aus-

Fig. 215. — Sorose
du Mûrier.

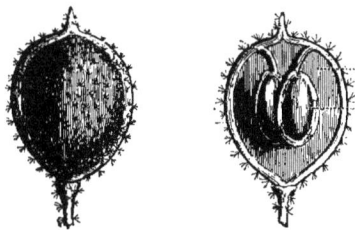

Fig. 216. — Silicules de l'Alysson
champêtre.

pices, qui, fidèle aux traditions de famille, tire un véritable coup
de pistolet chaque fois qu'éclate l'une de ses coques sèches,
roides et dures autant que le plus cassant des bois. C'est à ce
point, qu'il faut, dans les collections, pour mettre un frein à
cette terrible déhiscence, serrer d'une forte ficelle, parfois
même d'un fil de fer, ces coques révolutionnaires.

Comme pour les racines, les tiges, les feuilles et les fleurs,
nous retrouvons ici de fort nombreuses variétés. Citons, entre
beaucoup d'autres espèces de fruits, les dures *caryopses* des
Graminées (blé, orge, riz), les *akènes* de l'Hélianthe ou du Chardon, les *samares* ailées de l'Orme, de l'Érable ou du Frêne, les
gousses des Légumineuses, les *drupes* du Pêcher ou du Cerisier,

les *noix* de l'Amandier, du Noyer ou du Cocotier, les *glands* du
Chêne, les *siliques* et les *silicules* des Crucifères, les *capsules* des
Campanulées, les *mélonides* du Pommier ou du Néflier, les *baies*
de la Vigne, du Groseillier ou de la Tomate, les *cônes* du Pin, les
sycônes du Dorsténia ou du Figuier, etc. (Voy. fig. 206 à 223.)

Fig. 217. — Silique de Giroflée   Fig. 218. — Gousse de Genêt
Violier.   d'Espagne.

La *graine* ou *semence* est le résultat terminal de la plante, le
dernier but qu'elle devait atteindre et pour lequel elle a groupé
le faisceau de toutes ses énergies ; aussi est-ce en elle que tout
finit.

En elle aussi, tout recommence. Si elle est l'expression de la
plante qui va mourir, elle est aussi, elle est surtout l'expression
et la promesse de celle qui va commencer à vivre.

Mais, dites-moi, est-ce bien *commencer* qu'il faut dire, ou bien *recommencer?* Cette plante que contient la graine, est-elle une existence nouvelle ou bien la résurrection de celle qui a vécu?

Fig. 219. — Capsule
de Campanule.

Fig. 220. — Capsule
d'Orchidée.

Fig. 221. — Capsule
de Pavot.

Hé! hé! la question n'est pas aussi limpide qu'elle le paraît au premier abord, et soyez sûr que tous les philosophes consultés

Fig. 222. — Samare
d'Érable.

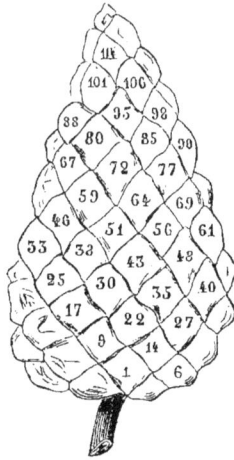

Fig. 223. — Cône de Pin d'Écosse.
(Les numéros indiquent la régularité avec laquelle
sont disposées les écailles.)

ne seraient pas d'accord sur ce point. Les vies s'enchaînent si parfaitement, tout le long des générations successives, qu'il

est bien permis de se demander où et comment s'opère la soudure.

L'incertitude cesse sans doute lorsqu'on s'élève dans la série.
Malgré l'héritage incontestable, héritage physique et intellectuel que le fils reçoit de son père, il est évident que la question
de personnalité morale entraîne avec elle et résout celle des individualités; mais dans les existences inférieures, où la vie
physique domine à peu près seule, qui nous dira jusqu'où va la
limite et en quoi, par exemple, dans une dynastie de Pommiers,
Pommier II ou Pommier III diffère de Pommier 1er?...

Ils diffèrent à coup sûr; mais trêve de philosophie. Concluons,
pour terminer, que si le principe de vie est un, et que si, comparable à une flamme, il peut se transmettre indéfiniment sans
changement ni diminution, les organismes du moins diffèrent
au point de créer des différences spécifiques dans chaque individualité nouvelle.

Ces différences spécifiques, ces vertus spéciales à l'individu qui devra naître un jour, c'est la semence qui les renferme.

Voyez plutôt : en voici deux, exactement pareilles, même
forme, même matière, et cependant l'une d'elles contient un
germe qui, à coup sûr, se développera tout autrement que l'autre. Dans chacune d'elles, existe déjà le type tout formé de
l'être vivant qu'elle renferme. Ce type y dort, il y dormira des
années s'il le faut; mais vienne l'heure de la naissance, et on l'en
verra sortir dans la plénitude de son individualité.

Voilà de bien grands mots, n'est-ce pas? pour vous parler
d'une petite graine, si petite qu'elle échappe à la vue, glisse et
disparaît sous un atome de poussière? Pas trop grands, je vous
l'affirme. Plus petite est la graine, et plus miraculeuse, ce semble, est la puissance de vie qui sommeille en elle. Songez qu'un
arbre entier peut en sortir... Que dis-je, des arbres? un bois, des
forêts à couvrir la face de la terre tout entière!

La graine est un œuf végétal dont l'incubation se fera dans un
sol attiédi par les rayons d'un soleil de printemps : et autant la
nature, si riche en précautions diverses lorsqu'il s'agit de la

conservation de la vie, s'est plu à faire de l'œuf animal un véritable chef-d'œuvre, autant elle s'est appliquée à entourer l'œuf végétal de toutes les garanties nécessaires. Ces tuniques protectrices, ces enveloppes de toutes sortes, nous les avons déjà vues dans le fruit qu'elles constituent presque en entier. Ces membranes, ces tissus, ces pulpes préservatrices sont le péricarpe dont nous connaissons les aspects divers. Ce qui précède nous dispense donc de ce que nous aurions à dire ici, et c'est très-rapidement que nous pourrons faire la description des parties essentielles de la semence. Ces deux parties sont l'enveloppe et l'amande.

L'enveloppe simple ou multiple de l'amande s'appelle le *spermoderme,* c'est-à-dire la peau de la semence. Sur ce spermoderme, voyez-vous entre les cotylédons un petit point plus ou moins marqué? C'est le *micropyle* déjà connu, c'est-à-dire la petite porte par laquelle s'est introduit naguère le tube pollinique qui s'en allait féconder les ovules. En outre, cette cicatrice noire et longue dans une fève mûre, large, ronde et jaune dans une châtaigne, c'est le *hile,* c'est-à-dire la trace qu'a laissée, en se détachant, le filament qui retenait la graine au péricarpe. Ouvrez une cosse de pois verte, et, tout le long de la charnière, vous verrez de petits filaments courts retenant chacun une graine. Le point d'attache à la charnière, c'est le *placenta ;* le fil, c'est le *funicule,* ou bien mieux le *cordon ombilical;* le point d'attache à la graine, nous venons de le dire, c'est le hile.

Voici l'*amande.* L'amande, enveloppée par le spermoderme, est tout ce que n'est pas celui-ci. Elle est essentiellement formée par l'embryon, charmante et curieuse miniature du végétal futur qui, vous le savez depuis longtemps, n'est pas autre chose que le développement de l'ovule fécondé. Mais l'embryon ne constitue pas toujours, à lui tout seul, la matière de l'amande. Autour de lui s'étend parfois un tissu cellulaire de consistance variable, c'est l'*albumen.* L'amidon ou fécule de toutes nos céréales farineuses n'est pas autre chose que de l'albumen durci.

Arrivons maintenant à notre petit héros nouveau-né, à cet embryon, à ce végétal minuscule qui a précédé votre plante et

qui lui succède quand elle n'est plus. Ses formes varient beaucoup, suivant les proportions relatives qui le constituent. Dans
les végétaux monocotylédonés, lesquels, vous vous en souvenez
sans doute, ne donnent qu'une feuille nourricière à leur embryon,
celui-ci forme généralement un corps ovoïde de configuration assez vague. Chez les végétaux dicotylédonés, l'embryon varie
encore plus entre ses deux feuilles nourricières ; c'est tantôt un
corps oblong, visiblement rétréci à son extrémité radiculaire et
muni de cotylédons de médiocre grandeur ; tantôt c'est une
simple petite tigelle entourée de cotylédons énormes, dont la
substance, plus ou moins féculente, remplace avantageusement
l'albumen qui fait défaut.

Il ne s'agit ici du reste que de la plante qui termine son
évolution et non point de celle qui la commence. Dans notre
graine sommeille encore le futur embryon.

Qu'il y attende et dorme en rêvant de sa prochaine vie. Nul
ne sait quand viendra le réveil. Fort diverses sont les destinées des graines. Produites en nombre incalculable, les unes,
semées au hasard, meurent ou sont détruites ; c'est même le
plus grand nombre : tandis que d'autres, au contraire, sont soigneusement préservées de toute chaleur et de toute humidité.

Voici l'hiver, du reste. Vents froids, brumes et pluie font
rage, et la glace, la glace mortelle qui paralyse toute vie, va,
pendant la défaillance du soleil, étendre sur les campagnes son
règne silencieux et détesté.

Dormez en paix, petites graines. Vous paraissez mortes, mais
la vie est en vous. Qu'importe le sommeil à l'étincelle ? Ne sait-
elle pas qu'elle est flamme impérissable ?

GERMINATION

CHAPITRE XXIII

———

RENAISSANCE.

Un jour, enfant, je m'attristais sur le sort de pauvres graines que l'on enfonçait dans la terre. — Elles renaîtront à la vie, me répondit-on. Mais moi, trouvant la promesse suspecte, je doutai vaguement jusqu'à ce que j'eusse vu germer et ressortir du sol celles que j'y croyais ensevelies pour jamais.

Ce qu'il y a de certain, c'est que le sillon ressemble étrangement à la tombe. La décomposition apparente qu'y subit la semence contribue pour sa part à l'illusion funèbre, et il ne faut rien moins qu'une forte dose de foi, ou plutôt d'expérience, pour attendre de la graine que l'on jette au sépulcre renaissance et vie renouvelée.

Elle se renouvelle cependant. Elle le fait même avec une inconcevable énergie. De toutes parts, du champ, des décombres

arides, des bords eux-mêmes du chemin où par miracle elles
ont échappé à l'oiseau, elles s'élèvent, ces impérissables semences, germent partout, dans le sable comme sur la pierre, et
partout renouvellent l'ardente protestation de l'éternelle Vie...
contre la mort qui n'est qu'un mot.

Descendons dans la terre, là, tout à côté de la graine que nous
venons d'y semer.

Il fait humide et sombre ici, mais une tiède chaleur, filtrant
au travers des particules diverses de l'humus ou terre végétale,
arrive jusqu'à la graine et l'entoure d'une douce température.
Nous sommes au mois de mai, le ciel est bleu, le soleil déjà

chaud pénètre notre atmosphère, notre terre elle-même, de ses
rayons fécondants, et de toutes parts dans l'air et dans le sol
s'éveillent d'inexplicables énergies. Une sorte de vibration
profonde va, sous la terre et au travers des enveloppes les plus
dures ou les plus coriaces, mettre en mouvement toutes les
molécules de la graine inertes et endormies.

Elles y dormiraient longtemps, sans cette impérieuse et
double influence de la chaleur et de l'humidité. Des graines
déposées en lieu sec s'y conservent des mois, des années et
des siècles parfois, sans que leur faculté germinative se trouve
anéantie. Il résulte d'observations authentiques que des graines
de Tabac ont pu germer après dix ans, des graines de Rave

après dix-sept ans, des graines de Melon après quarante et un ans, des graines de Sensitive après soixante ans, des graines de Haricot et de Froment après cent ans et des graines de Seigle, enfin, après cent quarante ans.

On est allé bien plus loin encore dans ce genre d'expériences, puisque certains botanistes affirment que l'on a obtenu la germination de grains de Froment trouvés dans les tombeaux de certaines momies égyptiennes. Quoi qu'il en soit, — car il est permis de douter de ce dernier fait, vu les fraudes diverses auxquelles il a donné lieu, — il n'en est pas moins avéré que la vitalité de certains germes persiste un nombre d'années considérable, et ce n'est pas ailleurs que dans ce remarquable phénomène qu'il faut chercher l'explication de faits qui seraient miraculeux, en vérité, si l'on ne pouvait de cette façon les rendre aisément acceptables. Il s'agit de l'apparition soudaine de plantes en des terrains plus ou moins bouleversés, soit par des travaux humains, soit par des incendies ou des convulsions volcaniques, soit enfin sur le sol de cours d'eau ou d'étangs desséchés. Tout à coup l'on a vu s'élever, de ces terrains nouvellement portés à la lumière, des myriades de végétaux qui, surgissant sans cause apparente, ouvraient aux botanistes un champ illimité d'hypothèses et de conjectures. C'est ainsi qu'à Londres, à Versailles et ailleurs, nous raconte M. Duchartre, on a vu la démolition de vieilles maisons faire apparaître en grande quantité des plantes rares dans ces localités ; ainsi encore des graines trouvées dans de vieux tombeaux qui remontaient au moyen âge, parfois même jusqu'à l'époque gallo-romaine et la période celtique, ont levé en grand nombre, par centaines ; il est enfin avéré qu'à Paris, dans les fondations de l'une des plus antiques maisons de la Cité, il a été recueilli tout récemment dans un terrain noirâtre des graines d'une espèce de Jonc qui ont parfaitement germé et nous ont ainsi montré les descendants de ces autres Joncs antiques qui, il y a deux mille ans environ, furent foulés sur leur plage par les premiers fondateurs de la vieille Lutèce.

Ah ! c'est que la nature ne fait pas les choses à la légère, lorsqu'il s'agit de conserver aux germes la faculté de reproduc-

tion qu'ils possèdent. S'il est des graines aisément corruptibles,
— graines du reste dont l'éphémère durée se compense par une
fécondité inimaginable, — il en est d'autres, pour la préserva-
tion desquelles toutes les mesures ont été prises. Berceaux
cotonneux, matelas superposés, manteaux imperméables, cui-
rasses cornées, telles sont les armes défensives, contre lesquelles viennent échouer toutes les attaques du vent, de la
pluie, de la neige et des frimas. Elles en affrontent bien d'autres!
Croiriez-vous que l'on rencontre sur nos côtes européennes une
foule de graines qui, à la nage, nous sont arrivées d'Amérique, et
qui poussées d'un hémisphère à l'autre viennent ainsi, paisiblement, faire la conquête d'une nouvelle patrie?

Ce n'est pas seulement aux attaques d'une humidité froide et
corrosive, comme celle de l'eau de mer, que résistent certaines
semences, mais encore aux variations les plus formidables de la
température, puisqu'on a vu certaines plantes germer après
avoir subi un froid graduellement abaissé au chiffre de
110 degrés au-dessous de zéro, tandis que d'autres graines
sortaient victorieuses, c'est-à-dire vivantes, d'une étuve sèche
où le thermomètre indiquait plus de 120 degrés de chaleur!
Généralement c'est entre 5 et 60 degrés que germent les végétaux de tout climat[1], depuis l'Orge et le Seigle, les plus
robustes de nos plantes, jusqu'à certaines semences des pays
tropicaux, pour l'éclosion desquelles il ne faut rien moins
que ces températures torrides, sortes de fournaises à ciel
ouvert, que l'on rencontre çà et là dans les zones équatoriales.

Il fait infiniment moins chaud dans le sol tiède et humide où

---

[1] Une singularité bizarre, bien connue des horticulteurs, c'est le retard
observé dans la germination de certaines semences, qui, à côté de leurs
sœurs et de même âge qu'elles, semblent dormir d'un sommeil si lourd et si
profond qu'il devient inexplicable. Ainsi l'on a vu, de deux graines jumelles
d'Avoine réunies dans la même enveloppe, l'une germer dans les conditions
ordinaires, c'est-à-dire au bout de sept ou huit jours, tandis que l'autre ne
germait quelquefois que l'année suivante. D'autres semences, placées simultanément dans le même terrain, ont germé, les unes la première année, et
les autres successivement jusqu'à la cinquième!

nous avons laissé notre graine en train.... d'*éclore*. Ce mot,
employé tout à l'heure, revient encore sous notre plume. Ne le
prenez pas pour une hardiesse de langage.

Oui la graine éclôt, parce que la graine est un *œuf végétal*.
Toute la différence consiste dans le mode d'incubation. Des
semences ne germeraient pas plus sous les ailes d'un oiseau,
que des œufs n'éclôraient dans une terre humide. Pour l'œuf
animal, il ne faut que de l'air et de la chaleur ; tandis que pour
l'œuf végétal, il faut encore de l'eau.

Oxygène, eau et chaleur, voilà donc les trois éléments indispensables, mais les seuls aussi qui soient nécessaires. Contrai-
rement à l'idée qu'on s'en était faite tout d'abord, l'influence du
terrain est absolument nulle dans l'acte de la germination. Le
sol n'est qu'un simple support, et il ne tire son importance que
de son état de division ou de porosité qui lui permet de retenir
plus ou moins les liquides et les gaz. Ce qui le prouve surabon-
damment, ce sont les germinations nombreuses obtenues dans
toutes les conditions imaginables. On a fait germer des graines
dans du sable, dans de vieilles écorces, dans du coton, de la
mousse, des éponges, au sein de substances animales, sur des
roches, de la porcelaine, du verre et enfin jusque sur des
boulets de canon. La vie végétale, à ses débuts, est fort peu
exigeante.

Tandis que nous causons, notre graine s'est considérablement
gonflée. C'est l'eau qui produit en elle cette première modification. Quoiqu'il n'y paraisse guère, son enveloppe est poreuse ;
elle absorbe l'humidité et par conséquent se gonfle en se ramol-
lissant. Sans eau, cette peau, généralement coriace et parfois si
dure (celle d'un noyau de pêche, par exemple), ne s'attendrirait
devant aucune des caresses du plus pressant rayon de soleil, et
notre oxygène lui-même, tout irrésistible qu'il puisse être,
userait son influence sur une carapace de cette espèce.

Privée d'air, et plongée dans l'eau, la graine gonfle d'abord,
mais bientôt s'arrête et se putréfie. Elle est morte, elle s'est
noyée, c'est-à-dire asphyxiée.

On a souvent essayé de les tromper, ces graines ; on leur a

donné de l'azote, de l'hydrogène, de l'acide carbonique. Pas de supercherie possible ! Point d'oxygène, point de germination, c'est entendu, et les savants, qui ne sont cependant pas gens faciles à persuader, se le tiennent maintenant pour dit.

Quelque exigeantes que puissent être les graines en fait d'oxygène, la nôtre n'a plus de raisons plausibles pour différer son éclosion. Nous lui avons donné de la chaleur, de l'eau, de l'air pur ; elle n'a plus rien à nous refuser maintenant.

Et elle ne nous refuse rien, en effet, car je vois là, tout au bas de la déchirure..... une cellule de formation nouvelle.

A peine cette cellule est-elle formée qu'elle se met à l'œuvre immédiatement, — On sait avec quelle rapidité se développe le tissu cellulaire ; — le nôtre a si bien fait que, de la déchirure de notre graine, il est sorti toute une plantule dont la radicule, sachant son métier, s'est immédiatement retournée vers le sol où elle plonge loin de la lumière.

CHAPITRE XXIV

UNE PLANTULE EN SEVRAGE.

Une plantule, on le comprend de reste, est une plante nouvellement née. Elle se compose d'une radicule et d'une tigelle qui, de part et d'autre de la graine, l'une vers le centre de la terre et l'autre vers l'atmosphère, s'élancent et s'allongent avec une

Fig. 224. — Glands de Chêne à divers degrés
de germination.

ardeur toute pareille (fig. 224). Mais combien sont étranges les conditions au milieu desquelles s'opère ce phénomène !

Voilà une graine remplie d'une farine ou fécule quelconque. Dans cette petite masse inerte se trouve un point, point vital unique et microscopique, sorte d'étincelle endormie, qui, sous la triple influence de l'eau, de l'oxygène et de la chaleur, va se réveiller soudain, entrer en éclosion et créer d'innombrables utricules. Cela est déjà suffisamment remarquable ; mais voici qui est bien plus fort. Du sein de ce point vital s'échappent deux courants, dont celui-ci emporte avec lui dans l'atmosphère une partie des cellules nouvellement formées, tandis que celui-là, absolument opposé, entraîne vers le sol ténébreux l'autre partie des utricules.

Qu'y a-t-il donc de connaissance, de prescience ou d'instinct mystérieux dans ces deux utricules contiguës, jumelles, identiques, pour comprendre que tout à coup elles doivent se séparer ? « Adieu, sœur, dit l'une d'elles, je monte, j'appartiens à la tigelle. — Adieu, répond l'autre atome ; moi je descends, j'appartiens à la radicule... »

Maintenant, il s'agit de subsister. Or, quelle que soit leur bonne envie de vivre, radicule et tigelle mourraient parfaitement d'inanition si la prévoyante nature ne les avait, par la plus ingénieuse idée, mises à l'abri de tout besoin.

Vous connaissez, n'est-ce pas ? la curieuse poche nourricière des mammifères désignés sous le nom significatif de *marsupiaux* [1], parmi lesquels se classent entre autres les sarigues et les kangourous ? Dans cette poche se trouvent des mamelles, et à ces mamelles s'attachent solidement, au moyen d'un mécanisme spécial, les petits marsupiaux qui, à demi embryons, parce qu'ils naissent toujours trop tôt, mourraient infailliblement sans ce mode de gestation supplémentaire. Eh bien, toutes réserves faites, notre plantule offre beaucoup d'analogie avec ces bienheureux petits marsupiaux.

Voulez-vous une autre comparaison ? Supposez qu'un poupon rose et blanc, le plus charmant des poupons imaginables, soit privé de nourrice et, par une inexplicable bizarrerie, adhère aux langes de son berceau d'une façon inséparable...

— Oh ! quelle horrible supposition !

— Attendez ! Imaginez encore que, par suite d'une métamor-

[1] Tiré du mot latin *marsupium*, qui signifie bourse, poche, gibecière.

phose absolument fantastique, ce berceau lui-même soit tout
entier transformé en une énorme mamelle, avec le contenu de
laquelle notre poupon invraisemblable serait en perpétuelle communication. Le trouveriez-vous encore à plaindre ? Eh bien,
voilà l'image de notre plantule. Elle aussi est couchée dans un

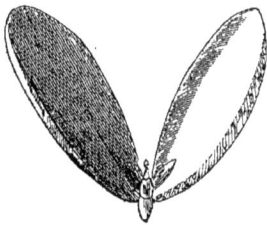

Fig. 225. — Embryon d'Amandier dont on a écarté
les deux cotylédons pour montrer la gemmule.

berceau qui la nourrit, ou plutôt entre deux petits matelas qui
l'allaitent (fig. 225).

Mon Dieu ! oui, la plantule est nourrie au biberon. Chacune de
ces deux moitiés plano-convexes que vous voyez dans un pois, dans
un haricot ou dans un gland, sont les deux feuilles nourricières

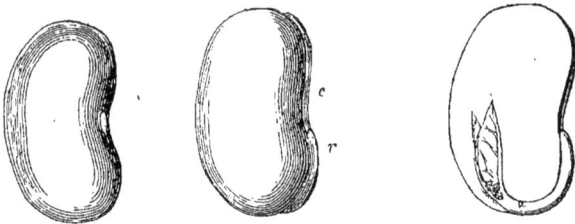

Fig. 226. — r, radicule ; c, cotylédons.   Fig. 227.

du germe nouveau-né (fig. 226). Ces deux feuilles, nommées *cotylédons*, vous le savez, sont habituellement composées d'une
substance dure, qui se ramollit dans le sol humide et les remplit
d'une sorte de bouillie de fécule plus ou moins liquide dont se
délecte, je vous prie bien de le croire, le poupon végétal (fig. 227).

Aussi tette-t-il éperdument ses deux nourrices complaisantes, si bien qu'il en devient gras, qu'il en devient bouffi, qu'il en devient vert.

Oh! mais il faut au plus vite sevrer ce marmot-là!

Règle générale, dès qu'un poupon devient vert, il faut le mettre en sevrage. — Je parle des poupons végétaux.

Inutile de nous en mêler, du reste; c'est lui-même qui, à l'heure dite, passe de la vie d'allaitement à une vie supérieure. La vie de travail a commencé pour lui. Assez d'utricules blanches, il faut en faire de vertes désormais, c'est-à-dire devenir un végétal utile. Tandis que la partie demeurée blanche absorbe l'oxygène

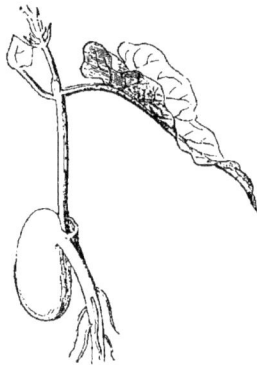

Fig. 228. — Cotylédons hypogés
du Haricot rouge.

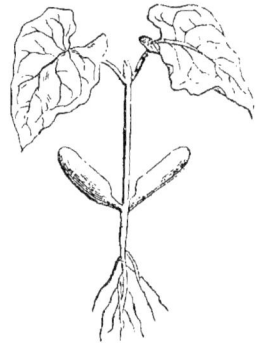

Fig. 229. — Cotylédons épigés
du Haricot blanc.

de l'air, la partie verte, au contraire, en exhale; la première brûle son charbon et le rejette sous forme d'acide carbonique, alors que la seconde aspire l'acide carbonique de l'atmosphère, le décompose, emmagasine le charbon et nous rend l'oxygène.

Terminons l'histoire de nos cotylédons. Braves et honnêtes cotylédons, savez-vous ce qu'ils font lorsqu'ils ont nourri la plantule qui leur avait été confiée? Les uns restent sous terre, où ils meurent dans l'humilité (fig. 228); les autres, dévorés par la soif du bien, s'élèvent au-dessus du sol, montent avec la tige, et là se transforment en feuilles vertes. On les nomme alors feuilles cotylédonaires (fig. 229). Comme ces bons ouvriers qui se font

vite à toute sorte de besogne, ils se mettent en quelques jours au
niveau de leur situation nouvelle. Ils se fabriquent des utricules
vertes, se munissent de pores, puis, outillés de la sorte, se mettent hardiment à accumuler du carbone et à dégager le plus
qu'ils peuvent de l'oxygène de première qualité.

CHAPITRE XXV

Les Cryptogames commencent la série végétale et comme tels ils se distinguent par la simplicité de leurs organes élémentaires ; mais, d'autre part, les corps reproducteurs sont chez eux si nombreux et se distinguent les uns des autres par de telles différences, que la germination, si simple en certains cas, se complique dans certains autres d'une façon inextricable.

Rien de moins compliqué chez les végétaux des bas-fonds de la série. Ceux-là ne se donnent même pas la peine de germer. A quoi bon, au surplus? La plupart d'entre eux ne se composent que d'une simple utricule sphérique ou que de minces filaments qui ne sont que des utricules allongées et soudées bout à bout. Or, comment une cellule s'y prendrait-elle pour germer, dans le sens généralement attribué à cette expression? Elle a beaucoup plus tôt fait de se reproduire tout entière, d'une pièce, et c'est aussi le parti auquel elle s'est dès longtemps arrêtée. C'est ainsi que font les Protococcus, simples granulations vertes [1], que l'on voit se former dans l'eau exposée à la lumière, ou s'incruster dans les pierres où monte l'humidité du sol. C'est là le début du règne végétal.

Toutefois les complications viennent vite. Dans cette même famille des Algues, qui commence par l'infime Protococcus, arrivent bientôt à la file mystères après mystères. Le phénomène de

---

[1] Il y en a de rouges qui colorent les neiges des montagnes sur des surfaces immenses.

la germination, solidaire de celui de la fécondation, ne nous apparaît plus toujours semblable à lui-même. Il varie avec les familles, se transforme, se déguise et a fait de tout temps le désespoir des classificateurs.

Les organes de la reproduction chez les Cryptogames, vous le savez, peuvent d'une manière générale se réduire à deux : la *spore*, appelée aussi *zoospore*, et l'*anthérozoïde*[1]. Dans certains cas, la zoospore se reproduit sans fécondation, par simple multiplication d'utricules ; dans d'autres cas, ce n'est qu'après la fécondation de la spore par l'anthérozoïde, que commence le phénomène de la germination. Or cette germination, voici généralement comment elle s'effectue.

A peine la spore a-t-elle été fécondée, qu'elle se divise en petits compartiments remplis de matière verte ; sur l'un des points de la circonférence, il se forme une petite protubérance qui s'allonge, parfois se ramifie et finit par se transformer en une sorte de petite radicule blanche ou de patte qui s'accroche au corps quel qu'il soit sur lequel le jeune Cryptogame a résolu de se fixer.

Ce mode de germination, qui peut servir de type pour la plupart des cas, se complique et se modifie toutefois en une foule de circonstances. Les Cryptogames se sont dès longtemps rendus célèbres par l'indépendance de leurs allures.

Ne soyons point surpris de ces modes nombreux de multiplication. L'embranchement des Cryptogames a été chargé d'une si importante mission dans la nature, qu'il doit par toutes sortes de moyens se tenir à la hauteur du rôle qui lui a été confié. Ce rôle est double. Purger le monde des détritus de la mort et le préparer, d'autre part, à développer de nouvelles vies : — telles sont les deux fonctions essentielles du grand et utile embranchement des Acotylédonés.

Purger le monde ! Vous comprenez, n'est-ce pas ? quelle armée d'ouvriers il faut à l'adjudicataire d'une telle entreprise ?

---

[1] Il va sans dire que ces organes sont tous d'une petitesse microscopique. Ils s'échappent de la plante mère à l'état de poussière presque invisible, dont les phases diverses ne peuvent être observées qu'au moyen de forts grossissements.

Eh bien, l'adjudicataire, c'est le Cryptogame, et les ouvriers ne lui manquent pas. Par milliers, par millions, par myriades, de toutes parts, ils croissent et se multiplient. Il y en a de toutes les tailles, de toutes les couleurs et pour toutes les fonctions. Chaque espèce a sa part de travail, et vous ne sauriez croire combien d'espèces sont à l'œuvre.

Connaissez-vous l'urubu? L'urubu est un petit vautour d'un noir brillant, qui, sous les chaudes latitudes, particulièrement dans l'Amérique méridionale, est chargé du nettoyage des villages et des villes.

Dès le matin, avant que les ardents rayons du soleil aient mis en fermentation cadavres et pourritures, ils ont commencé leur œuvre d'épuration. Par bandes nombreuses, ils descendent lourdement des arbres ou du balcon des blancs minarets, où ils ont passé la nuit, s'abattent dans les rues, et là, sans crainte comme sans précipitation, ils mangent, dévorent, absorbent des quantités incalculables de choses infectes. Bêtes mortes, viandes putréfiées, débris nauséabonds, rien ne leur répugne, et tout disparaît, tout retourne au courant purificateur de la vie universelle.

Eh bien, les Cryptogames sont les urubus du monde végétal. Cloaques méphitiques, vieilles écorces, bois pourris, liquides fermentés, putréfactions de toutes sortes, voilà leur chantier. Du fond des caves au faîte des maisons, de la mare croupissante jusqu'au dernier rameau de l'arbre, s'étend le banquet immonde, éternel. Algues des eaux stagnantes, Lichens lépreux, Champignons de toutes formes, Moisissures de tous duvets et de toutes couleurs, perpétuellement sont à l'œuvre, suçant, desséchant, pulvérisant et réduisant en terreau végétal les restes empoisonnés que la mort laisse après elle. Aprés à la curée, infatigables, toujours inassouvis, ils dévorent aussi bien le cadavre du grand Chêne qui se putréfie au sein de la forêt, que la tranche de fruit confit que recouvre au fond du compotier une verdâtre efflorescence. Il faut que toute corruption repasse au creuset, que toute mort retourne à la vie.

Ils y mettent une telle fougue, ces terribles épurateurs, que la vie elle-même n'échappe pas sans difficulté à leurs envahisse-

ments. Sous le fallacieux prétexte que les sucs ne sont pas éti-
quetés dans la nature et que tous les mucus se ressemblent, ils
s'attaquent à tout, aux hommes, aux mammifères, aux oiseaux,
aux insectes[1], jusqu'aux batraciens visqueux, jusqu'aux gluantes
limaces. Il y a une Algue qui nous pousse dans la bouche, des
Champignons qui nous viennent dans l'oreille.... Ils font bien
mieux encore. Pendant que les uns nous labourent la peau du
crâne, les autres nous perforent les intestins ou s'amusent à
tapisser nos poumons de leurs ramifications mortelles, tandis
que d'autres encore, s'il faut en croire de très-savants physiologistes, seraient la cause génératrice du choléra asiatique.

A la férocité l'on dirait qu'ils joignent l'ironie, ces sinistres
petits scélérats. Positivement ils se trouvent drôles quand ils
ont réussi à s'implanter dans des endroits extraordinaires, tels
que le derrière d'une chenille par exemple, ou les yeux d'une
guêpe, ou le ventre d'un coléoptère. Et encore s'ils respectaient
les autres plantes, leur propre famille, passe encore. On com-
prendrait leur rage contre un règne supérieur qu'ils jalousent
peut-être ; mais non, pas la moindre considération, nulle
réserve. Ils s'accrochent à tout dans leur fureur aveugle, aux
feuilles des arbres, aux tubercules de la Pomme de terre, au
fruit de la Vigne, au Maïs, à l'Orge, au Seigle, au Froment lui-
même, au noble et sain Froment qui devrait être inviolable.
Est-ce donc pour nous affamer, nous faire périr et nous dévorer
ensuite, qu'ils dévastent ainsi nos récoltes ?

Assez de fantaisie comme cela. Les Cryptogames sont des
épurateurs, rien de plus, rien de moins. Tant pis pour la chenille,
et la guêpe, et l'oiseau, et l'homme lui-même, si, par suite d'une
maladie quelconque, leurs tissus deviennent le siége d'une
corruption que le Cryptogame a mission de faire disparaître. Il
est dans son rôle, lui, et, quoi qu'il arrive, il ne faillira jamais à
sa tâche. D'en haut, d'en bas, de droite et de gauche, échelonnés

---

[1] M. Duchartre raconte qu'une redoutable invasion de chenilles, dans les
bois des landes de Gascogne, a été arrêtée par un Champignon entomo-
phage (mangeur d'insectes), qui a fait périr un nombre considérable de ces
chenilles et surtout de leurs chrysalides.

par légions et se remplaçant sans relâche, ils accourent et prennent chacun sa place au grand charnier universel.

Étonnez-vous, après cela, des modes multiples de germination des Cryptogames et surtout de leur incommensurable fructification. C'est par millions que sont contenues leurs spores, dans d'invisibles sachets ou sporanges dont il faudrait des centaines pour égaler en grosseur une simple tête d'épingle. Puisque l'horrible pourriture est partout, ne faut-il pas que partout et à toute réquisition l'Algue soit là, et la Moisissure insidieuse et le Champignon hardi ?

Et ils sont là. Ne cherchons donc point chez eux ces précautions savantes que les Phanérogames multiplient pour le bien-être de leurs nourrissons. Il n'y a ni écuelle ni bouillie de fécule pour ceux qui n'ont pas eu de berceau. Qu'en feraient-ils, tous ces Cryptogames vagabonds qu'emporte le vent, qui tombent partout, et attendent indéfiniment, s'ils ne peuvent germer de suite, qu'une bonne occasion se présente ? Ah ! c'est une dure race, allez ! On peut les geler à trois quarts, on peut les cuire à moitié : petit Cryptogame vit toujours[1].

Il y a bien mieux encore, et toutes les merveilles de reproduction, dont il a été question jusqu'ici, ne sont rien à côté de ce qu'il nous reste à dire. Sans doute, les spores des Cryptogames sont innombrables, et beaucoup d'entre elles, entraînées par les courants d'air, s'en vont germer fort loin de la plante qui les a produites ; mais, outre certaines localisations extraordinaires, il est encore des phénomènes de multiplication en des lieux où il est manifestement impossible que leurs germes aient pu pénétrer. Je m'explique.

On connaît un Champignon qui ne se développe que sur le cadavre de certaines araignées ; un autre n'apparaît qu'à la surface des sabots de cheval en putréfaction ; un troisième n'a

[1] Il faut bien se garder toutefois de tomber, au sujet de la résistance vitale des organismes inférieurs, dans certaines exagérations trop souvent exploitées. L'ancien et illustre directeur du musée de Rouen, M. Pouchet, dont le monde scientifique déplore la perte récente, a prouvé, par de nombreuses expériences, que les spores cryptogamiques les plus vivaces ne résistent pas à une chaleur humide dépassant 80 degrés centigrades.

encore été observé que sur certains papillons de nuit. Les botanistes mentionnent un végétal bizarre qu'on ne rencontre que sur les vieilles futailles. Enfin, un Cryptogame, non moins bizarre, n'a pu être remarqué ailleurs que sur les gouttes de suif que les mineurs en travaillant laissent tomber sur le sol ; on sait aussi que la plupart des plantes malades ou mourantes sont envahies par des parasites spéciaux.

D'autre part, il a été fait et par centaines des expériences extraordinaires d'où il paraît résulter que des végétaux et des animalcules microscopiques apparaissent tout à coup dans des milieux où il était impossible que des germes vivants pussent exister. Quelques fragments d'herbe sèche, par exemple, à peu près calcinés préalablement dans une température de 150 à 200 degrés, sont placés dans un flacon contenant de l'eau portée à l'ébullition ; de l'air pur est mis en contact avec l'infusion refroidie, et bientôt après la vie s'y manifeste par l'apparition de Cryptogames innombrables.

Cette expérience répétée, modifiée, variée de mille manières, a toujours donné les mêmes résultats. En toutes circonstances, des substances végétales ou animales fortement chauffées, puis mises en contact dans des vases clos avec de l'eau bouillie et de l'air absolument pur, ont produit, ont engendré, par une mystérieuse fermentation de vie, des végétaux microscopiques ou des animalcules infusoires, souvent les uns et les autres ensemble[1].

Voilà donc l'explication plausible de l'apparition de créatures étranges, dont la naissance par voie de germination habituelle serait absolument inexplicable. Tout cela rentre du reste parfaitement dans les données du plan général de la nature dont la richesse dépasse les rêves eux-mêmes de l'imagination, et qui semble se complaire à réaliser les œuvres les plus colossales par la coopération de ses plus infimes ouvriers. Ainsi fait-elle avec les Cryptogames ; ainsi a-t-elle fait surtout dans les siècles

[1] Voir à ce sujet les remarquables articles de Victor Meunier (*Opinion nationale*); *la Science et les savants*; Germain de Saint-Pierre, *Dictionnaire de botanique*; Georges Pennetier, *l'Origine de la vie*; et tout particulièrement les ouvrages spéciaux de F.-A. Pouchet.

écoulés. Vous ne vous faites pas l'idée de tout ce que vous devez à ces obscurs mais infatigables travailleurs. Par-delà les années accumulées par milliers et par millions, dans les abîmes du passé le plus lointain, nous retrouvons déjà les Cryptogames à l'œuvre. C'est la géologie qui nous l'apprend.

Devançant le Sapin gigantesque et le Baobab monumental, les petits Cryptogames leur ont préparé la place. Ils les dévorent maintenant dans la forêt, mais ce sont eux qui autrefois leur ont donné les moyens de naître. Alors que la terre émergeait par roches arides de l'océan universel, ce sont eux qui, aidés par les vents, les pluies et le soleil, ont effrité, organisé et fécondé la surface de ces roches stériles. A quoi n'arrive-t-on pas quand on a devant soi des siècles par milliers? Et puis il faut dire que nos Cryptogames ne se ménagent pas à la besogne ; ils payent bravement de leur personne, et font parfois de la terre végétale sans autre élément qu'eux-mêmes ; ils amoncellent leurs cadavres et préparent ainsi le sol pour les vies de l'avenir. Non contents de multiplier leurs forces jusqu'à l'infini, par les prodigieuses ressources de l'association, ils se relayent encore, faisant toujours succéder, par une savante gradation, le travail d'une espèce plus puissante à l'œuvre préparatoire d'une classe d'ouvriers inférieurs. C'est ainsi que les Lichens remplacent les Algues, que les Champignons poursuivent l'œuvre des Lichens, que les Mousses héritent des Champignons, que les Lycopodiacées succèdent aux Mousses, puis que viennent les Fougères, et que, sur le sol préparé par tous ces hardis pionniers de la vie, peuvent enfin s'implanter les plus gros mangeurs de l'embranchement des Phanérogames.

GÉOGRAPHIE BOTANIQUE

Résumons en quelques pages ce qui nous resterait à dire sur la géographie botanique.

La géographie botanique est une science toute nouvelle. Les diverses parties du globe sont loin d'être complétement connues, et, outre le nombre des productions végétales propres à chacune des grandes régions terrestres dont les variétés nouvelles augmentent chaque jour nos catalogues, l'homme ignore encore les lois complexes de la météorologie qui, plus que toute autre, régissent la distribution des végétaux à la surface de la terre.

Toutefois de grandes, d'incontestables découvertes ont été faites, et, tout en reconnaissant les lacunes qui demeurent, il serait injuste de ne pas apprécier à leur valeur les travaux importants des Humboldt, des de Candolle, des Schouw, des Wahlenberg, des Ritter, des Muller, des Martins, des Schimper, des Brongniart, des Saporta, et de tant d'autres savants ou voyageurs, qui, à travers fatigues et dangers, enrichissent de jour en jour la vaste encyclopédie des connaissances humaines.

L'une des premières observations que l'on ait faites et dont l'évidence est en effet manifeste, c'est que, pour le voyageur qui de l'un des pôles s'avancerait vers l'équateur, se révélerait une gradation continue dans la vitalité des zones végétales. C'est à dessein que nous employons le mot de *zones*. Outre la progression générale de la végétation qui, des régions extrêmes à la

ligne équatoriale, s'enrichit merveilleusement en espèces, en
genres et en familles, l'on remarque dans le tapis végétal des
bandes, des ceintures, des zones, nous l'avons dit, dont le
caractère particulier tranche sur la vaste gamme végétale et se
distingue des régions voisines.

Indépendamment de la dispersion par contrées et par degrés
de température, il y a encore la dispersion par nature de terrains. Les plaines ardentes comme les marécages, les bas
rivages de la mer et ses profondeurs comme les tièdes vallées,
les flancs des montagnes et la lisière des glaciers forment autant
de stations ou d'*aires* végétales.

L'organisation, diversement modifiée dans les divers végétaux, leur impose des conditions différentes d'existence, par
suite desquelles ils ne peuvent vivre et se multiplier que
là où se trouvent réunies toutes ces conditions indispensables.
De plus, il est aujourd'hui clairement démontré que toutes les
plantes ne sont pas parties d'un point unique de rayonnement,
mais bien qu'elles émanent d'une foule de centres primitifs, en
sorte que la géographie botanique est régie par des causes fort
complexes, les unes purement physiques, les autres issues du
mystère de l'origine des créatures.

Mais, au début de ce chapitre, arrêtons-nous un instant.

Avant de nous occuper de la distribution des végétaux sur le
monde actuel, résumons rapidement l'histoire du règne végétal
dès ces époques lointaines qui, par-delà les âges géologiques,
remontent dans les ténèbres du monde primitif.

Cette histoire, quelque difficile qu'elle semble être au premier
abord, elle existe cependant. Il est des botanistes qui, avec une
sagacité merveilleuse, ont su déchiffrer les hiéroglyphes que la
nature tient en réserve. De même que pour le règne animal,
il est un monde végétal fossile, c'est-à-dire pétrifié. Une feuille
pressée contre une couche d'argile, il y a des milliers, peut-
être des millions d'années, y a laissé sa trace, et cette trace
nous est parvenue avec l'argile devenue pierre. De toutes parts,
l'on retrouve de ces curieuses gravures naturelles qui, jointes
aux amas de débris végétaux dont se composent les diverses

espèces de charbons de terre, nous racontent, après des accumulations incalculables de siècles, ce que furent les âges qui précédèrent le nôtre.

Eh bien, cherchons dans les couches superposées qui constituent les assises terrestres, dans ce gigantesque herbier que nous présente la géologie, quelques traces de la végétation primitive.

Cette végétation différait essentiellement de la nôtre. Tous les débris organiques que l'on retrouve nous présentent des formes inconnues. Ce sont des Prêles, des Calamites, des Annulaires, des espèces perdues de Lycopodiacées, puis enfin de grandes Fougères dont aucune de celles qu'ont conservées les plus vieilles stations botaniques ne saurait nous donner une idée suffisante.

L'histoire de la plante fossile se confond avec celle du développement de la surface du globe. A peine la croûte terrestre fut-elle formée, que le germe de cette force créatrice qui, depuis les plus hautes origines, renouvelle incessamment la face du monde, se trouva dans le milieu complexe et fécond que créent au règne végétal le sol, l'eau, l'air, la lumière et la chaleur. Mettez un verre d'eau au soleil, laissez-y, sous l'influence toute-puissante de ses rayons, se développer ces globules organiques verts, ces cellules végétales que l'on désigne sous le nom de Protococcus, et vous assisterez de nouveau à la création, à la naissance d'un monde.

Les premiers végétaux ne purent naturellement être que des plantes marines, puisque la mer primitive recouvrait la surface entière du globe terrestre. Ces plantes furent des Conferves, des Fucus. Puis les terres apparurent et les flores, de plus en plus parfaites, à mesure que les centres de végétation s'élevaient au-dessus du niveau de la mer universelle, se firent successivement d'aquatiques amphibies, puis d'amphibies terrestres, et enfin de terrestres aériennes.

L'on a divisé l'histoire du monde primitif en phases d'évolutions ou périodes. Chacune de ces périodes possède des végétaux particuliers qui n'appartenaient pas encore à la précédente

ou qui manquent à la suivante. Les types naissent et meurent,
les espèces s'éteignent comme les individus ; à chacune d'elles
en succède une autre plus parfaite, et c'est ainsi qu'après des
évolutions successives, nous sommes arrivés à l'époque actuelle,
qui s'en trouve être une sorte de résumé général.

En effet, tous les types anciens ne se sont pas perdus. Quelques-uns ont pénétré dans les périodes modernes. L'on trouve
encore aujourd'hui de ces types dépaysés qui, par leur manque
d'affinité avec la création actuelle, manifestent leur antique et
lointaine origine ; ceux-là sont des transfuges du passé. Parmi
eux, citons les Sphagnums des tourbières, les Casuarinées, les
Araucariées, les Balanophores, les Cycadées, le bizarre Gingko
du Japon, le Cyprès des tombeaux des Nouvelles-Hébrides, le
Phyllocladus de la Nouvelle Zélande ; il en est bien d'autres
encore.

Le monde actuel ne constitue donc pas une phase entièrement
distincte. Il est bien plutôt le résumé et comme une sorte de
récapitulation des périodes écoulées. Pas de transitions brus-
ques, nul abîme entre aujourd'hui et hier. Le monde marche
suivant l'évolution de lois lentes, mais sûres, et telle phase
isolée en apparence doit bien moins son caractère tranché à ce
que certains géologues ont appelé une création nouvelle, qu'à
ces grands mouvements d'alternance que l'on remarque dans
l'histoire de l'univers, sortes d'*oscillations renouvelantes* qui, dans
les vagues de l'éther, rajeunissent les mondes comme ils ressus-
citent, dans la gouttelette d'eau fermentée, des races d'infiniment petits.

Disons quelques mots de chacune de ces périodes. — plus ou
moins arbitraires, — au moyen desquelles l'on a cherché à
s'orienter dans la série des siècles.

Les montagnes primitives sont formées, les vagues de l'océan
viennent les ronger à la base. D'épaisses vapeurs, produites
sans relâche par le contact de l'eau et des terrains brûlants
encore, couvrent le ciel, s'amoncellent en amas de nuées
surchargées d'électricité qui de toutes parts s'épanchent en
cataractes effroyables. D'immenses quantités d'acide carbonique.

produites par les dégagements de combustions remplissent l'atmosphère de l'élément qui, on le sait, constitue la vie du règne végétal. Cette vie repose sur l'assimilation de cet acide dont la plante sépare le carbone, qu'elle incorpore à ses tissus, tandis qu'elle en rejette l'oxygène au dehors. Ainsi commence, dès lors, le rôle purificateur des végétaux. Ils préparent une atmosphère respirable à un monde supérieur, tout en accumulant dans leurs tissus dont nous retrouvons aujourd'hui les débris des trésors prodigieux de chaleur, de lumière et de force.

Revenons à notre flore primitive. Des Protophytes, de simples Algues, composaient alors exclusivement le règne végétal. L'on en retrouve les restes dans les terrains de transition qui forment le passage entre les roches primitives et les premiers terrains sédimentaires. C'est dans ces débris, appelés aujourd'hui anthracite et graphite, que l'on trouve la matière dont on se sert pour la fabrication des crayons ordinaires.

Les siècles s'écoulent et la terre émerge progressivement de l'océan. Des îles basses, non plus inondées par la mer, mais par des pluies torrentielles, qui y forment des marécages, donnent naissance à des végétaux aquatiques et amphibies. Ce furent des Algues d'eau douce, puis des Prèles gigantesques, des Calamites arborescentes, des Astérophylles, des Annulariées, autant de types, dont seule, l'île de Java peut nous fournir encore quelques échantillons dans ses Équisétacées de dix pieds de hauteur, ses Massettes énormes et ses grandes Arundinacées. C'est sous ces plantes et dans des eaux encore tièdes que rampaient ou nageaient de rares tortues et quelques espèces de grands lézards amphibies.

Après cette période, que l'on a appelée de *transition*, s'ouvre la *Période houillère*. Les terrains se sont élevés. Des Lichens, des Hépatiques et des Sphagnacées couvrent les roches moins humides et y préparent, par leur décomposition, la couche d'humus d'où naîtront les familles futures, tandis que dans la tourbe desséchée des premiers marécages apparaissent çà et là

quelques Fougères, dominées par quelques Conifères, ces premiers-nés d'entre les grands arbres.

L'abondance des gisements houillers et l'importance de beaucoup d'entre eux peuvent nous donner une idée de l'immensité

des forêts qui recouvraient les grandes îles primitives. Outre la
fougue de végétation que nous ne pouvons à notre époque nous
représenter exactement et que favorisait alors d'une façon
exceptionnelle une atmosphère toujours chaude, humide et

chargée d'acide carbonique, il faut songer à la durée considérable
que tout nous autorise à attribuer à la période dite carbonifère.
Il ne faut ici reculer devant aucune audace de l'imagination. Les
siècles s'accumulent par centaines et par milliers dans l'histoire
de la terre. L'on a calculé, d'après l'épaisseur des couches de
certains gisements houillers d'Allemagne, que les forêts qui les
ont produits doivent avoir eu une durée moyenne de six cent
mille années, et comme on trouve souvent plusieurs de ces couches superposées, l'on se demande par quels chiffres prodigieux
l'on pourrait arriver à une évaluation approximative.

Ce dut être un étrange spectacle que celui de ce monde
qu'évoquent nos calculs et nos rêves. Des îles généralement
plates dormaient sur l'universel océan, comme de gigantesques
feuilles de Nénuphar. Chacune de ces îles, hérissée d'une végétation luxuriante, était enveloppée d'une brume éternelle, et
si, par la pensée, nous pénétrons dans ces forêts dont nous
ne possédons plus aujourd'hui que les débris métamorphosés,
par quelles sensations inconnues ne nous sentirons-nous pas
envahis?

De grands troncs de Fougères couverts de Mousses se croi-
saient, s'enchevêtraient, élevant vers la lumière voilée du ciel
leurs grands éventails de feuilles ailées comme d'énormes panaches de plumes. A ces Fougères se mêlaient le Cyprès tumu-
laire des Nouvelles-Hébrides, l'Abiétacée Damarine de la Nouvelle-Zélande, des Lycopodes arborescentes, des Palmiers
conifères, des Sigillaires, des Stigmariées, des Araucariées, des
Calamites, des Lépidodendrons et tant d'autres encore, tous
luttant de fougue et de vitalité dans un désordre colossal dont
les forêts vierges de notre époque ne peuvent à coup sûr nous
donner qu'une imparfaite idée.

Ce spectacle n'était pas seulement étrange, il était encore
triste. Une complète uniformité rendait toutes semblables ces
vastes forêts silencieuses. Nul chant d'oiseau, nul bruissement
d'insecte. Rien d'autre que l'écoulement perpétuel des vapeurs
qui, goutte à goutte, ruisselaient le long des panaches de
feuilles, que le glissement de bêtes rampantes dont le ventre
écailleux traçait de longs sillages sur la vase verte des maré-

cages, — rien d'autre que le chuchotement mystérieux d'un monde nouveau-né qui s'essayait à vivre.

Les baies profondes se comblent pendant la *Période jurassi-*

que. Les terrains se nivellent par la précipitation de gigantesques assises qui consolident et rattachent les uns aux autres
les fragments épars de notre continent encore mal constitué. Le
Jura, nouvelle arête fortement soudée aux Vosges, la Côte-

d'Or, les Cévennes, préparent les fondements du centre de l'Europe, et les formations de la période crétacée reliant les grandes îles morcelées, remplissant les bas-fonds et recouvrant les terrains primitifs, préparent, s'il est permis d'employer cette image, la musculature de ce grand corps dont les déjections volcaniques viendront, dans les époques ultérieures, former l'ossature dure et forte. C'est de cette époque que datent les incommensurables travaux de ces animalcules marins, qui à eux seuls, parmi les créatures contemporaines, avaient accepté la tâche de faire des continents nouveaux. — Cette tâche, on sait qu'ils l'ont accomplie.

Les siècles ont passé, nous voici en pleine *Période tertiaire,* l'âge volcanique par excellence, et voilà que viennent de naître, — nous les citons dans l'ordre de leur naissance, — les Pyrénées, les Carpathes, les Apennins et les Alpes.

La vie végétale, mise en rapport avec ce nouvel ordre de choses, subit d'importantes modifications. Sous un ciel lumineux les troncs se ramifient. Par cent têtes diverses l'arbre veut grandir, s'élever dans cette atmosphère sereine et vers ce soleil merveilleux dont les rayons lui parviennent sans obstacles. Au bout du rameau se formule la feuille, cette feuille qui résume la plante entière et en couronne toutes les expansions; elle se divise, se frange, s'échancre en lobes, se découpe en folioles, tandis que l'alternance des saisons donne aux troncs d'arbres leurs couches concentriques.

L'époque tertiaire ressemble beaucoup à la nôtre; il ne lui manque que la corolle monopétale, — qui cependant n'est pas un progrès sur la corolle polypétale. Elle possède tous les types de nos forêts actuelles, auxquels se joignent des Araucariées, des Palmiers et ces Conifères bizarres qui, représentants des premiers âges de la vie végétale, se sont perpétués jusqu'à nous après s'être comme rajeunis et retrempés dans l'époque tertiaire.

Comme la période houillère, la période tertiaire fut très-longue. Chacune d'elles représente une accumulation de siècles, pendant lesquels s'accomplirent lentement, jour par jour, ces métamorphoses profondes qui ont donné lieu à la théorie des

bouleversements périodiques, mais qui, replacées dans la lente
série des phases géologiques, les rattachent les unes aux autres,
les fondent ensemble et ne témoignent que d'une cause unique,
d'un seul tout-puissant facteur : le temps.

Malgré toute la richesse de cette période et la grandeur colossale de ses types (dinothérium, mégathérium, mammouth,
mastodonte, etc.), le jour de son déclin arriva. Les climats se
firent distincts. La température uniforme se nuança, se divisa

par zones. D'énormes glaciers descendant des hauteurs et coulant des pôles comme des fleuves solides allèrent jusqu'à la mer qu'ils couvrirent de leurs glaçons, voguant et emportant avec eux des couches entières de terrains diluviens et de blocs erratiques. Cette dispersion du sol se fit en des proportions tellement considérables que le fond des mers en fut élevé, et que l'on a donné un nom, celui de *diluvium*, aux terrains transportés par les grandes eaux de cette phase remarquable que l'on a appelée la période des déluges.

Puis enfin s'ouvrit la *Période actuelle*, période dont nous sommes entièrement redevables au monde végétal. Comme elles avaient préparé un milieu habitable pour les animaux inférieurs, les plantes nous ont également préparé celui qui nous fait vivre. L'air de l'atmosphère primitive raréfié, purgé de l'immense surabondance d'acide carbonique dont il était rempli, est devenu respirable pour les organisations supérieures.

La plante est donc véritablement notre mère. Indépendamment de la nourriture quotidienne qu'elle nous fournit, c'est elle qui nous a préparé la place. Intermédiaire entre le minéral et l'animal, elle sert d'anneau aux deux règnes, inaugure la vie et fait vivre.

Maintenant revenons à notre point de départ. Cette terre, dont nous venons de résumer en quelques pages l'histoire géologique, parcourons-la d'un coup d'œil, planons au-dessus des continents et tâchons de nous faire une idée de l'aspect particulier qu'offre chacun d'eux.

Si l'on coupe le monde par bandes circulaires et qu'en partant de l'équateur l'on marche vers les pôles, l'on trouve tout d'abord la zone torride qui se distingue par la grande proportion des végétaux ligneux dont se compose sa flore. Là, figure au premier rang, et dans son exubérante splendeur, la forêt, que caractérise une immense diversité de types. Nous avons déjà parlé de la forêt vierge. L'on sait quelle richesse merveilleuse s'y manifeste. Un trait distinctif de ces régions, c'est l'uniformité de leur température. L'hiver y étant presque nul, la végétation n'y est suspendue en aucune saison. Toutes les phases du

développement de la plante se confondent : les feuilles, les
fleurs et les fruits poussent, s'épanouissent et mûrissent simultanément.

Après la zone tropicale viennent les zones tempérées. Là on

voit la végétation se dépouiller de ses formes fastueuses pour
en prendre de plus humbles et de moins variées. Les tiges sont
moins hautes, moins hardies, les couleurs moins éclatantes, les
parfums moins pénétrants, et, à mesure que l'on s'avance vers les

pôles, l'on voit la végétation prendre, par une progression inverse, des proportions d'une telle exiguïté, que les derniers végétaux des régions polaires se confondent avec la poussière des rochers et disparaissent sous les plus minces couches de neige.

L'on sait qu'une haute montagne placée sous l'équateur présente la superposition de tous les climats. Gravissez les Pyrénées ou les Alpes, et vous traverserez toutes les zones végétales de l'Europe, depuis la flore parfumée de la Provence ou du Roussillon, jusqu'aux misérables Mousses du Groënland. Ce seront d'abord les végétaux de nos champs, puis sur les premières pentes les plantes dites *alpestres,* telles que les Aconits, les Armoises, les Seneçons, les Achillées, les Saxifrages, les Potentilles, etc. Après viendront les Noyers, les Châtaigniers, les Chênes, les Hêtres, les Bouleaux, puis, toujours en montant, apparaîtront les arbres verts : Pins, Sapins et Mélèzes, plus haut les Rhododendrons, au-dessus, les petites plantes nommées *alpines,* que nous avons déjà trouvées dans la plaine (Crucifères, Renonculacées, Caryophyllées, Légumineuses, Composées, Graminées); puis enfin, par-dessus tout cela, au sommet de cette sorte de pyramide végétale, vous trouverez des pâturages et de pauvres Lichens tordus et grelottants, sur les derniers pics déchiquetés, tout près des neiges éternelles.

Aussi, dit M. A. Richard, est-ce avec beaucoup de justesse et de sagacité que M. de Mirbel a comparé le globe terrestre à deux immenses montagnes justaposées, base contre base et réunies par l'équateur.

L'on doit comprendre, d'après ce qui précède, que la couverture végétale est un véritable thermomètre géographique, le pôle et l'équateur formant les deux termes extrêmes entre lesquels la végétation se nuance par des gradations insensibles de formes, de couleurs et de vitalité. Tout diminue, tout pâlit vers les régions boréales, sauf quelques plantes dont la coloration exceptionnelle ne fait que ressortir davantage sur le terne manteau de la flore polaire. Çà et là, en effet, éclate un luxe de couleurs inattendues. Sous l'influence de cette lumière,

qui pendant six mois consécutifs rayonne sans interruption, les
Graminées s'imprègnent d'un vert plus intense, quelques fleurs
même quittent la livrée de famille pour en revêtir une plus bril-
lante : c'est ainsi que certaines Anémones qui, dans la zone
tempérée, produisent des fleurs blanches, teintent de rouge leur
pâle corolle, sous les rayons étranges du soleil de minuit.

Partons de ces régions boréales où le soleil oublie de se coucher le 21 juin, puis de se lever le 21 décembre. Trois continents
viennent y aboutir : l'Europe, l'Asie et l'Amérique. C'est là
le monde des glaces. Pendant tout l'hiver, hiver formidable et
ténébreux, tout s'arrête, s'immobilise. Les torrents sont gar-
rottés, la mer se coagule, les cascades elles-mêmes, saisies dans
l'espace par leur blanche crinière, sont métamorphosées par
l'implacable génie de ces lieux, ennemi de toute vie, et l'on ne
voit plus qu'un sombre chaos où montagnes, ravins, rochers,
terre et mer, tout est de glace, — un univers de frimas, de solitude et de silence qu'éclairent, tantôt les lueurs fantastiques
des aurores boréales, tantôt les pâles rayons d'une lune qui,
elle aussi, semble se figer dans l'éther.

L'hiver finit cependant et le soleil reparaît; la température
s'élève, l'été surgit tout à coup, change le décor avec une rapidité singulière, et l'on voit bientôt de la verdure, quelques fleurs
et même des fruits. L'on se croirait sur les Alpes; c'est le même
tapis végétal où prédominent le blanc et le jaune et où l'on retrouve, comme sur les montagnes de la Suisse, des Mousses,
des Graminées, des Gentianes, des Saxifrages, des Draves, des
Pavots, des Stellaires, des Potentilles; seulement tout est nain
là-bas : les Framboisiers n'ont à peu près que des feuilles et les
Saules sont herbacés.

Parmi les trois continents qui, par leur partie septentrionale,
s'avancent vers le pôle nord, la masse territoriale de l'Amérique
occupe le premier rang par la complexité de ses produits et la
richesse de ses régions diverses. Les deux triangles gigantesques dont elle se compose s'écartent tellement de l'équateur et
plongent si hardiment vers les deux pôles, que la flore de la

partie méridionale diffère considérablement de celle du triangle septentrional. D'autre part, l'immense cordillère qui du nord au sud longe le continent tout entier, le partage en deux royaumes floraux parfaitement distincts.

Les Montagnes rocheuses au nord, les Andes dans le midi, étendent, du cercle polaire jusqu'au cap Horn, une de ces limites frontières qui, dans le monde végétal, opèrent de part et d'autre des créations diverses.

Et cependant une certaine uniformité de produits se révèle dans les régions américaines par suite de l'absence de déserts. Rien ne sépare et ne divise comme ces étendues ardentes de sable qui, bien plus que les abîmes de la mer, jettent entre les diverses parties de la terre habitable d'infranchissables barrières.

L'on peut toutefois diviser l'Amérique en une dizaine de royaumes végétaux à peu près distincts, parmi lesquels se font remarquer les forêts vierges, les contrées basses de l'Orénoque et les Guyanes surtout dont la fertilité est véritablement indescriptible. Parmi les plantes originales et particulièrement propres au continent américain, l'on peut citer la Pomme de terre, le Tabac, le Maïs, la Vanille, le Cacao, le Manioc, les Cactus, la Salseparcille, le Quinquina, l'Ipécacuanha, le Campêche, le Roucou, l'Agave, etc.

Une grande famille curieuse et bizarre entre toutes caractérise l'un des cercles botaniques américains, c'est le groupe des Cactées. Les descriptions sont insuffisantes pour donner une idée de ces végétaux sans analogues dans le monde. Comment tout citer et comment surtout faire comprendre, à qui ne les a point vus, ce que sont, par exemple, les Opunties, les Mamillariées verruqueuses, le Pignon-du-Nouveau-Mexique et le Foconoztel? Quand les tiges de ce dernier sont mortes, que leurs sucs se sont évaporés, il reste de ce Cactus le plus étrange des squelettes. Ses tissus forment un réseau de mailles en losanges qui, desséchées, vides et roides comme le parchemin d'une momie, conservent tout l'aspect de la plante vivante et ses formes tuberculeuses. L'Echinocactus, énorme, ventru, s'arrondit comme un tonneau dans les

déserts du Mexique; l'Echinocereus hérisse les plaines de ses
masses mamelonnées, et le grand Cierge enfin les domine de ses
colonnes monumentales.

Celui-là est évidemment le roi des Cactus. Il en est qui s'élèvent jusqu'à une hauteur de trente, de quarante pieds; l'on en a
vu de soixante. Leur tige, de un à deux pieds de diamètre, s'é-
lève nue et dressée comme un mât de navire, puis à une grande
élévation se ramifie, émet d'énormes tiges qui, d'abord horizontales, se relèvent presque à angle droit et montent parallèlement
au tronc principal.

Ces Cactus ressemblent alors à d'énormes candélabres dressés dans la solitude par la main de quelque génie; ils produisent surtout un effet saisissant lorsqu'on les voit, de loin, sur-
plombant quelques roches stériles qu'ils étreignent de ces racines
puissantes et sobres auxquelles nulle terre n'est nécessaire
pour subsister. Comment ces colonnes démesurées résistent-
elles aux vents, aux tempêtes? Elles leur résistent, cependant,
non pas seulement vivantes, mais encore mortes; elles sub-
sistent après la décomposition de leurs tissus organiques et
restent debout pendant des années, hautes et sinistres comme les
squelettes de géants inconnus.

Comme c'est bien là du reste la fille du désert, cette plante
inhospitalière que hérissent de la base au sommet les plus redoutables aiguillons! Nul animal n'en approche; les oiseaux
mêmes s'enfuient à tire d'aile; seulement, si quelque tige malade se dessèche et se fend aux ardents rayons du soleil,
l'on voit des guêpes venimeuses ou de longs spectres tachetés
aux ailes bigarrées venir parfois y élire domicile et se fortifier
là, corsaires inattaquables, contre n'importe quel ennemi du
dehors.

Toutes les formes, tous les aspects se retrouvent dans ce
monde paradoxal des Cactées dont on connaît plus de six cents
espèces et pour la qualification desquelles les botanistes n'ont
pu trouver d'autre épithète que celle de *monstrueuses*. Recou-
vertes d'une peau grisâtre, roussâtre ou livide, il en est qui se
tordent jusque sous les pieds du voyageur comme de longs serpents épineux, d'autres forment des haies formidables où s'ar-

rêtent les boulets de canon, d'autres enfin agglomérées, amon-
celées, difformes, ressemblent, à s'y méprendre, à d'énormes
bêtes fauves couchées le long des sentiers où elles paraissent attendre quelque proie.

Les Mexicains divisent leur patrie en trois régions. La première s'étend des vallées jusqu'aux grandes forêts de Chênes ;
c'est la région chaude, la *Tierra caliente*, la région des Palmiers,
des Cotonniers, de l'Indigotier, de la Canne à sucre, du Caféier,
de tous les produits aussi de la zone tropicale. La seconde région, la tempérée ou *Tierra templada*, s'étend des forêts de
Chênes jusqu'aux boisements de Conifères. Enfin, la troisième
région, la froide ou *Tierra fria*, occupe l'espace compris entre
les Sapins et les neiges des hautes crêtes du volcan d'Orizaba
(16,000 pieds) qui, plus que toute autre montagne du globe,
offre l'expression la plus complète des zones végétales superposées.

Franchissons l'océan et passons en Asie. L'Asie n'est pas,
comme l'Amérique, un monde à part, une île après tout qui, malgré ses proportions colossales, n'en est pas moins isolée dans
l'étendue des mers. Tout autre est le grand tableau asiatique.
Unie à l'Europe, à peine séparée de l'Afrique par la mer Rouge
et de l'Amérique septentrionale à laquelle la rattachent les îles
Aléoutiennes, reliée même à l'Australie par la grande arête sous-
marine des îles de la Sonde, l'Asie est bien véritablement le
centre du monde, sorte de thorax gigantesque dont les ramifications rayonnantes du Thibet et de l'Himalaya forment la carapace. Aussi, que résulte-t-il de ces dispositions? C'est que toutes
les flores du monde se trouvent groupées sur ce vaste noyau
terrestre dont les régions végétales confinent à celles de tous les
autres continents.

Toutefois, que l'on se garde bien de croire que ces divers éléments y soient fondus avec harmonie. L'Asie est au contraire et
tout particulièrement le monde des contrastes végétaux. Ses
montagnes aux ramifications complexes créent une curieuse succession de plaines, de vallées et de plateaux dont les niveaux
différents engendrent des températures diverses, et multiplient

d'une façon étonnante les variétés, les espèces et les genres eux-mêmes.

Généralement parlant, car il faut sortir des détails si l'on veut en finir, l'Asie fournit une telle profusion de plantes alimentaires et utiles, qu'aucune autre partie du monde ne pourrait lui être comparée. C'est là qu'ont pris spontanément naissance le Mûrier, le Cotonnier, la Canne à sucre, le Camphrier, le Riz, le Bananier, le Citronnier, l'Oranger, le Tabac, le Café, le Thé, l'Olivier, le Cocotier, les arbres à gomme, la Vigne, l'Arum comestible, le Lis bulbifère, l'Igname, les Céréales, la plupart des fruits de nos vergers et cent autres plantes qui, aujourd'hui naturalisées ailleurs, n'en sont pas moins originaires de cette terre inépuisable, véritable nourrice de l'humanité. L'on compte, dans la seule Flore du Japon de Thünberg, plus de soixante-dix plantes comestibles et au-delà de deux cents plantes utiles employées par l'industrie d'une façon quelconque. Fruits, fleurs, parfums, aromates exquis, épices de toutes sortes, tout émane de cette Asie que les siècles géologiques semblent avoir préparée pour qu'elle pût servir de berceau principal aux groupes originaires de la famille humaine.

Enjambons la mer Rouge. Devant nous s'ouvre l'Afrique, le mystérieux continent qui, seul à l'exception de l'Égypte, est resté muet jusqu'à ce jour, et dont l'histoire est encore à venir. Aussi tout, dans cette terre de préparation, est-il marqué du sceau étrange, inachevé, parfois paradoxal, qui caractérise les créations transitoires.

Les conceptions les plus disparates s'y sont fondues en réalités extraordinaires. Ainsi, jetons un coup d'œil en passant dans le monde animal. La girafe, créature bizarre s'il en fut, ne tient-elle pas tout à la fois du chameau, de la panthère, de la vache, du chevreuil, du cheval et même un peu du cygne? Le gnou n'est-il pas une combinaison du cheval et de l'hyène rayée? Et ces types grossiers du chameau, de l'hippopotame et de l'éléphant, parmi les quadrupèdes; de l'autruche, de l'outarde et des baleiniceps, parmi les oiseaux, ne doivent-ils pas être rangés parmi les essais d'un monde qui hésite et se prépare? Que n'ac-

rait-on pas à dire encore, si l'on pouvait tout dire, du Cafre
ignoble, du Hottentot stupide et du gorille surtout... leur cousin
à tous deux?

Mais revenons à notre monde végétal. L'Afrique septentrionale
se divise en deux grandes régions : en haut, celle des Labiées et
des Caryophyllées ; plus bas, celle des grands déserts. A la première, comme aux îles Canaries et à Madère, appartiennent les
Cocotiers, les Dattiers, les Dragoniers, les Euphorbiacées, les
Orangers, les Oliviers, les Caroubiers, les Palmiers, les Tamariniers, les Bananiers, l'Agave, le Caféier lui-même, et de plus cet
étrange Tabayba d'où découle un suc lacté qui rappelle cet autre
curieux végétal, l'Arbre-vache du Venezuela, sorte de Figuier
produisant un liquide comestible en tout comparable au lait
des mammifères et qui, pour comble de rapprochement singulier, coule dans le pays même où mûrit le café. Du café au
lait végétal ! voilà de ces surprises que nous fait la coquette
nature [1].

Dans le désert... plus rien. Le Sahara, c'est l'image de la
mort, disent les voyageurs ; si bien qu'un lézard ou même
qu'une fourmi sont un événement pour une caravane, tant l'on
est habitué à ne trouver que silence et désolation dans ce morne
océan de sable où tout flamboie, où tout aveugle : la poussière
calcinée, le ciel ruisselant de lueurs, l'horizon incandescent.

Et cependant, si l'eau coulait au désert, quelle vie folle,
échevelée y succéderait bien vite à la mortelle immobilité qui
l'oppresse! Voyez plutôt l'oasis si fraîche, si parfumée, et, sous
les mêmes latitudes que le Sahara, les plaines opulentes du Nil-
Blanc et du Nil-Bleu [2].

La pointe méridionale de l'Afrique peut être envisagée comme une montagne conique comprenant autant de zones végétales que de divisions climatériques. Nous y trouvons, suivant les régions, tantôt une vigoureuse végétation toujours verte, défiant également le feu et la sécheresse, tantôt des plaines stériles, mornes, à peine ondulées, tantôt enfin de magnifiques tapis de verdure qu'arrosent des brumes fréquentes, et où fleurissent, par grands massifs, des Glaïeuls éclatants, de belles Graminées, des Joncs, des Lichens et des Mousses. C'est dans ces régions incommensurables que pullulent par milliers des troupeaux de buffles, de gazelles, de gnous, de bouquetins, de zèbres, d'autruches et de chevaux sauvages, au milieu desquels, toujours inassouvis, rôdent quelques lions solitaires, des panthères, des léopards, des hyènes et des chacals, tandis que dans les plaines du fleuve des Orangers errent lentement l'éléphant d'Afrique, le rhinocéros et l'informe hippopotame.

Les plantes qui caractérisent d'une façon toute spéciale les régions qui avoisinent le Cap, sont les Bruyères. Là est leur véritable patrie, car, tandis qu'en Europe croissent dans les plaines et les montagnes une douzaine d'espèces environ, c'est par centaines qu'il faut les cataloguer au Cap. Quelques-unes d'entre elles s'élèvent à une hauteur de quinze pieds. Elles couvrent, comme de véritables forêts, tout aussi bien les basses plaines humides que les plus hautes crêtes des montagnes.

Quant à la grande île de Madagascar, elle est à l'Afrique ce que Sumatra et Java sont à l'Inde, c'est-à-dire une sorte de raccourci opulent, merveilleux. Trois flores s'y combinent dans une admirable confusion : l'indienne, l'africaine et l'européenne ; la première dans les plaines, la seconde dans les régions moyennes, la troisième sur les montagnes ; c'est ainsi que le Baobab d'Afrique y pousse à côté du Népenthès de Java et que les lianes de l'Inde s'y balancent au-dessus des Graminées et des Mousses de l'Europe.

le général Lamoricière, et par eux je transformerai l'Algérie bien mieux que par l'épée. »

D'un coup d'aile franchissons la grande mer australe et abordons ; voici l'Australie. Monde bizarre, même pour qui sort de l'Afrique, île par excellence isolée de toute autre terre et reléguée au fond des océans, la Nouvelle-Hollande se distingue par des caractères entièrement à part. De son immense désert central soufflent des vents ardents qui font de l'île entière la terre la plus sèche du monde. Tel fleuve du littoral qui coule aujourd'hui pourra n'être plus, dans quelques années, qu'un lieu stérile ou qu'un marécage plus redoutable encore. La mer seule entretient autour des côtes comme une ceinture de vitalité, mais tout le reste, peut-être, n'est qu'une morne solitude dans laquelle nul n'a pu s'aventurer bien loin.

Ce qui paraît dominer dans l'intérieur du plateau central de l'île, ce sont les marais salants, et ce fait, — étrangeté nouvelle qui vient s'ajouter à toutes celles que l'on y remarque, — ne trouve d'autre solution, il semble, que dans l'hypothèse d'après laquelle l'Australie, d'abord émergée sous forme d'anneau gigantesque, n'aurait été complétée que beaucoup plus tard par le soulèvement de la partie centrale d'où l'eau de mer se serait lentement évaporée pendant les âges géologiques [1].

Quoi qu'il en soit, il est bien constaté que toute la ceinture formée par le littoral de l'Australie est un des plus vieux témoins des phases premières et lointaines de l'histoire de notre globe. L'Australie est l'Afrique du grand Océan. Toutes deux, ardentes et surtout pauvres en baies, ont l'aspect des terres vieillies et oubliées — jusqu'à ce que les rajeunissent les travaux d'une civilisation créatrice [2].

Nous avons dit plus haut que la flore australienne ressemble à celle de l'Afrique méridionale. Dans les deux, en effet, abondent les Protéacées, ces Cycadées étonnantes que nous ont léguées presque sans modification les périodes primitives, et il

---

[1] Certains géographes croient même à l'existence d'un lac intérieur où se serait retiré le reste des eaux marines.

[2] Cette espérance de rajeunissement pour l'Australie serait parfaitement superflue si l'on admettait le point de vue de certains géographes qui affirment que ce continent s'affaisse progressivement et finira par s'abimer dans les flots.

n'est pas jusqu'au Figuier des Hottentots qui n'ait son pendant en Australie dans la Glaciale naine découverte par Fer-
dinand Müller.

Toutes les excentricités de la nature semblent s'être donné
rendez-vous sur cette terre bizarre.

Un arbuste de la famille des Santalins porte une sorte de fruit
rougeâtre et semblable à une cerise, puis au bout de cette cerise
un globule pierreux qui ressemble à un noyau extérieur. Eh
bien, ce fruit n'en est pas un, ce n'est qu'un pédoncule renflé, et
ce noyau n'est pas un noyau non plus, par la raison que c'est
le véritable fruit. Dans nos régions, les arbres perdent annuellement leurs feuilles ; en Australie, c'est de leur écorce qu'ils se
défont. Tous les ans, au mois de mars, qui est le premier
mois de leur automne, on les voit se déshabiller ou plutôt
déchirer leurs habits, se couvrir de loques pendantes, puis
apparaître quand les haillons sont tombés sous des écorces
toutes neuves, les unes jaunes, les autres bleues !

Un des caractères les plus curieux des arbres de l'Australie
est la situation des feuilles ou plutôt des *phyllodes* par rapport
au rameau qui les porte. Tandis que chez nous le feuillage
émane horizontalement des branches, présentant une face à
la terre et l'autre au ciel, là-bas c'est verticalement que ces
phyllodes ou rameaux aplatis sortent de la tige et ce n'est que
leur profil qu'ils offrent au soleil. De là, naturellement, l'aspect
étrange des forêts australiennes qui sans feuilles étalées ne
projettent point d'ombre, laissent s'évaporer toute fraîche
vapeur et contribuent pour leur bonne part à cette sécheresse
terrible qui fait de la Nouvelle-Hollande un séjour presque
inhabitable.

En Australie, l'on trouve des Champignons qui, dans les forêts, la nuit, émettent de phosphorescentes lueurs. C'est la nuit
que l'on y entend chanter le coucou, tandis que les hiboux
ululent en plein jour. Des quadrupèdes à bec de canard y barbo-
tent dans les flaques marécageuses ; les aigles y sont blancs, les
cygnes noirs, puis enfin les forêts y sont basses et les plantes
herbacées d'une taille gigantesque.

Ce n'est point que tout y soit grotesque, ni même disgracieux. Ce pays produit des plantes fort belles. Ses Araucariées sont pleines de majesté, ses Casuarinées charmantes, ses Banksiées pleines de noblesse et d'éclat, et l'on ne saurait dire l'originalité gracieuse de ces nombreuses plantes qui, toutes doublées de feutre épais et soyeux, se matelassent contre la chaleur et rappellent les Bédouins du désert avec leurs lourds turbans et leurs manteaux de laine, au moyen desquels ils cherchent à se garantir contre les ardeurs de leur soleil.

Parlerons-nous encore des élégantes Eucalyptées, des Acaciées gommifères, des Podocarpées aux larges feuilles, de nos compatriotes les Oxalidées, les Orchidées, les Asphodélées, les Campanules et les Renoncules d'or? Non, nous en avons dit assez pour donner une idée de ces régions sans analogues sur la terre et où se manifestent sans transitions de si violentes énergies que l'on y voit, à Adélaïde, par exemple, le Froment, vert encore le matin, mûrir en une seule journée, sous les haleines torrides d'un sirocco de flammes.

La Nouvelle-Zélande complète dans sa flore ce que la terre de Van-Diémen n'a fait qu'ébaucher. Cette île montagneuse et volcanique abonde en magnificences naturelles. Rochers, cascades, cratères d'eaux thermales, solfatares, volcans de boue, bassins d'un blanc de neige que frangent de magnifiques stalactites et que remplissent des eaux de l'azur le plus merveilleux, le tout couronné par un redoutable volcan de plus de 13,000 pieds de hauteur, telles sont les principales beautés de cette terre grandiose et tourmentée.

L'élément principal et presque unique du tapis végétal de cette île, c'est la Fougère. Il est heureux que quelques-unes d'entre elles soient alimentaires, sans quoi la vie eût été fort difficile pour les indigènes de cette terre inhospitalière. Aussi sont-ils cannibales dans leurs moments perdus. Faut-il attribuer ces tristes habitudes à la parcimonie de leur sol?... Ce qu'il y a de certain, c'est que le catalogue de leurs plantes alimentaires est des plus restreints. Un Céleri sauvage, une espèce de Cresson, la Pomme de terre des oiseaux, une sorte d'Épinard et quelques Arums comestibles, voilà tout ce que le botaniste trouve à enregistrer.

A ces productions ajoutons quelques Thuyas, des Hêtres, des Podocarpées, quelques Pipéracées, et puis enfin le chef-d'œuvre de la nature zélandaise, l'Abiétacée Damarine. Le tronc de cet arbre, admirable colonne qui s'élève jusqu'à cent pieds de hauteur avant la ramification des branches, étonne par la régularité presque constante de ses proportions. L'on comprend de quel précieux usage est cet arbre magnifique pour tous les genres de construction; aussi constitue-t-il la véritable et presque seule richesse de l'île, avec un dernier végétal que nous n'aurions garde d'oublier, le Phormium tenax, remarquable entre toutes les plantes textiles par l'abondance de ses fibres, dont les faisceaux soyeux, souples et solides constituent l'un des produits les plus précieux et les plus durables de tout le règne végétal. C'est avec ces filaments que les Zélandais confectionnent leurs vêtements et leurs filets.

Arrivons à l'Europe.

En raison de la prépondérance de certains types, le caractère général de la couverture végétale européenne se divise en trois royaumes distincts : celui des Mousses et des Saxifrages, celui des Ombellifères et des Crucifères, et enfin celui des Labiées et des Caryophyllées. Le premier de ces royaumes comprend le nord le plus extrême ainsi que les Hautes-Alpes, le second s'étend sur la zone tempérée froide et le troisième sur la zone tempérée chaude.

Considérée au point vue des types végétaux proprement dits, c'est-à-dire de la coexistence des diverses formes végétales, l'Europe doit être divisée en cinq groupes : la flore septentrionale (Russie, Scandinavie et Grande-Bretagne), la flore méridionale (Italie et bassin méditerranéen), la flore orientale (depuis la Hongrie jusqu'à la Grèce), la flore occidentale (Espagne, Portugal et sud-ouest de la France), et enfin la flore centrale (France centrale et Allemagne). Cette dernière est la plus riche, elle ne possède pas moins de 3,000 Phanérogames et de 6,000 Cryptogames.

Le territoire de l'Europe, bien que s'étendant sur des zones froides et tempérées, n'en possède pas moins des types qui rappellent ceux de zones végétales infiniment plus chaudes, types parmi lesquels se placent en tête le Palmier dattier et le Palmier nain. Le premier, qui sans aucun doute est une importation, n'arrive à la maturité que dans les environs d'Elcha dans le sud de l'Espagne. Le second est d'une origine douteuse, et peut aussi bien appartenir à l'Europe qu'à l'Afrique septentrionale. On le retrouve çà et là depuis le détroit de Gibraltar jusqu'aux rives de la Dalmatie ; il correspond au Chou palmiste des États-Unis méridionaux.

A côté de ces deux types caractéristiques et sous les mêmes latitudes se placent les formes tropicales de l'Agave et de l'Opuntia ; puis à elles s'associent des Laurinées, des Myrtacées, des Arbousiers, des Grenadiers, des Caroubiers, des Orangers, des Figuiers, des Pistachiers, des Oliviers et des Bruyères enfin par touffes arborescentes.

Dans les zones les plus tempérées se trouvent encore des végétaux qui rappellent les formes tropicales. Nos Carex remplacent les Graminées arborescentes et nos Nymphéacées sont une miniature des types splendides de l'Amérique méridionale, tandis que le Nymphæa thermalis de Mehadia sur la frontière de la Hongrie se rapproche plus particulièrement du Nélumbo rose du Nil. Nos Conifères du nord, nos Houx, nos Chênes verts, nos Myrtacées, nos Laurinées, nos Cistes sont autant de représentants de très-nombreuses espèces exotiques, parmi lesquelles nous devons spécialement mentionner celles de l'Afrique septentrionale et de l'Arabie que nous rappellent nos touffes de Tamaris et jusqu'aux forêts phyllodées de l'Australie dont nos Ruscus de la Styrie et du Tyrol méridional sont comme la lointaine imitation. Les Graminées des steppes espagnoles ont la même prestance roide, le même aspect solitaire qu'affectent celles des savanes américaines. Le type original entre tous et si distingué des Orchidées s'étend chez nous jusqu'aux confins de la zone polaire, les Loranthées parodient dans nos forêts les fougueuses parasites tropicales, et les lianes elles-mêmes se font représenter parmi nous par les types gracieux des Vignes vierges, du Lierre, du Houblon et des Convolvulacées.

À travers ces analogies, du milieu de toutes ces similitudes ressort donc un principe général d'unité et comme une loi organique qui amène à conclure qu'aucune flore de la terre ne peut subsister à l'exclusion de toute autre. La même force agit sur les deux hémisphères, bien que soumise aux diverses conditions géographiques et climatériques; chaque terre a ses avantages, chaque pays ses priviléges, et nos zones tempérées, en particulier, reçoivent de l'alternance de leurs saisons un charme que nous devons bien nous garder de méconnaître.

« J'ai vécu, dit un auteur contemporain, dans des climats où les Oliviers et les Orangers sont revêtus d'une éternelle verdure. Sans méconnaître la beauté d'un tel spectacle, je ne pouvais cependant m'accoutumer à sa monotonie. Je croyais être constamment à la veille d'un rajeunissement de la nature qui toujours se faisait attendre. Chaque jour ressemblait à la veille, aucune feuille ne tombait, à l'horizon jamais un nuage. Je soupirais après la pluie, l'orage, la tempête elle-même; tout m'eût paru préférable pourvu que sur la terre ou dans le ciel l'on eût senti l'idée d'un mouvement, d'une rénovation quelconque. Nous ne vivons que par la variété qui provient de l'alternance, et c'est à coup sûr aux grandes oppositions de chaleur et de froid, de brume et de soleil, de tristesse et de gaieté, que nous, habitants des zones tempérées, sommes redevables de la trempe et de l'énergie de notre caractère individuel. »

Tout cela est très-vrai. Outre les influences salutaires qu'exercent sur notre moral les variétés de l'alternance, qui ne sent que là aussi réside l'inépuisable source de la poésie et de la philosophie rêveuses dont sont empreintes les œuvres magistrales de nos poëtes contemporains? Les *Orientales* et les *Feuilles d'automne* eussent été moins belles si Victor Hugo n'eût pas été de l'Occident. Qui dira le monde d'impressions dont nous sommes redevables aux enivrements du printemps et aux mélancolies de l'automne? Du bourgeon qui s'entrouvre à la feuille qui jaunit s'étendent de part et d'autre deux royaumes divers : l'hiver et l'été, la chaleur et le froid, le mouvement et le repos, deux pôles singulièrement créateurs et sur l'axe desquels repose incontestablement l'économie générale des régions tempérées.

En résumé, l'Europe est le pays du juste-milieu végétal.

Sauf quelques contrées déboisées, je dirai même dévastées par les empiétements de la civilisation, un certain équilibre s'est établi entre l'activité de l'homme et les forces vives de la nature. Toutes les régions moyennes du continent européen appartiennent ou appartiendront à l'agriculture, et si, devant un champ de blé, le vrai botaniste peut éprouver quelques regrets en songeant à toutes les belles plantes sauvages que remplace la Graminée alimentaire, il n'en est pas moins bien vite ramené au sentiment de la réalité, du rôle éminemment utilitaire de certains végétaux et particulièrement à celui des légitimes nécessités sociales.

CONCLUSION

—

J'ai failli écrire un autre titre en tête de ce chapitre de récapitulation.

J'avais commencé un mot ambitieux :

La philosophie de la plante... et je l'ai effacé.

Je l'ai effacé parce que, en définitive et tout bien considéré, nous ne connaissons pas la plante. Nous devinons, nous pressentons l'animal ; le végétal nous demeure étranger.

J'ai sous les yeux, à quelques pas de ma fenêtre, un magnifique Peuplier dont je m'efforce vainement de sonder la secrète nature. Il y a là, sous la grise et rugueuse écorce de ce tronc impassible, un ensemble de vies latentes, de forces endormies, de sensations peut-être qui, pour aussi vagues, aussi obscures qu'on les suppose, n'en constituent pas moins un être, une individualité...

J'en ai trop dit encore. L'arbre n'a pas d'individualité. Nous le disions en commençant. Il n'est qu'une sorte de polypier où des milliers de bourgeons, de feuilles et de rameaux agglomérés, superposés, accumulent les vies sans parvenir à composer un organisme individuel. Nulle colonne vertébrale, nul centre vital. L'arbre a une vie de polype, vie localisée, mais tenace, qui va se réfugiant de branche en branche et de la branche au tronc et du tronc à l'écorce. Qui n'a vu de ces Saules dont la tête énorme n'est plus soutenue que par un tube creux, vermoulu, craquant au vent, véritables fantômes agonisants et tordus qu'effrite la pluie, que calcine le soleil et qui n'en vivent pas moins des années en dépit de toute vraisemblance ?

Ce n'est donc pas dans les grands végétaux qu'il faut chercher

le secret de la plante. C'est tout au plus dans les frêles tiges des
végétaux annuels ou herbacés qui, dans l'espace d'une année,
de quelques mois ou de quelques jours, poussent, fleurissent,
fructifient et disparaissent.

Et encore que nous disent-elles ?

Je visitais un jour le cabinet d'un naturaliste, rempli de minéraux, de plantes et d'insectes. Je remarquai sur un large morceau
de liége deux pauvres libellules transpercées et placées côte à

côte. Les deux malheureuses créatures s'étaient en se débattant saisies par les pattes, avaient tourné, au prix de quelles tortures! autour de l'épingle cruelle... puis étaient mortes en se regardant.

Je ne saurais dire ce que j'éprouvai. Cette silencieuse étreinte, je dirais presque ce suprême serrement de mains, ce muet dialogue interrompu par la mort et ces deux regards, — regards immenses, multipliés, on le sait, par des milliers de facettes, — échangés dans la double angoisse de la dernière heure... tout cela me remua, m'émut. Pourquoi? Parce qu'il m'était possible de deviner, grâce à la communauté qu'établit entre l'animal et nous l'analogie d'organisation et le lien de la douleur physique, ce qu'avaient pu éprouver dans leur agonie les deux pauvres crucifiées.

Entre l'animal et nous il y a une unité de race. Entre la plante et nous il y a lacune, solution de continuité. De là l'inexplicable et confuse sensation que nous procure la vue de la souffrance dans le règne végétal. Devant un arbre mort ou déraciné, qu'éprouvons-nous? Nulle sympathie; pas même de la pitié: rien qu'un obscur sentiment de regret s'appliquant bien plus à la perte que nous avons faite qu'au spectacle d'une existence détruite, — spectacle dont la tristesse est encore fort atténuée par l'idée toute gratuite que nous nous faisons de l'insensibilité prétendue du végétal. Et encore n'est-ce pas tout, car la plante a jusqu'aux apparences contre elle. En se rapprochant par son immobilité des formes du monde inorganique, elle s'éloigne d'autant plus de nous qu'elle se rattache à la nature impassible. Le Lichen diffère-t-il beaucoup du rocher qu'il recouvre de ses inertes pellicules?

La plante est donc en dehors de nous. Sa vie ne se rattache à la nôtre par aucune de ces communautés qui, physiologiquement, nous font frères de l'animal. Elle végète, et nous vivons.

Quoi qu'il en soit, notre histoire est finie. Partis de l'embryon à l'état naissant, c'est-à-dire commençant son évolution, nous sommes arrivés, cette évolution parcourue, à un autre embryon fils du premier, qui, bien qu'inerte encore, n'en demande pas moins à vivre, pour produire à son tour et transmettre d'âge en âge l'étincelle de vie reçue en héritage. C'est ainsi que se res-

soudent, bout à bout, les tronçons de la série grandiose. Chaque
être de la création, — comme ces lampadaires des temps antiques qui, toujours courant, se transmettaient de stade en stade
une torche emflammée, — semble avoir pour mission, celui-ci
dans le monde physique, celui-là dans le monde intellectuel,
de porter, de pousser toujours plus avant le flambeau de la vie.

C'est l'un de ces stades végétaux qu'avec notre plante nous
venons de parcourir.

Cette histoire vous a-t-elle intéressé? Je l'ignore. Ce que je
sais, c'est que j'en suis encore ému et que ma pensée flotte,
charmée, de détail en détail et pour ainsi dire de cellule en cellule, car, vous le savez maintenant, la plante, ou plutôt l'histoire
de sa vie, n'est que l'accumulation des histoires de toutes ses
cellules.

Nous avons donc vu les premières, celles d'en bas, absorber
dans le sol des liquides chargés parfois de granulations solides,
tandis que les dernières, celles d'en haut, puisaient dans l'atmosphère des gaz qu'elles manipulaient à leur façon. Tout cela
c'était la *nutrition*, vaste chapitre, phénomène capital qui constitue, à lui seul, les trois quarts tout au moins de l'histoire de la
plante.

A celui-là s'en rattachait un autre, non moins grand, non
moins complexe, un phénomène double ayant deux noms, *respiration* et *transpiration*. Vous vous souvenez bien, n'est-ce pas?
des cellules vertes en travail, et de l'universelle usine où chacune d'elles collabore avec les rayons du soleil ?

Puis un autre encore, celui de l'*assimilation*, difficile à raconter et plus mystérieux peut-être que tous ceux qui le précèdent.
Ce phénomène, c'est la condensation de cette sève, de ce bois
liquide, que nous avons vu monter, que nous avons vu redescendre, mais dont nous n'avons pu expliquer qu'imparfaitement
l'œuvre cachée, alors que sur les anciennes couches ligneuses
s'étale lentement la couche génératrice qui grossit l'arbre et fait
craquer l'écorce.

Après le développement matériel de la plante, est venu son
art, sa poésie, la manifestation de sa beauté, son apothéose enfin, la fleur. Après avoir fait le bois, la sève a fait bien d'autres

choses. Parfums, couleurs, fines essences, rien ne lui a coûté,
tout est venu à son heure, et les féconds trésors de l'étamine,
emportés à tous les vents du ciel, sont venus témoigner à la face
de la nature entière de l'incomparable et double puissance et de
notre séve et de notre cellule.

Qu'ajouter encore et que dire que vous ne sachiez déjà? Et
cependant il me semble que, sous prétexte de résumé, je voudrais tout recommencer pour compléter ce que j'ai insuffisam-
ment expliqué, pour mieux dire ce que j'ai dit faiblement. Qui
saura jamais faire de la plante une histoire vraiment digne
d'elle? Qui pourra surtout comprendre sa vie, en mesurer l'intensité, en expliquer les évolutions normales et en localiser les
fonctions?

Nous avons raconté des faits étranges de sensibilité végétale.
Des mouvements, des appétences passionnées, des improvisa-
tions subites et parfois même des espèces de ruses, dont le but
manifeste est de déjouer des attaques ou d'échapper à des en-
traves, tels sont les résultats bien constatés par une physiologie
philosophique et élevée.

Or, qu'en conclure, sinon que la plante vit d'une vie élémentaire, sans doute, et incontestablement inférieure, mais précise
et fort bien caractérisée, malgré les difficultés que l'on éprouve
à la définir. Les savants, qui ont fabriqué tant de mots inutiles,
auraient mieux fait de créer quelques termes spéciaux pour désigner les phénomènes généraux de la physiologie végétale. La
plante ne vit ni ne meurt comme l'animal. Sa nutrition, son sommeil, ses appétits, ses fonctions, tous les modes enfin de son
activité, diffèrent des phénomènes correspondants dans le règne
supérieur, et c'est parce qu'on manquait d'expressions pour
caractériser ces diverses nuances, que toute une école de physiologistes s'est sans doute prononcée contre la vie de la plante.

Certes le procédé n'était rien moins que philosophique. Nier
ce qu'on ne peut définir, c'est violer toutes les lois d'une saine
méthode. Toujours est-il que la vie végétale, particulière à tout
un règne, vaut bien la peine qu'on l'envisage avec sérieux. Pour
être difficile à spécifier, elle n'en est pas moins caractéristique,
puissante et toujours semblable à elle-même. C'est beaucoup

moins une ébauche, qu'un simple degré inférieur ; ce n'est point une tentative avortée, mais une première manifestation des forces plastiques de la nature.

Les lois de cette vie spéciale sont tellement fermes et précises, qu'elles régissent jusqu'aux anomalies elles-mêmes qu'on rencontre en nombre considérable dans ce règne, dont nous n'avons étudié jusqu'ici que les évolutions normales. Le chapitre de la Botanique qui s'occupe de ces monstruosités s'appelle la *Tératologie;* il y a de gros livres là-dessus, et ces gros livres sont unanimes pour reconnaître que l'état monstrueux est aussi rigoureusement soumis à des règles invariables que l'état ordinaire.

Il y a plus, ces monstruosités, ces déformations, ces disjonctions, ces soudures, ces transformations innombrables d'organes en organes voisins, ces pétales, ces étamines, ces pistils qui redeviennent des feuilles, ces métamorphoses de toutes sortes, ces confusions perpétuelles, que prouvent-elles? sinon que tout tient à tout, que la vie végétale est une et que les organes ne sont pour elle que des manifestations d'importance purement relative.

Mais ce n'est pas seulement en elle-même que la vie végétale doit être envisagée, c'est dans ses rapports avec les autres vies, bien plus, dans le rôle qu'elle joue dans la grande vie universelle. Ce rôle est d'importance capitale. La plante, fille de la terre et de l'atmosphère, en est la première incarnation. C'est elle qui organise l'inorganique ; elle qui, dans son incomparable sobriété, se nourrit d'air et de minéraux [1], avant d'avoir à sa disposition des terrains plus fertiles, et donne à la circulation

---

[1] C'est ainsi que la Vigne contient particulièrement de la chaux, le Froment des phosphates, la Rave de la magnésie, le Radis du soufre, le Chou-fleur et le Thé du manganèse, enfin le Céleri, le Noyer et le Tabac du salpêtre. Ce corps peut être si abondant dans cette dernière plante, s'il faut en croire Schoepf (cité par Moleschott), qu'au siècle dernier, pendant la guerre, on se serait servi en Virginie d'une espèce de Tabac pour en extraire cette substance qui, on le sait, se compose d'acide nitrique et de potasse et constitue l'un des éléments de la poudre à canon. — Ajoutons comme détail intéressant que la potasse, l'acide phosphorique et la magnésie prédominent dans la semence, la chaux, le chlore et la silice dans la tige, tandis que les feuilles renferment principalement de l'acide silicique, du sulfate de potasse et du carbonate de chaux.

de la vie son impulsion originaire. Tout est entraîné, tout se transforme dans ce courant immense. Cet acide carbonique, cet azote, cet ammoniaque, ce soufre et ce phosphore que la plante puise dans l'atmosphère et dans le sol sont ceux-là mêmes que la chimie retrouvera plus tard dans l'herbe que mange le bœuf, dans le bœuf que mange l'homme et dans l'homme qui à son tour est ramené par la mort dans le tourbillon universel. Depuis la froide cellule du cristal et la non moins froide cellule du Lichen qui, vivant sur la pierre, ne se nourrit que de quelques sels et d'un peu d'air, jusqu'à cette autre molécule ardente qu'enfièvrent dans le cerveau pensant toutes les passions de la vie, s'étend la chaîne qui rapproche, relie et crée toutes les fraternités.

Cette chaîne, c'est la plante qui l'a formée. Après nous avoir comme tirés de la poussière par son incessante activité, c'est elle qui de l'aride écorce minérale du globe trouve encore le moyen de faire sortir notre pain de chaque jour. Les crêtes de la montagne que brise la foudre, que pulvérisent la neige, le soleil, les vents et la pluie, puis qu'entraînent dans les champs les torrents du glacier, nous arriveront quelque jour nutritives et succulentes, après que la plante les aura manipulées comme elle sait le faire dans sa toute-puissante officine. C'est ainsi que le végétal nous rattache à la terre et qu'on peut, avec un grand physiologiste contemporain, affirmer sans métaphore que les plantes sont nos racines, et que par elles nous suçons dans le sol le phosphate de chaux de nos os et l'albumine de notre sang.

Nous venons de voir par quelles fortes attaches la plante se soude au règne minéral qu'elle s'incorpore, qu'elle organise, et comment elle sait vivre dans ses tissus; voyons maintenant par quels liens vivants elle tient au monde supérieur. Ces liens sont tels que l'unité même des deux règnes organiques a été dès longtemps constatée. Nul caractère différentiel absolu. Même composition chimique chez les protophytes et chez les protozoaires, — les premières des plantes et les premiers des animaux. — chez lesquels se manifestent également les phénomènes essentiels de la vie qui sont la motilité et la sensibilité. Chez les uns comme chez les autres apparaît la cellule contractile, et cela, qu'on y songe bien, car c'est l'une des plus remarquables décou-

vertes de la physiologie moderne, — sans le moindre indice de
système nerveux. (A. Vulpian.)

Le système nerveux, simple appareil de perfectionnement, ne
constitue donc point un des éléments indispensables à l'organisation vivante, et c'est tout à fait à tort que les adversaires de la
vie végétale ont si longtemps basé leurs argumentations favorites
sur l'absence de cet appareil chez les végétaux. Plantes et animaux se confondent à leur origine. Au bas de l'échelle organique, la vie est indécise, les fonctions sont diffuses, et les phénomènes biologiques qui plus tard deviennent d'autant plus précis
que ces mêmes fonctions se sont localisées dans des organes
spéciaux, demeurent au seuil de l'existence, complexes, variables et comme hésitants devant l'inconnu.

Enfin, et pour finir, c'est encore à tort que l'on a cherché à opposer à la diffusion de la vie chez les plantes, ou en d'autres
termes, à l'absence de centres nerveux, l'unité prétendue des
organismes supérieurs.

L'animal, l'homme même, sont infiniment moins qu'on ne se
l'imagine un faisceau d'éléments rattachés par un principe vital
unique.

Chacun d'eux est beaucoup moins une unité vivante qu'une
sorte de confédération de vies distinctes ou de portions organiques dont l'utile collaboration n'est pas toujours assurée à l'individu, par la raison que chacune d'elles, possédant une activité
spéciale, et non-seulement spéciale, mais encore fatale et aveugle, commence tout d'abord par obéir aux lois générales, sans se
préoccuper le moins du monde de l'intérêt de la créature à la vie
de laquelle elle concourt cependant pour sa bonne part [1].

Pas plus donc que la plante ou du moins guère plus qu'elle,
l'animal n'est une unité vivante absolue.

Ainsi s'atténuent les différences, ainsi se manifestent les ana-

---

[1] Telle excroissance, charnue ou non, favorisée par une regrettable hyper-
trophie, se développe en effet sans souci du préjudice qu'en éprouve l'infortuné possesseur, et tout le monde a pu voir de malheureux animaux, vaches
ou moutons, menacés de devenir aveugles ou borgnes, par la croissance
d'une corne insensée qui, juste, se dirigeait vers l'œil qu'elle eût obstrué
ou crevé, si le vétérinaire, d'un coup de scie réparateur, ne fût intervenu en
temps opportun.

logies, ainsi enfin se formule dans sa puissante signification la
loi seule vraie qui enchaîne les unes aux autres et fait fraterni-
ser, au nom d'une physiologie synthétique, toutes les créatures
vivantes de l'univers.

Arrêtons-nous ici sur cette page ; ayons le courage de fermer,
momentanément, ce beau livre de la nature, livre inépuisable,
album merveilleux dont nous pourrions éternellement tourner
les feuilles, — feuilles qui incessamment, du reste, s'envolent
des mains du Travailleur suprême, et nous arrivent parfois
tout humides encore au sortir de son incommensurable et sublime
atelier.

Ce qu'il y a peut-être de plus admirable dans cet atelier de la
Vie, c'est la loi de liberté qui y règne, loi de liberté progressive
et de perfectionnement continu.

Rien de fixe, rien d'étroit, rien de systématique en dehors des
grands principes sur lesquels repose l'ordre général du monde.
L'amélioration supplée aux insuffisances de l'essai. Telle espèce
en rature une autre ; tel moule annule son inférieur.

Car il s'en faut bien que tout soit parfait de prime abord, et
n'est-on pas contraint, en présence des imperfections de telle
créature inachevée, de recourir à l'idée de M. Ch. Darwin sur la
filiation progressive des formes organiques?

N'est-ce point une force aveugle, dit M. de Candolle, qui a donné
au Pavot et à plusieurs Campanules, dont la capsule est toujours
dressée, des ouvertures vers le sommet de cette capsule ; aux
graines stériles de beaucoup de Composées, une aigrette qui
sème et répand au loin leur inutilité, tandis que les graines fertiles n'ont pas d'aigrette ou en ont une qui se détache et s'envole
isolée? Dans plusieurs groupes de végétaux, tels que les Asclépiadées et les Orchidées, il semble que la nature se soit efforcée
de rendre impossible tout rapprochement entre le pollen et le
stigmate, tant les organes sont d'une structure anormale et com-
pliquée. N'est-ce point encore une ironie que de voir tant de
calyces qui, loin de protéger les jeunes fruits, ainsi qu'ils paraissent devoir le faire pour répondre à leur destination, tombent
après la fécondation, ou se retournent et se renversent en ar-

rière, lorsqu'ils demeurent, semblant prendre un malin plaisir à voir toutes nues et toutes frissonnantes ces jeunes graines qu'ils devraient envelopper?

Et que dire encore du luxe, de la prodigalité insouciante et folle avec laquelle sont gaspillés dans la nature le pollen, les fruits, les semences, tous les éléments de vie en un mot [1], de telle sorte qu'est à peine utilisée dans certaines espèces la cent-millième partie des germes procréés?

Toutes ces singularités, tranchons le mot, toutes ces imperfections trouvent leur explication en même temps que leur correctif dans le système d'évolutions progressives et de perfectionnements organiques. Les anomalies rentrent alors dans la grande loi. L'insuffisance d'aujourd'hui ne choque plus, par la raison qu'elle est l'amélioration de la veille, et la perspective d'un lendemain plus parfait encore fait rentrer dans le courant général du progrès toutes les imperfections de détail.

Au milieu donc de ces essais, — inquiétants pour quelques-uns, mais qui pour d'autres ont l'avantage d'ôter à la nature le caractère immuable d'une création coulée d'un bloc, — rappelons-nous sans cesse que la grande synthèse doit nous consoler des misères de l'analyse; contemplons la marche universelle du « tout vers l'idéal »,..... et reposons en particulier notre pensée sur ce règne harmonique, doux et songeur que nous venons d'étudier, sur cette *Plante* qui est l'héroïne de notre histoire.

La plante, toujours rêveuse en apparence, exerce sur ceux qui savent l'aimer et tâchent de la comprendre une influence qu'on pourrait presque appeler contagieuse. C'est en rêvant aussi qu'on l'étudie et qu'on l'admire. Il y a dans le mystère même qui l'entoure, et surtout dans son éternel silence, je ne sais quelle attraction douce et quel charme singulier qu'on éprouve bien vite dans les solitudes profondes de la nature. Le spectacle d'une vie absolument muette nous paraît une chose si étonnante, que nous sommes enclins à attribuer à la plante nombre de bruits qui se font autour d'elle. Le murmure du vent dans le feuillage d'un arbre nous paraît en être le propre langage, et la forêt nous

---

[1] On a compté sur un seul pied de Tabac jusqu'à 360,000 graines et 600,000 sur un Orme de moyenne taille.

semble aussi posséder une voix, alors qu'elle ploie, craque et mugit sous les coups de la tempête.

Ce ne sont là pourtant que de pures apparences. La plante est toujours silencieuse. Doucement elle a vécu, doucement elle meurt, et le sifflement un peu plus aigu de la brise dans ses feuilles desséchées annonce seul que la vie n'est plus là.

Ces morts muettes ont quelque chose de touchant et sont une fin digne de l'existence modeste et si bien remplie de la plante travailleuse. Insensiblement elle se décolore, perd ses feuilles et s'incline aux vents d'automne ou se brise sous les grandes rafales. L'agonie chez les grands végétaux est parfois d'une lenteur extrême. La vie localisée dans chaque organe s'éteint par degrés ; elle quitte d'abord la tête, puis descend de branche en branche, persiste quelque temps dans le tronc, se réfugie enfin dans les racines..... puis c'est tout, et la pâle étincelle s'envole, alors que des dernières cellules engorgées, inertes et mourantes, s'est lentement évaporée la dernière goutte de séve.

TABLE DES MATIÈRES

FIN DE LA TABLE DES MATIÈRES.

ERRATUM.

—

Pages 200, 201, l'ordre des gravures se trouve interverti :

La figure qui porte le n° 112 doit être le n° 113.

| id. | id. | 113 | id. | 114. |
| id. | id. | 114 | id. | 112. |

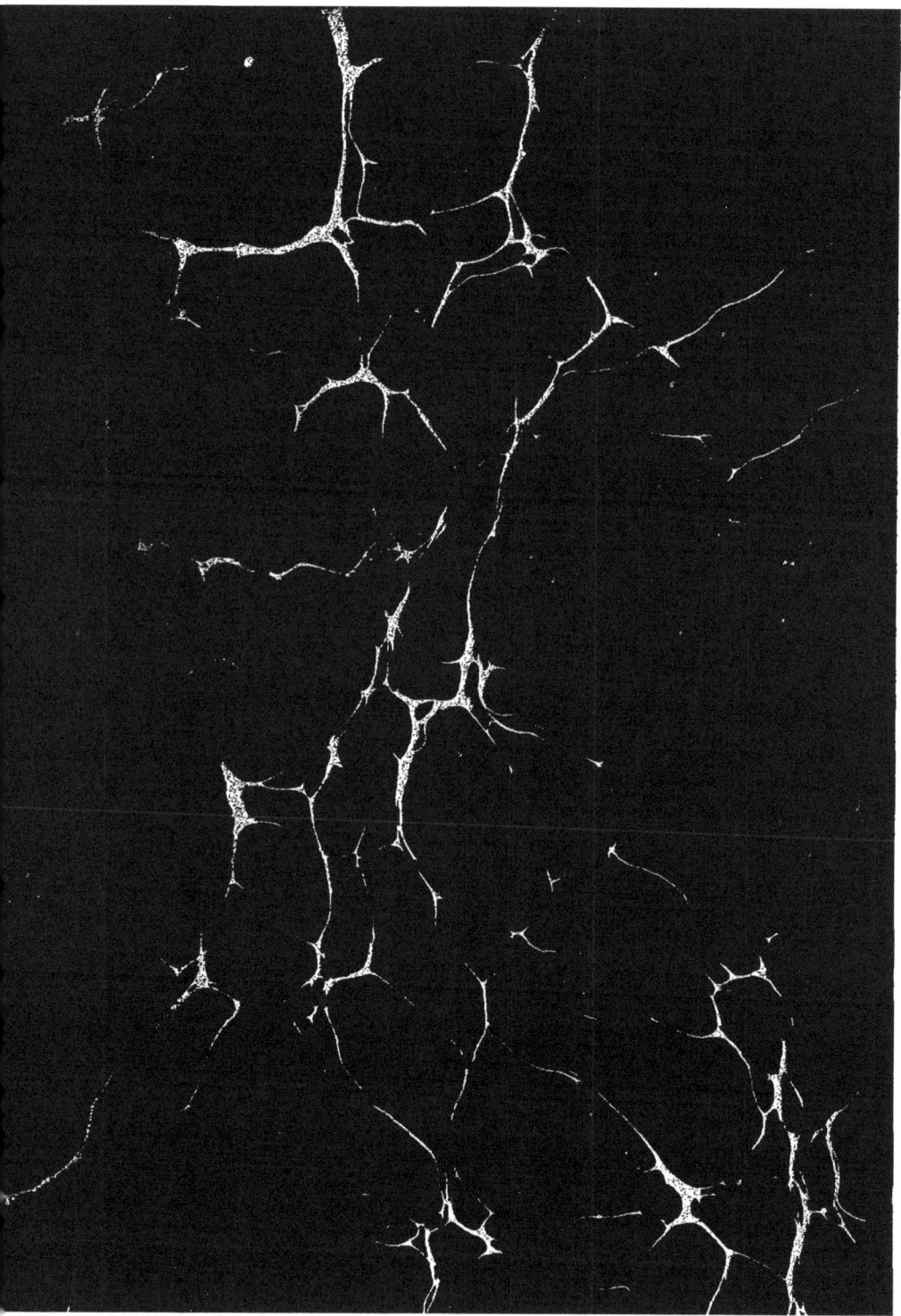

www.ingramcontent.com/pod-product-compliance
Lightning Source LLC
Chambersburg PA
CBHW061119220326
41599CB00024B/4100